nature

科学 未踏の知

竹内薫 監修

News & Views

地球（地球文明）｜環境｜宇宙

Earth [Earth civilization], Environment, Universe

実業之日本社

はじめに

『ネイチャー』誌（nature〔論文などでは"Nature"とも記される〕）は、日本が明治維新を迎えていたころ、イギリスで創刊された（１８６９年）。自他ともに認める、世界最高峰の科学雑誌である。最初は40ページの小冊子であったが、この創刊号の表紙の「ネイチャー」という題字の下には「週刊イラスト入り科学雑誌」という説明がついている。そして、さらにその下には、イギリスを代表する自然詩人ワーズワースの詩の一句が引用されている。

「永遠に続く　真の詩は　自然を礎（いしずえ）に」（ソネット34番　１８２３年刊）

この詩の解説に深入りすることはしないが、ワーズワースは当時の流行詩人たちを痛烈に批判していて、自然＝ネイチャーをもとに書かれた詩でなければ、すぐに忘れ去られてしまうのだと言っている。言いかえると、自然に基づいた詩だけが真の詩であり、永遠に読み継がれるというのだ。

『ネイチャー』誌の創刊号の表紙を見るだけで、この雑誌に込められた意気込みと精神を理解することができる。そこには、現代人が抱く「科学」のイメージではなく、自然＝ネイチャーに根ざした、科学本来の姿がある。

本書は、『ネイチャー』誌の「名物解説」である「ニューズ・アンド・ヴューズ」（News & Views）の日本語訳（全3巻）であり、ここ10年あまりの最新の知見が詰まっている。『ネイチャー』誌が日本人読者のために月刊で発行している「nature ダイジェスト」に掲載された記事のほか、本書のために新たに日本語に翻訳した記事も含まれている。

本書『nature 科学 未踏の知』には、『ネイチャー』誌に掲載された解説から、一般の読者の興味をひきそうな、地球・環境・宇宙の分野のものを集めてみた。

トップバッターの「もっと深いところまで理解する」は、地球内部の核（コア）とマントルの境界部分がどうなっているかを探る。人類はいまだ、地球の内部がどうなっているのかを完全には理解していないのだ。

続く「地球内部からの『幽霊』素粒子」は、そんな地球の奥深くで（放射性元素の崩壊によって）生成され、地表近くの検出器でとらえられた素粒子ニュートリノを扱っている。この幽霊のような素粒子を観測することにより、われわれは地球の奥深くがどのような構造で、どのような放射性元素がどれくらい存在するかを知ることができる。目で見る代わりにニュートリノで地球内部を「視る」試みなのだ。

「太古の地球のシステム化学」は、地球上でどうやって生命が誕生したのか、という謎の解明に大きな一歩を記した論文の解説だ。生命の起源をたどるには化学反応から攻める必要がある。

「砂に記された津波の記録」はスマトラの津波の研究だ。インドネシアの歴史文献を400年さかのぼっても大津波の記録はないが、砂の層をさかのぼると600年から700年前に大津波が襲来していたことが推測できる。東日本大震災で甚大な被害を受けた日本人にも見逃すことができない研究である。

「巨大なヘビが証言する猛暑」は、およそ6000万年前に生きていた、長さ13m、体重1tという巨大なヘビの化石から、太古の気候を探っている。地球温暖化の観点からも興味深い研究だ。

「太陽系圏を脱出したボイジャー1号」は、宇宙ファンにとって見逃せない話題だろう。1977年に打ち上げられた宇宙探査船ボイジャー1号は、地球から130億kmの彼方に到達した。太陽圏からの脱出の際にはいったい何が起きるのか。

駆け足で本巻の読みどころを見てきたが、この10年の『ネイチャー』誌の論文を知れば、この10年の人類の科学の歩みがわかる。読者の興味にしたがって、どこから読み始めてもらってもかまわない。

素晴らしき「知」の旅へ、ようこそ！

2015年初春　竹内　薫

目次

地球

Earth [Earth civilization]

環境 Environment

宇宙

Universe

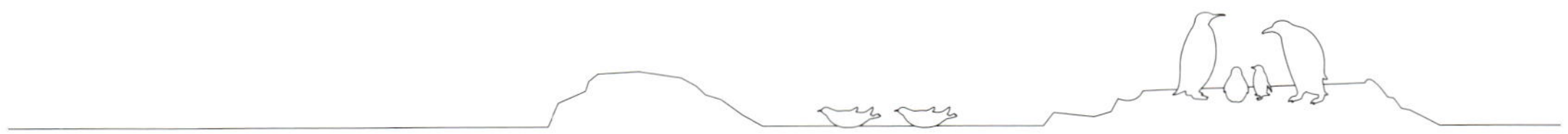

特別収録

Special compilation

本書の内容および筆者の所属・肩書き等は、『nature』誌発行時点のものです。参考文献についても原文のままとなっています。

本書は『nature』ならびに『natureダイジェスト』の「News & Views」を再編集し、再録したものです。本書への掲載にあたり記事または図版の一部を加筆・改編・割愛しているものもあります。さらに用字・用語等の一部を改編していますが、その責任はすべて本書編集部にあります。ご了承ください。

地球（地球文明）

Earth [Earth civilization]

もっと深いところまで理解する

Deeper understanding

Thomas S. Duffy　２００４年7月22日号　Vol.430 (409-410)

地球内部の奥深く、深奥部の核とマントルの境界は、いまだもっとも謎に満ちた領域であることは間違いない。新たに発見された岩石の結晶層の研究で、この領域の解明はさらに進むだろう。

地球のマントルの最深部分で、厚さ２５０㎞ほどの領域は、歴史的な理由からD″層として知られているが、体積は比較的小さい。けれどもD″層は、多くの地球物理学的現象、なかでもマントル中のプルームの形成、核とマントルの相互作用、それにプレートテクトニクスによる力によって、地球内部に引き込まれていく地殻スラブが最終的にどうなるか……ということを理解する鍵《かぎ》を握っている。鉱物のポスト・ペロブスカイト相（結晶相）の発見は、この領域を研究する新しい足がかりとなり、地球物理観測、室内実験、コンピュータを用いた計算がさらに加速されることは確実である。D″不連続面と、この領域の地震学的異方性の徴候との双方に関する説明は、ついに手の届くところまできたのかもしれない。

▼地球のマントル最深部に「ポスト・ペロブスカイト相」発見！

地球のマントル最深部の厚さ250㎞程度の領域は、歴史的な理由からD″層として知られていて、体積は比較的小さい。しかし、多くの地球物理学的現象、なかでもマントル中でのプルームの形成、核とマントルの相互作用、また、テクトニックな力によって地球内部に引き込まれ沈み込んでゆく地殻スラブは最終的にどうなるかといったことを理解する鍵を握っている可能性がある。この領域の研究は地震波のふるまいを解釈することで行なわれるが、きわめて複雑であることがわかっている。しかしながら、この領域の鉱物の高温高圧下での特性についての研究ではこのような複雑さのほとんどはうまく説明されなかった。問題の1つとして、D″層の極限条件、つまり135GPa（ギガパスカル）に及ぶ圧力とおそらく2000Kから4000Kの範囲にある温度を実験室で実現することの困難さがある。しかし、結局は室内実験と理論とが一体となることで、この領域のことがよりはっきりとわかるようになった。

『Nature』2004年7月22日号442ページから始まる、飯高敏晃ら[1]および Oganov と小野重明[2]の論文で、最近発見された[3]高圧下の結晶構造に関する物理特性の計算結果と下部マントル深部の地震観測とを結びつける知見が報告されている。地球のマントルの主成分はマグネシウム、鉄、カルシウム、アルミニウムを含む密度の高い珪酸塩鉱物である。深度660㎞から深度約2900㎞のマントルの底まで広がる下部マントル（図1）は、おもにペロブスカイトとして知られる結晶構造の（Mg,Fe）SiO_3から成っていることが実験によってあきらかになっている。この物質の性質は下部マントルに対するほとんどの観測結果と矛盾しないが、マント

1. *Iitaka, T., Hirose, K., Kawamura, K. & Murakami, M.* Nature 430, *442-445 (2004).*
2. *Oganov, A. R. & Ono, S.* Nature 430, *445-448 (2004).*
3. *Murakami, M., Hirose, K., Kawamura, K., Sata, N. & Ohishi, Y.* Science 304, *855 -858 (2004).*

ル底部近辺における特性の急激な変化はペロブスカイトの挙動から説明できない。

それゆえ、村上元彦らによってD″領域と同等の条件下での$MgSiO_3$の「ポスト・ペロブスカイト相」が実験で発見されたこと[3]は、新しい相の物理特性に関する少なからぬ関心を呼び起こした。このような条件下で直接実験を行なうのは困難なため、飯高ら[1]およびOganovと小野[2]が行なったこの相についての第一原理による量子力学的な計算は、地球深部を研究するうえでとりわけ有効である。ペロブスカイト構造が多くの化合物に広く見られるのと異なり、ポスト・ペロブスカイト相はかなり珍しいもののようだ。この構造では、陽イオンのシリコンはそれぞれ陰イオンの酸素6個に囲まれたまま、下部マントルの特性である8面体配位を作る。しかし、

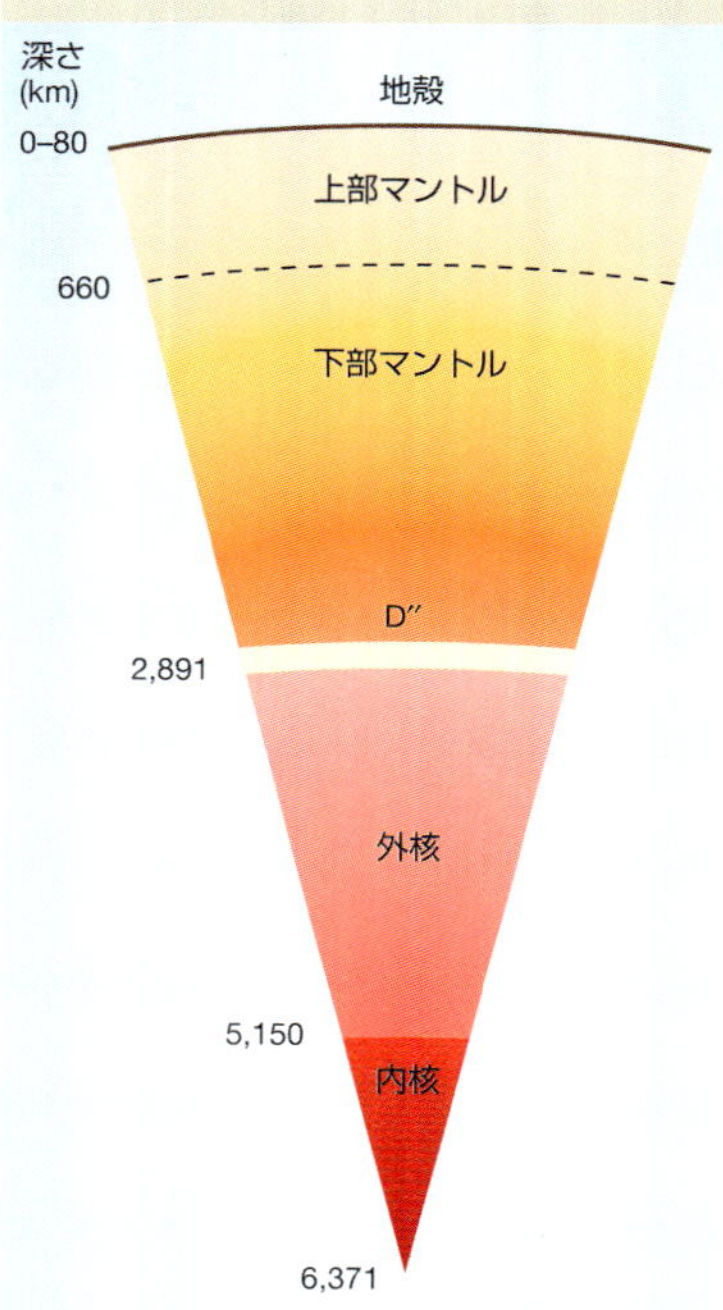

図１　地球内部の主たる領域。下部マントルの最新の解釈、D″層については図２に示す。

4. *Shim, S.-H., Duffy, T. S., Jeanloz, R. & Shen, G.* Geophys. Res. Lett. 31, *L10603 (2004).*
5. *Tsuchiya, T., Tsuchiya, J., Umemoto, K. & Wentzcovitch, R. M.* Earth Planet. Sci. Lett. 224, *241-248 (2004).*
6. *Tsuchiya, T., Tsuchiya, J., Umemoto, K. & Wentzcovitch, R. M.* Geophys. Res. Lett. 31, *doi:10.1029/2004GL020278 (2004).*

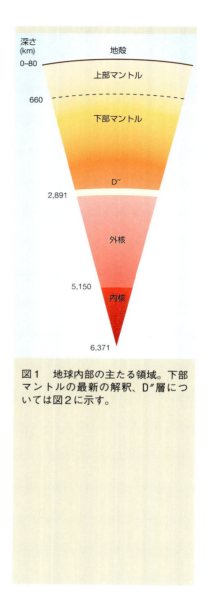

ペロブスカイトでは角の部分で結合した3次元の網状組織を形成しているのに対して、ポスト・ペロブスカイト相ではシリコンの8面体が縁と角を共有してマグネシウム層とシリコン層が交互に重なったシートのような構造を作る（飯高らの論文、『Nature』２００４年7月22日号442ページの図1を参照）。

▼ポスト・ペロブスカイト相が地震学の新領域を切り拓く!?

このことは室内実験で十分実証されているかもしれない。[3] しかし、理論計算によってポスト・ペロブスカイト相の他の特性のいくつかが今回あきらかにされた。第一に、熱力学的な問題を考慮に入れて、飯高ら[1]および Oganov と小野[2]は０《ゼロ》Ｋ（ケルビン＝絶対温度）で約１００ＧPa以上の圧力ではポスト・ペロブスカイト相は安定であると期待できることを示した。さらにOganov と小野[2]は１１８ＧPa近辺で加熱したあとの新しい相の実験観察結果を付け加えている。このような極限条件下での実験では、構造変化の報告は検証されないことがあまりにも多い。そこで、ポスト・ペロブスカイト相についての複数の実験観察結果[2〜4]と安定性に関する理論的な予測とを併せて、新しい相の意味合いについては真剣に考えることが重要である。確かに、この2つの理論的な研究報告[1,2]は他の研究[5,6]の結果ともおおむね一致しているのだ。

実験結果と併せて、０Ｋでの理論計算の結果はこの転移が正の圧力‐温度勾配をもつことを示している。マントルの温度では、相転移はマントル底部から約２００〜３００km上（図２）で起こると予測され、その深さ[7,8]でおそらくは全球にわたって[9,10]起こっている地震波速度の急激な

7. *Lay, T. & Helmberger, D.V.* Geophys. J. R. Astron. Soc. 75, *799-837 (1983).*
8. *Wysession, M. E. et al. in* The Core-Mantle Boundary Region *(eds Gurnis, M. et al.) 273-297 (Am. Geophys. Un., Washington DC, 1998).*
9. *Nataf, H.-C. & Houard, S.* Geophys. Res. Lett. 20, *2371-2374 (1993).*
10. *Sidorin, I., Gurnis, M. & Helmberger, D.V.* Science 286, *1326-1331 (1999).*

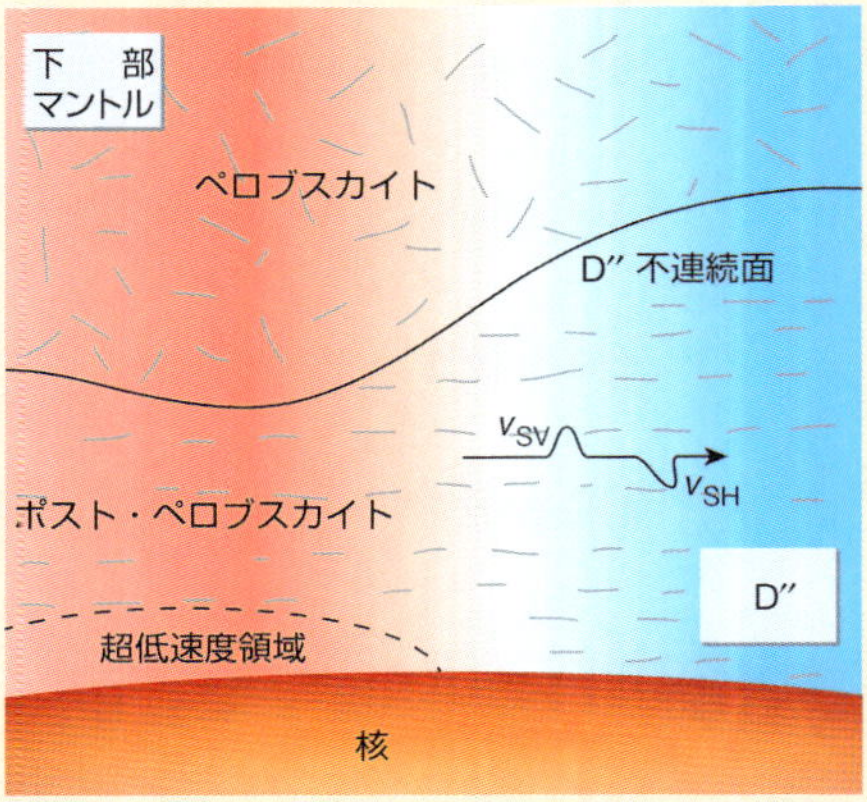

図２　マントル底部の新しいモデル。現在では、D″不連続面はマントル底部から約200～300km上で(Mg,Fe)SiO_3がペロブスカイト構造からポスト・ペロブスカイト構造へ転移するためにできると考えられている。相の境界は局所的に温度の低い領域（青）で上昇し、局所的に温度の高い領域（赤）で下降する。ポスト・ペロブスカイト相の層状構造が地球の核に平行に配列する傾向があることは、垂直方向に偏向した横波（v_{SV}）よりも水平方向に偏向した横波（v_{SH}）が速く伝搬することの説明に役立てられる。超低速度領域は薄い（厚さ５～40kmの）領域で、核のすぐ上にあり、横波の速度は非常に遅くなっている。

変化あるいは不連続に対する証拠と一致している。相の境界の正の勾配は、D″不連続面が地震波の速い（おそらく温度の低い）領域では押し上げられ、地震波の遅い（温度の高い）領域では押し下げられているという地震波の証拠[10]とも矛盾しない。この新しい相はD″層の条件では、ペロブスカイトよりも約1～2パーセント密度が高いこともわかった。

弾性特性の計算から、ポスト・ペロブスカイト相は異方性で、層に平行な方向よりも垂直な方向のほうが圧縮性が高いことが確認された。また、地震波の速度にかなり異方性があり、特に横波として知られる種類の波に対して大きいことがあきらかになっている。この構造の性質を考えると、ポスト・ペロブスカイト結晶は格子選択配向を示すようになり、層に垂直な方向が鉛直方向を向く傾向にあるというのはもっともらしい。層状構造が不完全な場合、他の層の存在を考慮に入れると、マントル深部の観測[7~10]と矛盾しない2～3パーセントの地震学的不連続はこの相転移に起因するようだ。この転移は地震波のもう1つの主要な種類の波である縦波よりも横波により大きな不連続をもたらすと予測される。

このような形の微細構造によって、垂直方向に偏向した横波（速度 v_{SV}）よりも水平方向に偏向した横波（速度 v_{SH}）が速く伝搬するようになる。D″層の地震学的異方性は複雑だが、この意味での異方性はある領域については詳しく記録されている。[11] 以前は、このようなふるまいと下部マントルを構成するペロブスカイトその他の鉱物の弾性特性や変形挙動とを一致させることは困難であった。そのかわり、異方性は配列した含有物や異なる地震波速度をもつ鉱物の層状構造に起因すると提案されていた。ポスト・ペロブスカイト相の発見はより簡潔な説明を与えるかもしれない。

提案されているペロブスカイトとポスト・ペロブスカイト間の転移はD″領域についてのすべての問題を解くには十分ではない。しかし、この領域を研究する新しい足がかりとなり、地球物理観測、室内実験、コンピュータを用いた計算がさらに促進されることは確実である。鉱物物理の観点からは、微細構造の発達についての研究は、より化学的に複雑な系のふるまいについての制約の研究と同様に、あきらかに必要なものである。また、弾性的な異方性は0Kで計算されているだけであり、場合によっては温度により異方性の大きさや方向すら大きく変わる可能性がある。理論的な研究[1,2,5,6]はきわめてよく一致している。しかし、ある程度の近似を含む類似した手法がすべてに用いられており、さらに進んだ考察も必要となるだろう。

11. *Kendall, J.-M. & Silver, P. G.* Nature 381, *409-412 (1996).*

とはいえ、地球マントル最深部の研究の新しい時代が始まった。D″不連続面とこの領域の地震学的異方性の徴候の双方に関する説明は、ついに手の届くところにまできたのかもしれない。

Thomas S. Duffy はプリンストン大学（米）地球科学部に所属している。

地球内部からの「幽霊」素粒子

Ghosts from within

William F. McDonough　２００５年7月28日号　Vol.436 (467-468)

"「幽霊」素粒子"というニュートリノの仲間、地球ニュートリノが初めて観測された。この地球ニュートリノで、地球最深部の核や地殻、元素比などの情報を持ち出すことが期待されている。

ニュートリノは物質を構成する素粒子だが、電荷を持たず、極めて小さく観測しづらいため、「幽霊」素粒子と呼ばれている。今回、カミオカンデの跡地に建設されたカムランド（神岡液体シンチレーター反ニュートリノ検出器＝岐阜県）は、太陽ニュートリノの謎（ニュートリノ振動）を解いただけでなく、地球ニュートリノ（反電子ニュートリノ）を捉えることに、世界で初めて成功した。地球にとって半減期の長いウランやトリウムなどの放射性物質も重要な熱源だが、これらの物質は崩壊熱を出すと同時に、反電子ニュートリノも放出する。地球ニュートリノを捉えることで、地球最新奥部の内部構造、核や地殻の状態、放射性元素（ウラン、トリウム、カリウムなどの同位体）の存在比や濃度など、さまざまな情報を詳しく知ることができるだろう。

▼検出がきわめて困難なニュートリノを捕捉するカムランド

地球内部に存在する化学元素の不安定な同位体が崩壊することで発生する熱が、地球から放出される全エネルギーの一部となっていることは、アンリ・ベクレルが１８９６年に放射能を発見した直後にわかった事実である。１００年以上たって、荒木孝之ら[1]は地球中心部での放射性β^-崩壊で生じた反ニュートリノを初めて観測したと『Nature』２００５年7月28日号に報告した。このいわゆる地球ニュートリノの観測から得られた結果は地球の化学的・物理学的モデルと矛盾せず、地球内部の不安定同位体、つまり放射性核種が貯蔵されている場所やその濃度を確かめる新しい方法となる。

反ニュートリノは、その片割れであるニュートリノと同様に3種類あり、それぞれ対となる荷電粒子の電子、ミュー粒子、タウ粒子の名をとって命名されている。反電子ニュートリノは、たとえばカリウム（^{40}K）からカルシウムの同位体^{40}Caへの崩壊やウラン（U）やトリウム（Th）の崩壊系列で起きる原子核のβ^-崩壊で発生する。ニュートリノや反ニュートリノは幽霊のような粒子で、電荷をもたず質量もほとんどなく、まったく相互作用せずにほとんどの物質を通りぬける。それゆえ、検出が極めて困難である。

カムランド（KamLAND、神岡液体シンチレーター反ニュートリノ検出器）の設備は、このようなつかまえどころのない粒子によって生じるかすかな光をとらえることを目的として作られた。この検出器は本州中央部、岐阜県池ノ山山頂の地下１㎞にある鉱山内に置かれていて、反ニュートリノ以外の素粒子からなる宇宙線の影響が少なくなるようにしている。反ニュート

1. *Araki, T. et al.* Nature 436*, 499-503 (2005).*

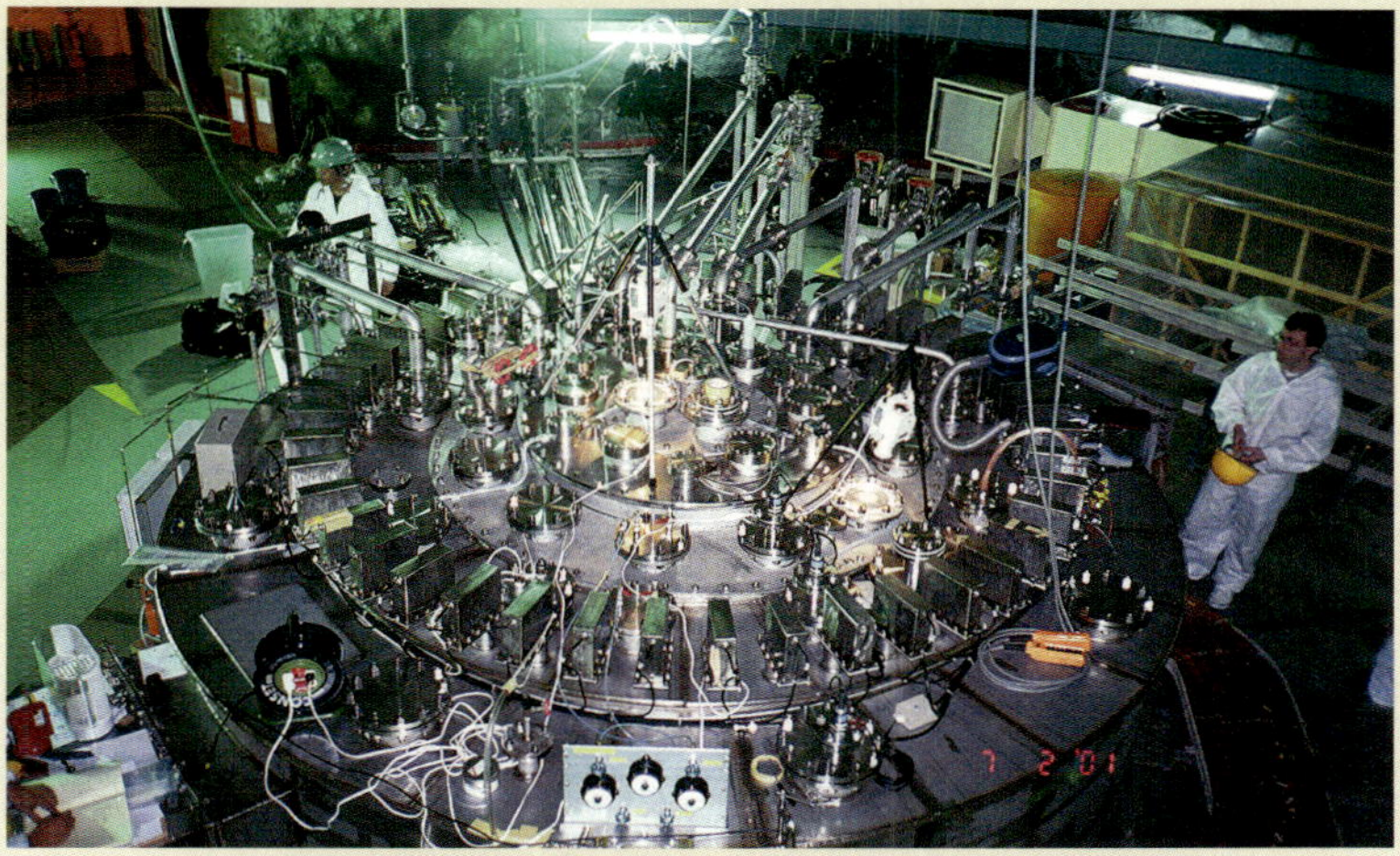

図１　カムランド（神岡液体シンチレーター反ニュートリノ検出器）
［LBNL KamLAND Picture Gallery］

リノは逆β^-崩壊として知られている過程によって、カムランドの重さ1000t、直径13mのシンチレーション検出器（図1〔写真〕）中の陽子にときおりとらえられる。すると、中性子ができ、中性子は陽子と結合して重陽子となり、エネルギー2・2MeV（メガ電子ボルト）の特性γ線（シンチレーション光）を発生する。この反応で生まれた光は、検出器を取り囲んで配置された光電子増倍管によって検出され、電気信号となる。

2003年に、カムランドは3種の反ニュートリノが相互に入れ替わる現象（反ニュートリノ振動）[2]を立証するうえで重要な役割を果たした。この結果は反ニュートリノに質量が（小さいものだが）あることを実証し、カナダのサドベリー・ニュートリノ観測所による太陽ニュートリノ振動の発

2. *Eguchi, K. et al.* Phys. Rev. Lett. 90*, 021802 (2003).*
3. *Ahmad, Q. R. et al.* Phys. Rev. Lett. 89*, 011301 (2002).*

見を補強するものとなった[3]。カムランドで検出された振動する反ニュートリノは、約180km（平均）離れた場所にある原子炉で発生したものだ。今回、カムランドが検出したのは、さらに遠い発生源、地球内部からの反ニュートリノつまり地球ニュートリノである。地球ニュートリノは、地球から放出されるエネルギーが発生する場所を解明する鍵となる。

▼地球内部から散逸するエネルギーのさまざまなモデル

地球内部から散逸する総エネルギーは30から44TW（テラワット——1TWは10^{12}W〔ワット〕）の間であると推定されている[4,5]。推定値の幅は、一方は地球表面での熱流の全球モデル間と、他方は海洋の熱水循環の効果を考慮に入れた中央海嶺での熱放散量の推定値との違いに由来している。地球についてのいくつかの合成モデルによると、地球内のK、U、Thの量では、合計しても約19TWのエネルギーにしかならないことが示されている[6,7]。これらの観測結果から、ユーリー比（地球表面での総熱流に対する放射性崩壊で発生する熱量の評価指標）は0・4から0・6になる。残りの熱は核の偏析、内核の結晶化、降着エネルギー、あるいは消滅した放射性核種といった潜在的な要因からもたらされているに違いない。たとえば、地球の核に金属が集積することによって重力エネルギーが増え、熱転換されたエネルギーとか、地球の成長初期に衝突によって加えられたエネルギーなどである。

他のモデルでは、地球の核にはKも存在すると考えられ[8,9]、より高いユーリー比が予測される。しかしながら、このようなモデルは受容限度を制限する地球化学的な結果を伴う（文献4を参

---

4. *Pollack, H. N., Hurter, S. J. & Johnson, J. R.* Rev. Geophys. 31, *267-280 (1993).*
5. *Hofmeister, A. M. & Criss, R. E.* Tectonophysics 395, *159-177 (2005).*
6. *McDonough, W. F. in* Treatise on Geochemistry Vol. 2 *(ed. Carlson, R. W.) 547-568 (Elsevier, Oxford, 2003).*
7. *Palme, H. & O'Neill, H. St C. in* Treatise on Geochemistry Vol. 2 *(ed. Carlson, R. W.) 1-38 (Elsevier,*

照）。核－マントル境界を通る熱流束と核内の熱源の性質も、これまで懸案とされてきた考察の対象である。[10] カムランドの結果は[1] ThとUの放射性崩壊によって生じる熱エネルギーの上限値が（信頼水準99パーセントで）60TWであり、代表値が16TWであることをあきらかにしたが、この値はモデル予測と矛盾しない。

カムランドの結果は簡単に取得できたものではなく、その解析も容易ではない。きれいな信号にするには、さまざまな「汚染物」をエネルギースペクトルから取り除かねばならない。地球ニュートリノによって生じた可能性のある152個の事象のうち、20～25個の事象だけが地球ニュートリノの真の候補と考えられた。残りの「バックグラウンド」反ニュートリノは近くにある原子炉（全信号の50パーセント以上）と検出器内の放射性の不純物（約28パーセント）から発生している。そのうえ、Kの崩壊によって発生した地球ニュートリノは、エネルギーが既存の検出系で検出できる閾値1・8MeVより小さいため、カムランドではまだ検出されていない。

▼「地球ニュートリノ断面図」作成などカムランドからの新知見の可能性

荒木らによって報告されたデータ[1]は彼らの最初の実験から得られたものであり、約2年間にわたる計測作業の成果である。カムランドや2006年に運用が始まるイタリア中部のグランサッソ山地下のBorexino検出器で行なわれる観測によって、さらに多くのデータが得られ、より高い感度で地球ニュートリノの性質と発生源を検証できるようになるだろう。そして、地

Oxford, 2003).
8. *Rama Murthy, V., van Westrenen, W. & Fei, Y.* Nature 423*, 163-165 (2003).*
9. *Lee, K. K. M. & Jeanloz, R.* Geophys. Res. Lett.30*,2212 (2003).*
10. *Labrosse, S.* Phys. Earth Planet. Inter. 140*, 127-143 (2003).*

球から外側へ放射状に移動する地球ニュートリノの熱流束が、放射性崩壊によって生じた熱流束に正比例していることの確認が大きく前進することになるだろう。しかしながら、そのためには地球内部のK、Th、Uの存在量と分布についての正確な情報が必要である。

この目的を達成するために、最初の詳細なアセスメントとして、カムランド近辺の局地的な地殻とその下のマントル内および地球内部全体に含まれる放射性元素の分布に関係する地球ニュートリノフラックスの予測が行なわれた[11]。さらに今後、さまざまな場所にある検出器で得られた角度積分したニュートリノフラックス[12]と元素分布地図を組み合わせて、地球全体のK、Th、Uの分布についてより多くのことを伝えてくれる地球ニュートリノ断面図を作成できるようになるだろう。それゆえ、将来（反）ニュートリノ検出器を設置するように提案される場所には、K、Th、Uに富む大陸領域とK、Th、Uに乏しい海洋領域の両方が必ず含まれていなければならない。荒木らが発表したカムランドによる先駆的な結果に[1]、将来行なわれる研究から得られるデータを加えると、地球のU収支とTh収支に対する基本的な制約条件が得られるだろう（そしてやがてはK収支についても期待される）。また、全エネルギー収支に対する各核種の寄与の度合いもあきらかになるだろう。今年［2005年］後半には、ハワイで行なわれる会議[13]に素粒子物理学者と地球科学者が集まって、このような活気に満ちた両者に共通の研究領域について討論されることになっている。

William F. McDonough はメリーランド大学（米）に所属している。

---

11. Fiorentini, G., Lissia, M., Mantovani, F. & Vannucci, R. preprint at www.arxiv.org/hep-ph/0501111 (2005).

12. Field, B. D. & Hochmuth, K. A. preprint at www.arxiv.org/hepph/0406001 (2004).

13. www.phys.hawaii.edu/˜sdye/hnsc.html

地球で起こったことを月で見る

On the Moon as it was on Earth

Bernard Marty　２００５年８月４日号　Vol.436 (631-632)

月の表面は「惑星物質」の連続的な衝突を受けて、進化してきた。それは月の表層砂を詳しく研究することにより、判明。月の表面は、地球初期の歴史の記録が風化することなく、保存されているようだ。

小嶋らの研究チームは、アポロ計画によって回収された月の表層砂から得られた地球化学的データについて、新たな発想に基づく別の解釈を示した。月が現在よりも地球に近く、地球磁場がまだ形成されていなかった頃、地球からイオンが逃げることができたときに、窒素の同位体、^{15}N（窒素15）が地球からもたらされたようだ。^{15}Nを豊富に含む月の表層砂は、そのときに形成された、という。周知のように、月の表側は地球を向き続けており、月の裏側はその歴史のほとんどのあいだ地球のほうを向いていなかったため、月の裏側の表層砂は、地球大気に由来する揮発成分を含んでいないと思われる。この説が正しいとすれば、地球磁場の歴史、生命の進化や初期地球の環境条件と関連している可能性の研究に、新しい道が開かれるだろう。

▼月の表層砂が開く〝地球ダイナモが始まった時期〟解明への展望

核のゆっくりとした冷却と核の内側部分の結晶化の結果出現した地球ダイナモによって、地球磁場が発達し、地球表面は地球外物質や宇宙線から守られるようになった。地球ダイナモのメカニズムや出現時期はまだわかっていないが、小嶋稔らは新しい観点からこの問題に取り組むことができると述べている。小嶋らは、アポロ計画によって回収された月の表層砂から得られた地球化学的データの新たな解釈をもとに考察している[1]。地球ダイナモが動きだす前は、地球大気上層部からイオンが逃げだし、太陽が放出するいわゆる太陽風中のイオンとともに、月の表層砂にインプラント（挿入）された。しかし、この過程は地球磁場の出現とともに終わり、その後は太陽風がもたらすイオンが、月の表層砂にインプラントされるイオンの大部分を占めるようになったというのだ。このモデルに従えば、月の表層砂中に閉じ込められている揮発成分の組成は、太古の地球大気と太陽風が混じったものになる。両者の相対的な割合は地質年代によって変わるので、これら2つの生成源の組成だけでなく、地球ダイナモが始まった時期の解明に展望が開ける。月は形成時には高温であったため、地球の大気や海洋にあるような「揮発成分（たとえば、水素、炭素、窒素、希ガス）」が全体として枯渇している。しかし、月の表層砂には揮発成分が豊富にあり、月の外にその供給源があることを示している。供給源のうち2つはあきらかである。

第一の供給源は、月には地殻運動がないことから生じるものだ。つまり、惑星形成の初期段階が終わったあと、月の表面は「惑星物質」の連続的な衝突を受けて進化した。この惑星物質

1. *Ozima, M. et al.* Nature 436*, 655-659 (2005).*

図１　バズ・オルドリンが「太陽風収集装置」のアルミ箔を設置した月のフィールドワークの１シーン。
［GRIN. NASA］

は太陽からのものとは異なる揮発成分組成をもち、太陽ではなく、さまざまな大きさの小惑星や彗星に由来する。惑星物質に閉じ込められた揮発成分の一部は蒸発し、砂粒の表面に再び閉じ込められた。第二の供給源は太陽風中のイオンで、月表面の砂粒へ数十㎚（ナノメートル）という特徴的な深さに直接インプラントされた。この成分は、月の表層砂とアポロ宇宙船の宇宙飛行士が太陽に曝露《ばくろ》したアルミ箔の両方に見つかっている（図１）。両方の試料に含まれるヘリウム、ネオン、アルゴン（これらの元素だけが実験中に分析できた）の同位体組成はまったく同じで、月の表層砂に含まれる希ガス成分は、太陽風に由来するものが大部分を占めていることを示している。

しかし、他のいくつかの成分、特に窒素はこの描像に当てはまらない[2]。窒素には２つの

2. *Kerridge, J. F.* Rev. Geophys. 31, *423-437 (1993).*

同位体^{14}Nと^{15}Nがある。その存在比は、地球ではほとんどの場合2パーセント以下のばらつきしかないのに対して、月の表層砂では30パーセント以上もばらつきがある。太陽または太陽コロナ内の核過程で、月の表層砂中の窒素同位体存在比のばらつきを説明できるようなものは知られていない。しかも、月の表層砂中の窒素は太陽風中の希ガスよりも豊富に存在する。この窒素同位体と窒素原子の多さを太陽風だけでは説明できないといわれている[3,4]。

▼なぜ〝裏側〟が将来行なわれる月探査計画の優先事項となるのか

5年前、技術の進歩によって可能になった月の砂粒の分析によって、太陽風中の窒素成分は地球の窒素と比べて、^{15}Nが24パーセント以上も少ないことが明らかになった[5]。これは月の表層砂中の豊富な^{15}Nは「惑星」に起源があることを示すものだった。この点で、惑星間の塵粒子は特に有望な候補である。このような粒子のフラックスは地球への地球外物質のフラックスの大部分を占め、太陽風に比べて^{15}Nに富んでいるからである。

今回、小嶋ら[1]は別の解釈を提案した。^{15}Nの豊富な月の表層砂は、月が現在よりも近く、そして地球磁場が形成されていなかったため、地球からイオンが逃げることができたときに、地球大気からもたらされたというのだ。この仮説は、2つの供給源の混合から生じる同位体の相関関係に基づいている。供給源の1つは、重水素が存在せず（星の重水素燃焼ステージで消費されてしまうため、太陽に重水素はほとんどない）、^{40}Ar（太陽ガスは^{36}Arが占めている）と^{15}Nの少ない太陽の成分である。もう1つの供給源は、重水素（海洋からもたらされる）と、^{40}Ar（^{40}Kの

3. *Geiss, J. & Boschler, P.* Geochim. Cosmochim. Acta 46, *529-548 (1982).*
4. *Wieler, R., Humbert, F. & Marty, B.* Earth Planet. Sci. Lett. 167, *47-60 (1999).*
5. *Hashizume, K., Chaussidon, M., Marty, B. & Robert, F.* Science 290, *1142-1145 (2000).*

崩壊によって地球で作られる）を含み、^{15}Nの豊富な大気の成分である。小嶋らはこのモデルが必要とする大気中の核種のフラックスを計算し、地球化学的な観測結果と矛盾しないことを見いだした。

この解釈は、希ガス成分と安定同位体成分のばらつきをある程度説明でき、月の表層砂の組成を説明するのに必要な供給源の強度と矛盾しない。しかし、惑星間の塵粒子も太陽風と比べて重水素と^{15}Nが豊富であり、地上観測の結果を外挿して推定した塵粒子のフラックスは、月の表層砂に必要な量の重水素と窒素を供給できる（^{40}Arの存在は代案として、月内部からの脱ガスで説明される）[6]。もう1つの問題は、小嶋らの提案では^{15}Nの豊富な窒素と^{40}Arの豊富なアルゴンには密接な関係があることが求められているに対して、^{15}Nの少ない表層砂は^{15}Nの多い表層砂よりも、（^{36}Arと比べて）^{40}Arの量が多い傾向にあるということである。実際には、月の表層砂は3つの供給源の寄与を反映している可能性があり、そのために同位体比の変化傾向があいまいになる。地球大気由来の成分は、時がたつとフラックスが急激に変化し、惑星間の塵粒子のフラックスも、時間とともに変化する可能性があるが、太陽風由来のフラックスはほぼ一定である。

それにもかかわらず、小嶋らの仮説は示唆に富むものであり検証可能であるという長所がある。まず、太陽風に含まれる軽元素の同位体組成はまだよくわかっていない。しかしジェネシス計画で27カ月間曝露されたターゲットの分析によって、同位体組成の明確化が進展するだろう。次に、小嶋ら[1]が指摘するように、月の裏側はその歴史のほとんどのあいだ地球のほうを向いていなかったため、月の裏側の表層砂は、地球大気に由来する揮発成分をほとんど含んでい

6. *Marty, B., Hashizume, K., Chaussidon, M. & Wieler, R.* Space Sci. Rev. 106*, 175-196 (2003).*

ないと思われる。月の裏側の探査は、将来行なわれる月探査計画の優先事項となると期待される。また、隕石の一部は月の裏側が起源である可能性があり、有望な分析対象である。

私たちは今後の成り行きを見守るべきだ。しかし、この仮説が正しいとわかった場合、地球磁場の歴史、生命の進化や初期地球の環境条件と関連している可能性の研究に新しい道が開かれる。

Bernard Marty はＣＲＰＧ（仏）に所属している。

北極が物語る自らの歴史

The Arctic tells its story

Heather M. Stoll　２００６年6月1日号　Vol.441 (579-581)

北極は南極に次ぐ、地球の気候変動に敏感な高緯度域の１つである。新たに掘削された堆積物コアの分析により、地球が「温室」から「氷室」に移行する際、北極が果たした役割があきらかになった。

北極の氷は、これまで考えられたよりもずっと早い時期に出現したらしい。北極海盆中央部に運ばれた小石の分析から、南極と同じく４５００万年前には氷山が形成されており、１４００万年前まで、海水と氷山が広く分布していたことがわかった。また、５５００万年前には北極の海面温度は18℃前後であるが、あきらかにCO_2だけが北極を極端に暖かくしたわけではない。このときの急な温暖化は、温室効果的要因となった、北極域の「水蒸気雲」ではないかと推測されている。ここに紹介した複数の論文のすべてに、気候モデルに関する個別の難題があることは事実だ。しかし、過去に極域の温暖化をもたらした過程を、気候モデルに組み入れることができれば、将来の気候変動に対する予測に、いっそう大きな自信をもてるようになるだろう。

▼過去５５００万年間の気候寒冷化の原因を見る

晴れわたった暑い日に白いTシャツを着ると涼しいように、極域を覆う雪と海氷は光を反射するため、地球が吸収する太陽光の総量を減少させる。氷量と積雪量は気温低下に応じて増えるので、気候変動を拡大させる。しかし、北極と南極は常に凍りついた不毛の地であったわけではない。

過去５５００万年くらいの間に、地球は大きく寒冷化し、温室気候から現在の氷室気候に変わった。『Nature』２００６年６月１日号に掲載された３論文[2,3,4]の報告によると、北極での注目すべき科学プロジェクト[1]の結果から、長期寒冷化における北極の役割と、寒冷化前の温室気候振動期における北極の応答にかかわる詳細な状況があきらかになった。

氷が太陽光を反射し、低緯度域からの暖かく塩分を多く含んだ海流を効率的に受け入れることによって、北極が全地球的気候に影響を及ぼしているにもかかわらず、北極中央部から長期の地質学的記録が回収されていなかったため、気候遷移における北極の役割の問題は未解決であった。北極の気候進化に関するこれまでの知識は、数千km離れた場所のコアや露頭の研究から得られたものだった。しかし今回、砕氷船と掘削リグを組み合わせた巧妙な計画によって、確かな証拠を伴う知見を得ることについに成功した。北極掘削航海で、過去５５００万年にわたる注目すべき気候記録が北極中央部から回収され、そこから引き出された推論が新しい論文[2,3,4]で報告された。

過去５５００万年間の気候寒冷化は大気中のCO_2減少に原因があり、その結果、氷のない

---

1. *http://www.ecord.org/exp/acex/302.html*
2. *Moran, K. et al.* Nature 441*, 601-605 (2006).*
3. *Sluijs, A. et al.* Nature 441*, 610-613 (2006).*
4. *Brinkhuis, H. et al.* Nature 441*, 606-609 (2006).*

図１　コアの寄与。北極掘削航海を行なっているアメリカの調査・研究機関NOAAの砕氷・海底掘削船。［NOAA］

世界から、極度に凍結した南極とともに、グリーンランドや凍結した北極に巨大な氷床がある世界に遷移したと、長い間考えられてきた。それどころか、海草から得られた同位体マーカーを基に過去の大気中のCO_2濃度を再構築した結果から、大気中CO_2が４５００万～２５００万年前に劇的に減少し、この時期が地球の大規模寒冷化の開始時期とかなりよく一致することが示されている（図２a、b参照）。しかし、南極において氷河作用と海氷が現われ始めた時期は約４３００

万年前で、地球の寒冷化とCO_2の減少が始まった時期に一致するが、北極の気候変動は時期的にずれているように見える。北極の寒冷化とこれに伴う氷床・海氷の成長は、氷山に運ばれた小石が北大西洋の堆積物中に初めて出現する200万〜300万年前まで、つまり南極より数千万年遅れたように思われる。

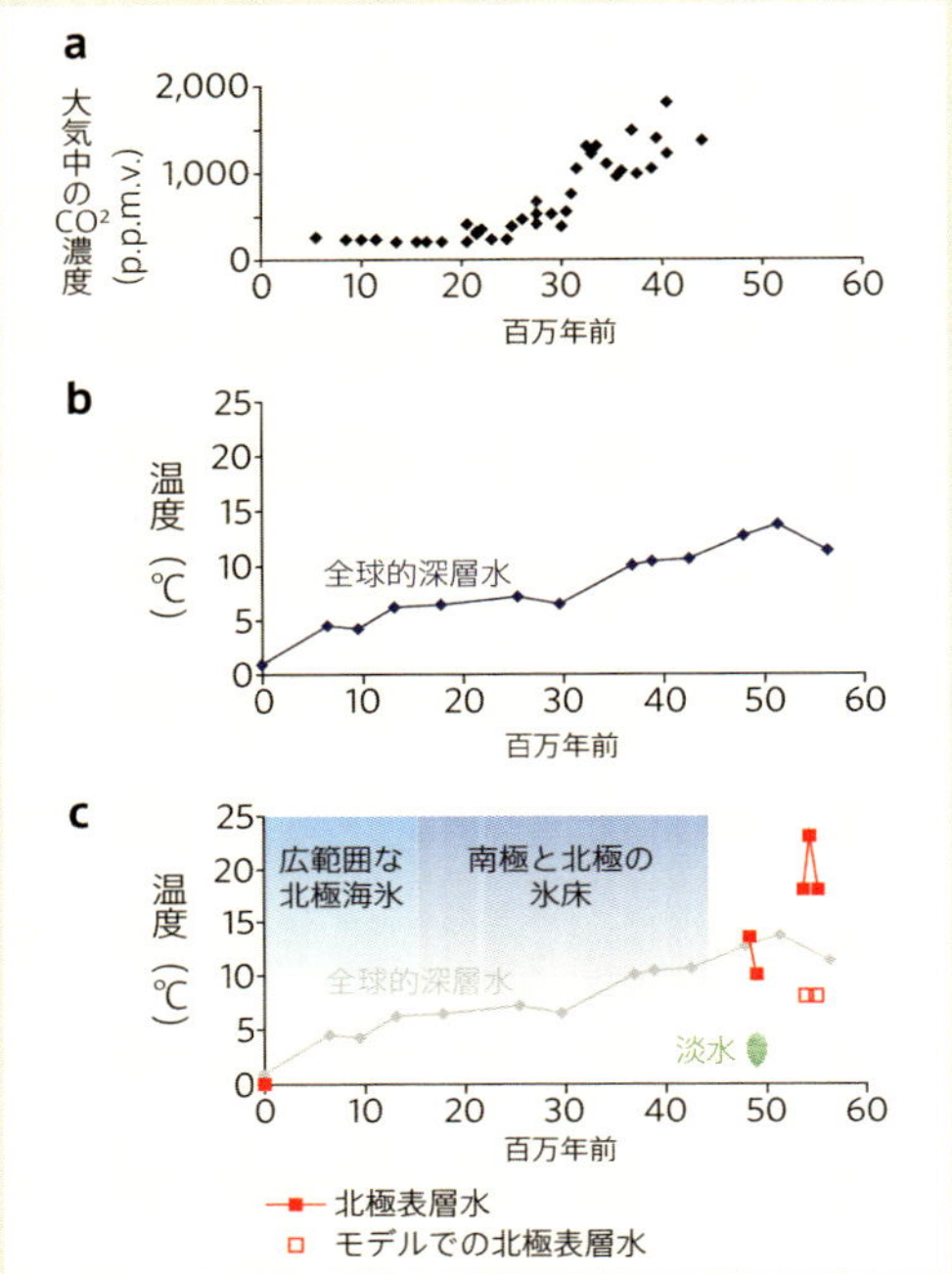

図２　過去5500万年にわたる全球と北極の気候進化。ａ，ｂ．大気中のCO_2濃度（体積ppm；文献５）の減少は、深層水温度から推測される寒冷化と同時に起こっている[8]。ｃ．今回報告された結果の概要[2,3,4]。北極の氷の発達[2]はこれまで考えられていたより早く起こり、南極の氷河作用と同期している。5500万年前、暁新世／始新世境界温暖化極大期に北極の表面水温は、５℃も急上昇した。このイベントの前と間の温度は、モデルから予測される温度より少なくとも10℃高い（文献３）。最後に4900万年前、約100万年という短期間、北極は表層水が淡水という珍しい時期にあった[4]。低緯度域で生まれた暖かく塩分の多い海流が流入して表面水温が上がり、この期間は中断した。

▼南極より大きく遅れた北極の氷河作用の謎

5. *Pagani, M. et al.* Science 309, *600-603 (2005).*
6. *Huber, M. & Nof, D.* Palaeogeogr. Palaeoclimatol. Palaeoecol. 231, *9-28 (2006).*
7. *Zachos, J. C. et al.* Science 302, *1151-1154 (2003).*
8. *Lear, C. H. et al.* Science 287, *269-272 (2000).*

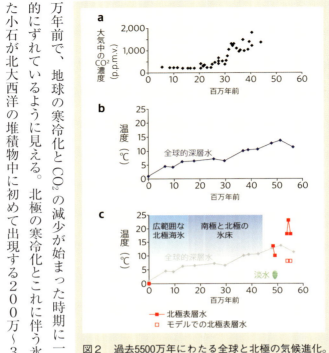

北極の氷河作用が南極よりも大きく遅れたのは、CO_2 のような全地球的気候にかかわる要因によるのではなく、南半球の地域的な変化に応答して、南極氷床が成長し始めたからだと、古気候学によって示唆されている。南アメリカ大陸とオーストラリア大陸が南極から離れてゆっくりと移動していったため、暖かい海流が海岸線に沿ってはるばる南極まで流れなくなったというのだ。しかし、最近のモデルでは、海流が断たれるだけでは、氷床拡大が始まるほど十分に南極は寒冷化しなかっただろうと示唆されている。[6]

この謎は、Moran らが報告した新しい記録によって見事に解決した。[2] この記録は、北極の氷がこれまで信じられていたよりも、ずっと早い時期に出現したことを示している。氷山によって北極海盆中央部に運ばれた小石が、南極周辺とほぼ同時期の4500万年前にはすでに出現している（図2c参照）。大量の砂と氷山が運んだ小石によって、1400万年前まで、海氷と氷山が北極の広範囲に存在していたことが裏づけられた。このように北極の氷期開始時期が早く、南極の氷期と同期していることは、大気中の CO_2 の変化が両半球での氷期の始まりをもたらした主たる要因であるという考えを支持する。

Moran らの論文[2]は、大気中の CO_2 と温室－氷室遷移の密接な関係をあきらかにしたが、北極コアのより古い堆積物から得られた結果は、温室世界における気候の仕組みに関する我々の知識にかなり意外なずれがあることをあらわにした。Sluijs ら[3]は、5500万年前の北極の海面水温が18℃程度だったと報告している。これはフランス、ブルターニュの海岸の海面水温に匹敵している（この地方では、我慢強い人はそれでも泳ぎに行くが）。

もっとも重要なことだが、５５００万年前の気候モデルでは、光を反射する氷床を除外し、大気中のCO_2濃度を産業革命以前の約10倍の２０００ｐｐｍまで増やしても、このような温かい海水をシミュレートするには至らない。あきらかに、CO_2だけが北極を極端に暖かくした要因ではない。気候シミュレーションのモデルから、何かが欠けているのだ。Sluijsらは、この「何か」は別の温室効果要因、つまり北極域の成層圏下部にある凍った水蒸気雲であると考えている。

大気中の温室効果ガスと同様に、このような氷の結晶は地球から宇宙へ放射されるエネルギーの一部を捕捉し、北極域の地表をより高い温度に保つのである。

▼急激で猛烈な温暖化「暁新世超温室」の出現

Sluijsら[3]は、５５００万年前に起こった急激で猛烈な温暖化（暁新世／始新世境界温暖化極大期）に関する興味深い結果も報告している。この「暁新世超温室」は、深海の堆積物中にあるメタンから、あるいは北大西洋が開いた時期に起きた火山活動によって有機炭素が蒸発し、海洋と大気に大量の炭素が放出されたために生じたと信じられている。海洋・大気のどちらの場合も、大気中の過剰CO_2によって温室効果が強まり、熱帯の気温が４～５℃上昇した（文献７）。Sluijsらは、北極の気温も18℃から23℃へと急上昇したことを示した（図２ｃ）。各モデルはまたもや、北極の温暖化について気温の適切な絶対値を得ることができなかったが、CO_2増加に起因する北極の温暖化の程度については一致している。

氷期と間氷期の間を揺れ動く現世（完新世）を通して見られる、北極の気温が熱帯の気温と比べて少なくとも2倍は変化する状況と異なり、暁新世超温室期の北極の温暖化は熱帯・亜熱帯地方で見られる温暖化とほぼ同じである。

逆説的にいえば、この結果は海氷・氷床が極地域におけるより大きな温度変動の原因であるという、氷室気候に対する我々の知識の一面を裏づけるもので、氷のない温室気候では極地域は気候変動に対して他のあらゆる場所と同じように応答する。CO_2 の変化率と暁新世超温室期の温暖化は次世紀に予想されている温暖化と似ているかもしれないが、ある点では将来の温暖化は同じではなく、積雪量・海氷量の減少によって高緯度域では温暖化が顕著に拡大するであろうことをこの結果は再確認している。

▼将来の気候変動予測にかかわる熱輸送と塩分の関係モデル

最後に、Brinkhuis らは[4]、北極におけるもう1つの重要なフィードバック、つまり熱輸送と塩分の関係の近い将来の作用を垣間見せた。今日では、塩分の多い海流は北極に流れ込む。そこで海水は熱を放出して、十分に密度が高くなり深海に沈み、北大西洋深層水になる。このような海流の強さと深層水形成における揺らぎは、過去数万年間のほとんどの急激な気候変動の発生か拡大に関与している。

Brinkhuis らは、低緯度域で生まれた暖かく塩分の多い海流の北極への流入が遮断されていたように見える4900万年前の80万年間をあきらかにした。塩分の多い海流が流入しないと、降雨が蒸発よりも局所的に多くなり、今日では塩分が０・２パーセント以下の水中でしか自然に成長しないアカウキクサ属の水生シダの群落を特徴とする淡水環境（図２ｃ参照）ができる。この類まれな期間には、一時的に増えた淡水が北極からあふれ出ることすらあり、このシダの残骸を周りの海盆に運んだ。

北極における淡水シダの支配期間は、塩水に戻った４８３０万年前に突然終わった。北極の塩分増加が、低緯度域からの暖かく塩分の多い海流の流入を示す、小さいが重大な影響をもたらす北極の水温上昇と対応していることが示されたのは重要である。より年代の新しい北極のコアから隠れていたものが現われたとき、その後の数千万年間、暖かい海流による輸送が発達し続けた仕組みと、このような変化が過去２０００万年間にわたる全球温度の低下にかかわってきた仕組みが見つかるだろう。

総合すると、これらの論文[2,3,4]は、北極の気候進化に関するいくつかの謎を解いた。しかし、氷河作用の強度が約１４００万年前に増大し、約３００万年前にさらに増した理由をあきらかにする必要がある。どちらも大気中のCO_2の減少と関連がなかったからだ。さらに、モデル化したCO_2の影響は暁新世超温室の説明には十分でなく、別のいくつかの（おそらく温室効果）要因が必要であることを考慮に入れると、この別の要因の消滅も氷床の成長と地球の寒冷化に影響を与えていたのかもしれない。

このすべてで、気候モデルに関係するものに個別の難題がある。過去に極域の温暖化をもたらした過程を気候モデルに組み入れることができれば、将来の気候変動に対する予測にいっそう大きな自信をもてるようになるだろう。

Heather M. Stoll はオビエド大学（スペイン）およびウイリアムズ大学（米）に所属している。

地球磁場の逆転：Q＆A

Geomagnetic reversals

David Gubbins　２００８年３月13日号　Vol. 452 (165-167)

地球の磁場は不安定であり、強度が変化するばかりかN極とS極が入れ替わり、逆転もする。こうした振る舞いは、その大半が謎のままだが、地磁気の観測と理論研究を組み合わせることで、解明が進みつつある。

地球の磁場は、逆転中は別として、常にN極とS極が存在する双極子型であり、地球の外核の流体鉄によるダイナモ作用により維持されている。この磁場は地球の中心にあり、地軸の方向を向いた棒磁石が作る磁場に似ている。地磁気極は、棒磁石が地球の表面を横切るところであり、現在、N極は南極のほうにある。北極にあるのは「北磁極」であり、「N極」ではない。岩石は、形成されたときの磁場の方向を保って磁化される。地球の海洋地殻は、押し出されたマントルが上昇する太平洋や大西洋の中央海嶺で形成され、その際は磁場により磁化されて海嶺の両側に新しい地殻の線状の部分を残す。磁場が逆転すると、新しい線状の地殻は逆転した方向に磁化される。これは平均30万年に1回起きるが、直近は78万年前で、次の逆転予定を過ぎている。

▼地球には常に磁場が存在したか？

そう、少なくとも非常に長い期間にわたり存在した。30億年以上さかのぼる、すべての地質学的年代に磁化された岩石が存在している。また、極が逆転している間を除いて、磁場は常にN極とS極が存在する双極子型である（図1）。

▼磁場はどうしてできるのか？

地球磁場は流体鉄の外核内で自動車の発電機（オルタネータ）と同じようなダイナモ作用により維持されている。

流体鉄は、毎秒約1㎜の速さで動いていて、磁力線を横切るときにもともとの磁場を強化する電圧を生成する。流体運動は、地球全体がゆっくりと冷えていることで生じる密度の変化による浮力で駆動される。核は中心から外側に向け固化しており、流体中の軽い元素は分離して上昇し、熱流が対流を駆動することを助けている。

▼磁場はどのような形をしているか？

地球の磁場は、地球の中心に置かれて、地軸にほぼ沿った向きに置いた棒磁石が作る磁場にとてもよく似ている。地磁気極は、この仮想的な棒磁石が地球の表面に現われるところである（現在は、北磁極はカナダの北極圏にある）。

古地磁気学データではよくあるように、1カ所のみでしか観測されなかったときは、双極子

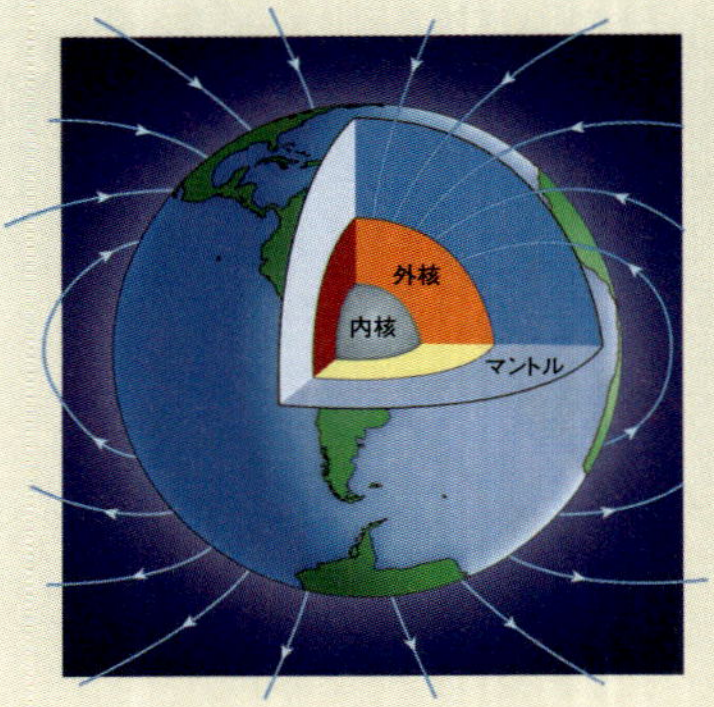

図１　地球磁場
磁場は棒磁石が地球の地軸に置かれたような、いわゆる双極子の構造に似ている。しかし、磁場の非双極子成分は顕著であり、磁針が正確に真北を向かない理由を説明している。磁場は、およそ3000km下にある、地球の流体外核内で生成される。岩石でできた固体のマントルは電気的にはかなりすぐれた絶縁体であり、その大部分は高温で磁化されないので磁場にはほとんど影響を与えない。

磁場を仮定して仮想地磁気極（ＶＧＰ）を決める。ＶＧＰは、非双極子磁場が小さければ、逆転の間以外は地磁気極とほぼ同じである。地表での観測結果を核表面に投影すると、より複雑な構造があきらかになる（図２）。

核表面は地表と同じような双極子構造を示し、地磁気極は地表と同じ場所にある。しかし、非双極子磁場が強くなり、磁場が鉛直方向を向く場所（磁極）がたくさんある。鉛直方向の磁場は、地磁気極ではなく、地軸から約20度離れた、図２の濃い青で示された２つの地域で最大となる。

▼地球の磁場がひっくり返ることはどうしてわかるか？

岩石は、形成されたときの磁場の方向を保って磁化される。連続した溶岩流や堆積岩の層は、長期間にわたる多くの逆転の記録を保

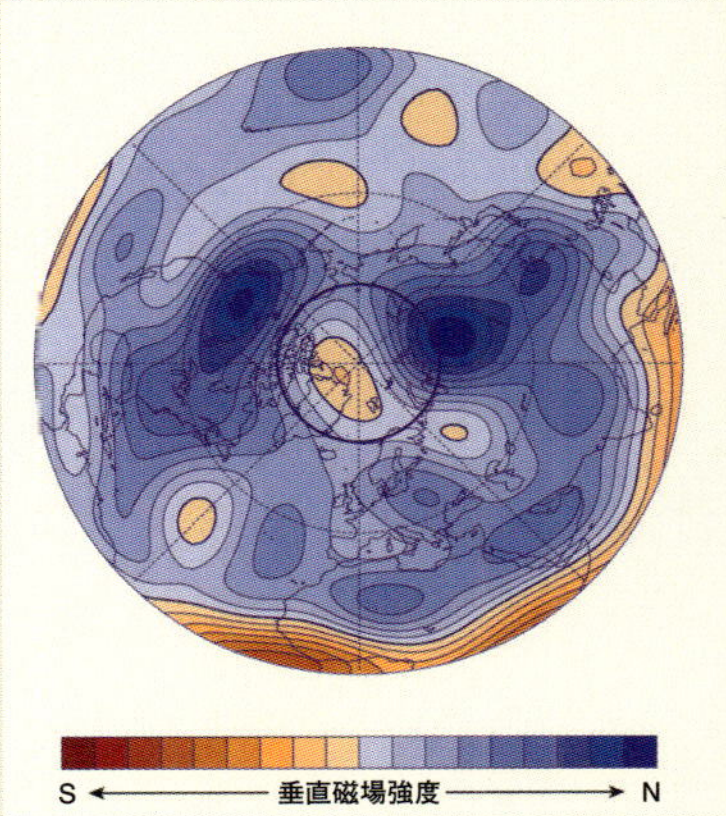

図２　地球核表面の磁場
この外核表面の投影は北半球のみを示してある。中央の円は固体内核の位置を示している。地表下3000kmの深さでは磁場は地表より強く、非双極子はよりあきらかに見える。特に意外だったのは、双極子磁場がもっとも強くなる（もっとも濃い青で示される）場所が、一般に予想されるような北極ではなく、中央の円の外側にある２つの塊の部分であったことだ。円の内部では磁場はほとんど０である（青と橙の境界）。これは、内核内で地軸に沿った仮想的な円柱の効果であり、極地域では異なった力学的性質を作り出す。核表面の磁場を図示することは人工衛星データにより可能となり、極付近の磁場が弱いことは、ダイナモ理論と観測との間に現実的な関連性があることを初めて示した。

持することができる。海底の地磁気縞《しま》模様からの証拠もある。

▼このような地磁気縞模様はどのようにして作られるか？

海嶺は２つのテクトニック・プレートが離れる場所であり、海洋地殻はそこで形成される。海洋地殻が形成されるとき、磁場によって磁化されるため、海嶺の両側に縞状に磁化される。磁場が逆転すると、新しい地殻も逆転した方向に磁化される。これは牽引《けんいん》された船で磁力計を曳航することにより検出することができる。磁気異常を図示すると縞状のパターンが現われ、１つの縞状構造の中にある岩石は同じ平均年代を示すので、これによって海底の形成年代を知ることができる（図３）。太平洋の年代の古い部分や、大西洋の縁には縞模様がないが、これは逆転が起きて

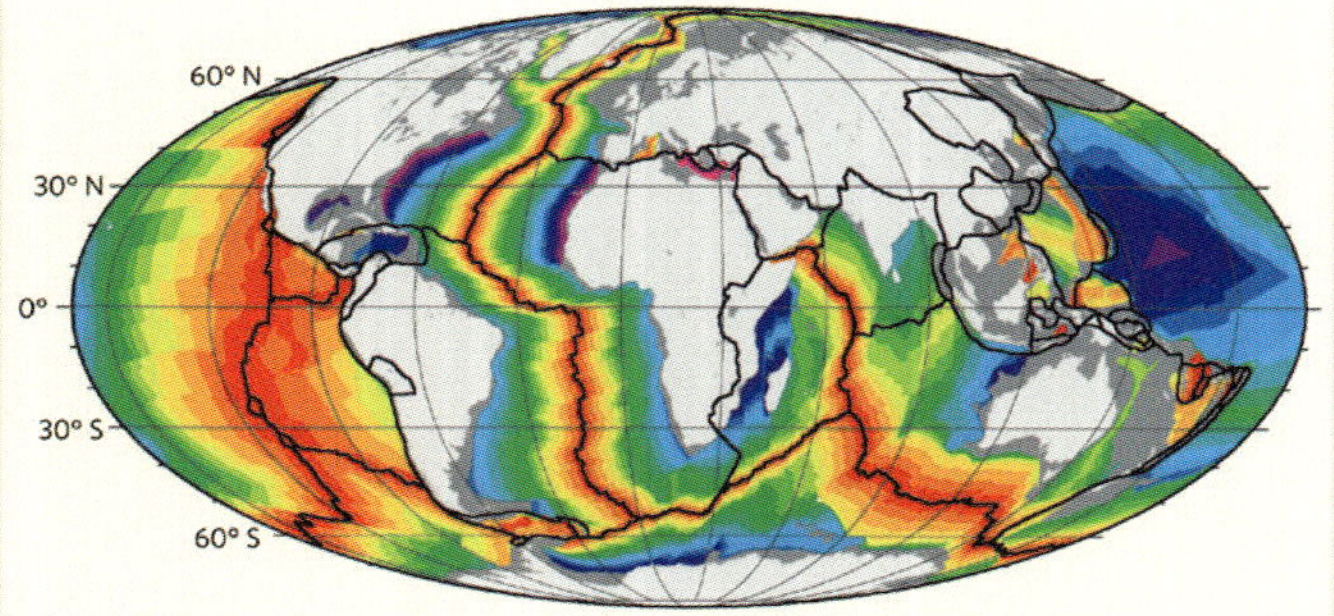

図３　海底の地磁気縞模様
このような縞模様の存在がわかったことで、海底の岩石の年代を地磁気逆転の時間スケールで正確に決めることができるようになった（図４参照）。もっとも年代の若い海底（赤）は、海洋地殻が形成される大洋中央海嶺に近く、もっとも年代の古い（青）海底は大西洋沿岸と南西太平洋にある。（R.D.ミュラーの厚意による。R. D. Müller et al. Geochem. Geophys. Geosyst. doi:10.1029/2007GC001743; 2008を参照のこと。）

いなかった時代に押し出された地殻だからである。

▼地球磁場はなぜ逆転するのか？

それは逆転できるからである。流体鉄の運動にかかわる力と磁場を誘導する機構は、磁場の方向にかかわらず同じである。磁場は時間とともに変化するので、弱くなった磁場が次に同じ極性をもつか反対の極性をもつかは時の運である。これは、逆転では単に磁極がひっくり返るだけでなく、平均として非双極子成分も逆転しなければならないことを示している。

▼ではどのように逆転するのか？

基本となる双極子は逆転の間は保持されない。多くの観測は、ＶＧＰが優先的に通るとされる２つの経度帯のいずれかに沿って太平

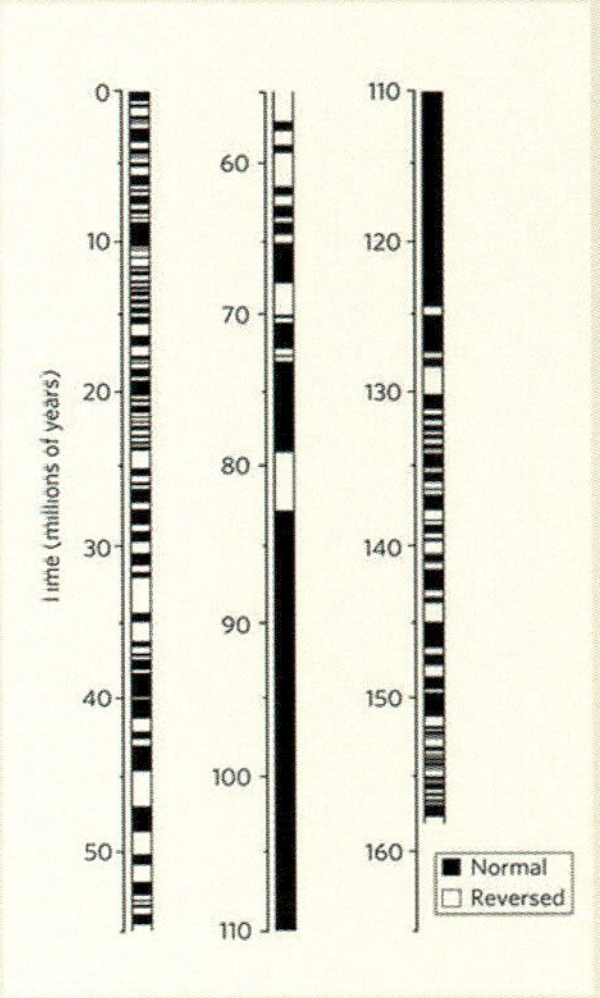

図４　地磁気逆転の時間スケール
地磁気逆転がなかった正磁極期で、いわゆる白亜紀正磁極スーパークロン（CNS）の黒い長い期間に注意。8000万年前にCNSが終了して以降、逆転の頻度が増加したこともわかる。（W. Lowrie Fundamentals of Geophysics. Cambridge Univ. Press, 1997より改訂）

洋の縁の周りを動いたことを示唆している。これが正しいとするならば、磁場は逆転している間、太平洋縁辺に集中して残っていることを意味している（以下を参照）。

▼逆転にはどのくらいの時間がかかるのか？

磁場の方向が変わる前は、一般的には数千年かけて徐々に弱くなり、逆転はそれより短い時間で起きる。逆転した磁場は、再び数千年かけて強くなる。

▼逆転はどの程度の頻度で起きるのか？

最近は（地質学的な意味だが）、平均して30万年ごとに起きている（図４）。しかし直近は78万年前なので、次の逆転はすでに予定を過ぎている。それ以来、極性は変化を始めてもすぐに元に戻ってしまうことがあり、これは偏倚《へんい》、あるいは中断した逆転と呼ばれている。前回の磁場逆転以降、このようなことが少なくとも10回は起きている。

▼逆転の時間スケールにはパターンが存在するか？

このような時間スケールの統計については多くの研究がなされているが、逆転はまったくランダムであるという以外の確証のある結論は得られていない。

▼磁場は常にこのように不規則に逆転してきたか？

ノー。スーパークロン（superchron）と呼ばれる、逆転が起きない非常に長い期間が存在した。前回は白亜紀で、約1億2400万年前から約8000万年前まで続いた。おそらくその前にも、およそ3億年前にキアマン（Kiaman）と呼ばれる時期があったが、その時代の海底が存在しないのでよくわかっていない。

▼スーパークロンの際にはなぜ逆転が止まるのか？

スーパークロンが核内の通常プロセスに起因すると考えるには、時間スケールが長すぎることを誰もが認めている。外核の流体運動はおよそ1000年でひっくり返っているが、過去1億年の間にその調和が乱されたとは考えにくい。これはおそらく固体のマントルが変化した効果であると考えられる。

ダイナモ作用は、外核表面部からの冷却により駆動されていて、この冷却はプレートテクトニクスとマントル対流により制御されている。冷却機構の変化はダイナモの振る舞いに変化をもたらすのである。ダイナモ作用は激しい動きをしたときのみに逆転すると仮定するならば、核が熱を失う速度が変化するような劇的な事象が起きるか、あるいは核表面の冷却パターンが変化して流体の流れの性質が変化するか、どちらかが起きるだろう。後者はあまり劇的ではないが、それはマントル進化の避けられない帰結なので、私にはより説得力があるように思える。

▼逆転した磁場と通常の磁場はまったく同じものと言えるか?

おそらく同じである。この問題についてはデータの広範な研究がなされており、差があると主張する研究もある。しかし、逆転時はいつも磁場全体が逆転しているように見える。理論的にありうるのは、完全な逆転のみである。逆転時に差異があったとすれば、逆転が不完全なものであったことによる。完全な逆転にどの程度の時間がかかるかについても研究課題となっているが、理論的には数万年よりも長いことはない。

▼逆転した磁場が継続する場合とそうでない場合があるのはなぜか?

地球磁場が大きく擾乱《じょうらん》を受けた後、元の強さになるときに正逆どちらの方向になるかの確率は半々である。外核内の磁場は電流が流れる流体運動により逆転し、それには約500年しかかからない。固体の内核では状況が異なっている。固体では、電流とその結果の磁場は電気抵抗によってのみ変化し、それには流体の核のような伝導体が動くことによる電磁誘導よりもずっと長く、約５０００年以上かかる。したがって、内核は安定しており、以前の状態をより長く保持しうる。

外核では５０００年以上にわたって逆転した磁場が維持されていても、内核では元の方向の磁場が継続しており、磁場全体が元の方向に戻るように働く。このようにして、完全な逆転の間に多くの偏倚が起きうるのであり、10回のうち９回は不完全で、継続した内核の磁場が、ダイナモの磁場を元の極性に戻そうとしている（図５）。

▼磁場の逆転の振る舞いとプレートテクトニクスの間には関連性があるか？

おそらくある。冷却がダイナモを駆動し、マントル対流は、核から失われる熱が場所によって異なることを示している。

特に過去１億５０００万年の間、太平洋の縁でテクトニック・プレートが継続して沈み込んだことで、その下部マントル全体を冷却し、そこでは他よりも多くの熱が核から失われたと思われる。

地球ダイナモの数値シミュレーションで境界条件を地震学的データによって設定すると、冷たい領域の下では、外核で下向きの流体の流れと磁束の集中が見られる。図６に示すように、磁場が集中しているところは、現在の磁場の集中と一致している。このような磁場の集中は、逆転時に極が太平洋の縁に沿う傾向があることを説明できる。

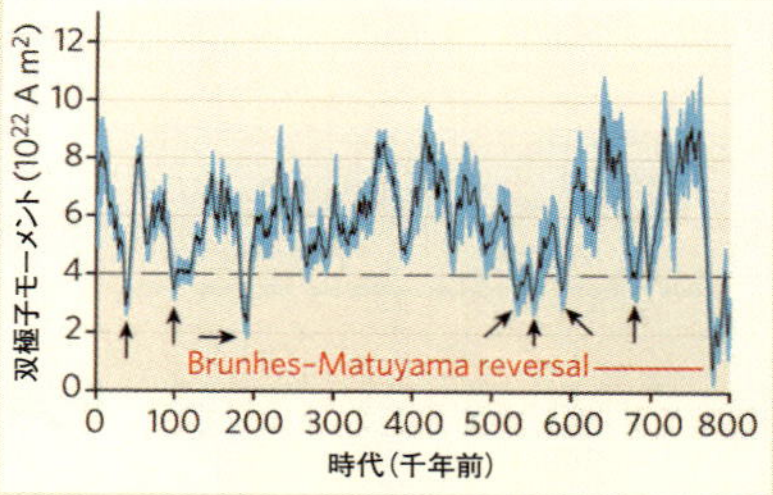

図5　偏倚
過去80万年間の磁場強度（双極子モーメント）の記録の比較：現在の値はこのスケールで約8に当たる。現在のブルン・クロンとそれ以前の逆転期である松山クロンの間で起きた最後の逆転は、78万年前に劇的に磁場が弱かったことで表わされている。矢印で示され、まったく異なったデータでも測定されている偏倚は、磁場の不規則な方向を示しており、磁場がおよそ4（点線）よりも弱くなったときに起きている。このようなデータは、極性が安定している時期でさえも地球の磁場が極めて不安定な振る舞いをすることを初めて示したものである。（Y. Guyodo & J.-P. Valet Nature 399, 249–252; 1999の図を基に再描画）

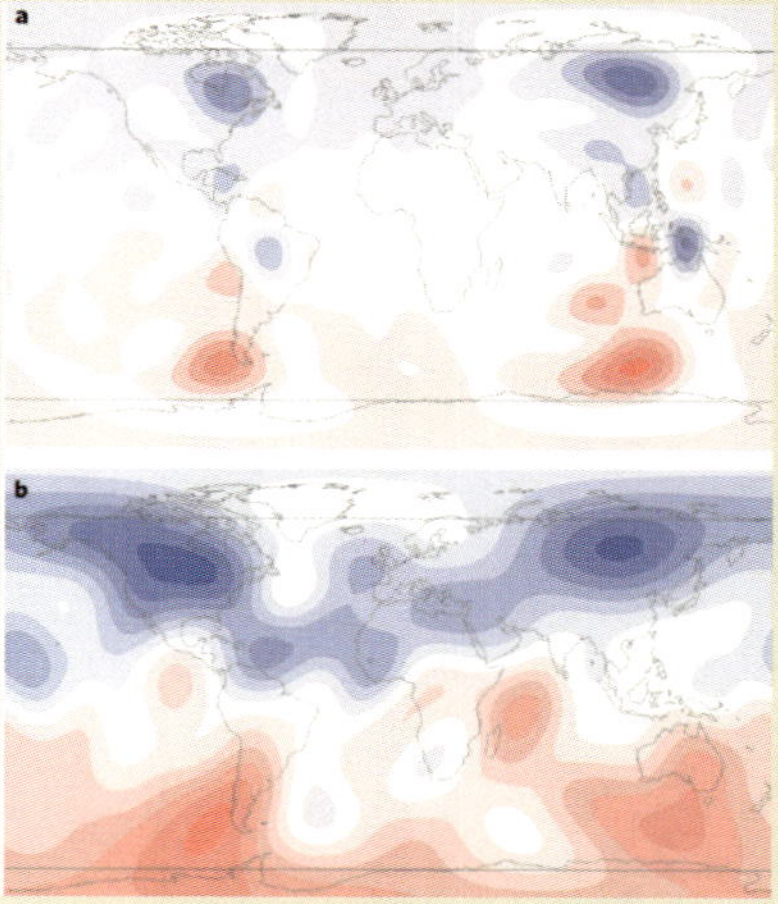

図6　地球ダイナモのコンピュータ・モデル
aはダイナモモデルにより生成される磁場を示しており、核表面からの熱流はその直上の固体マントル温度から推定したものと一致している。磁場がもっとも強い4カ所は、bに示した現在の地球磁場で対応する場所ととても近い。太平洋の縁に沿った冷たいマントルは、核内で下降流をもたらし、これによって磁力線の集中が起きる。生成する磁場がもっとも強いのは図2の仮想的な円柱の周りで、このようなローブが地軸から離れた場所にあることを説明している。（「さらに深く読みたい方へ」中のD. Gubbins et al., 2007の図を再描画した）

▼ダイナモのコンピュータ・シミュレーションは有益か？

流体の伝導体であるダイナモの挙動を理解する初期の試みは、複雑な流体の流れは磁場の再生を作り出すだけだったのでうまくいかなかった。現在は、スーパー・コンピュータを使うことで電磁誘導の効果をモデル化することが可能となっているが、地球外核の乱流や、地球の速い自転速度はモデル化できない。

意外かもしれないが、コンピュータ・モデルは非常に単純化した仮定を用いて、双極子磁場、非現実的な逆転、および現在の非双極子磁場の一部など、地球磁場の様相を再現しているのだ（図6）。次世代のスーパー・コンピュータは強力なので、残された問題のいくつかに答えを出すことができると考えている学者もいる。

▼それでは室内実験は？

大容量の流体金属（ナトリウム、ガリウムおよび水銀などが使われてきた）を用いて室内実験によりダイナモの動きを研究しようとする意欲的な試みがある。実験ではコンピュータよりも速い角運動量が可能だが、問題は、磁場を再生するために十分大きな誘導を生成するには（誘導効果は電気伝導度、大きさおよび流体の流れ速度の積に依存する）大きな装置が必要となることである。

地球の核を実験室のスケールまで小さくすると、それを補うために流体を速く流さねばならない。流体の流れと乱流の性質については実験から多くを学ぶことができるが、ダイナモの動きについては多くを学ぶことができていない。

▼次の磁場逆転に向かっているというのは本当か?

その可能性はある。少なくとも1850年以降、双極子磁場は100年に約5パーセントの割合で弱くなっており、また考古学上の人工物は2000年前のローマ時代に磁場がもっと強かったことを示している。

現在の磁場の減少は、南大西洋とインド洋の下にある核の活動に関連している。太陽の11年周期磁場逆転における黒点で見られるのと似た、局所的な磁場の逆転である。これは、逆転の始まりかもしれないが、引き返せないところまで達しているわけではない。双極子磁場が弱くなるならば、完全な逆転というよりは偏倚の可能性が高い。なぜなら、過去に起きた同じような劇的な磁場の減少の多くは、完全な逆転ではなかったからである(図5)。

▼地球磁場逆転について心配すべきか?

磁場が弱くなると、地球の表面により多くの宇宙線が到達する。磁気圏の防御効果が弱まるからだ。また、オーロラの活動がより活発になることも期待される。過去には、移動方向を決めるために磁場を用いていた生物種が逆転の間に絶滅した(ただし多くは単細胞生物で、上下方向を識別するために磁気を用いていたと考えられる)。

大気中の地磁気活動が活発になると、電気通信や送電に混乱が生じるかもしれない。磁場の逆転が磁気圏にどう作用するかはよくわかっていないのだ。地磁気逆転が人間の健康に危険を及ぼすかもあまりわかっていないが、弱い磁場でも遮蔽効果はありうるだろう。人類は多くの偏倚と数度の逆転を生き延びてきた。したがって、次の地磁気逆転も難なくくぐり抜けるだろう。

David Gubbinsはリーズ大学（英）地球科学科に所属している。

●——さらに深く読みたい方へ

- *Jacobs, J. A.* Reversals of the Earth's Magnetic Field *(Cambridge Univ. Press, 1994).*
- *Merrill, R. T., McElhinny, M. W. & McFadden, P. L.* The Magnetic Field of the Earth *(Academic, New York, 1996).*
- *Gubbins, D., Willis, A. P. & Sreenivasan, B.* Phys. Earth Planet. Inter. 162, *256-260 (2007).*
- *Laj, C., Mazaud, A., Weeks, R., Fuller, M. & Herrero-Bervera, E.* Nature 351, *447 (1991).*
- *Gurnis, M., Wysession, M. E., Knittle, E. & Buffett, B. A. (eds)* The Core-Mantle Boundary Region *(Am. Geophys. Un., Washington DC, 1998).*

シート状の対流が作る地球ダイナモ

A sheet-metal geodynamo

Ulrich R. Christensen　２００８年８月28日号　Vol.454 (1058-1059)

地球磁場は、北極から南極にかけて巨大な棒磁石が入っているように表現されることが多いが、実際はどうか？　地球のコア（核）をコンピュータでモデル化する試みが始まって10年、シート状の対流モデルが登場した。

地球の磁場を作り出しているのは、ダイナモ（発電機）過程で発生する強い電流である。北極と南極を結ぶ磁力線は、地球ダイナモが生み出しているとされる。電流は地球のコア外核で液体鉄が流れることで生じ、地球の自転軸と平行に長い円柱の中を螺旋《らせん》状に流れる。陰山聡らのチームは「地球シミュレータ」というスーパーコンピュータを使い、活発に対流するダイナモモデルを走らせたところ、流れのパターンが薄いシート状になっているとして従来モデルに疑問を投げかけた。シート状の流れは、効率よく磁場を発生させることができるが、ただ、これがどのようにして地球の双極子磁場につながるかは、今のところ、よくわかっていない。

▼従来の説を覆す、地球コアのシミュレーション

地球磁場は、惑星の中に巨大な棒磁石が入っているような形で表現されることが多い。実際にこの磁場を作り出しているのは、ダイナモ（発電機）過程で発生する強い電流である。電流は、外核と呼ばれる地球のコアの外側部分で液体鉄が流れることにより生じてくる。この液体鉄は、地球の自転軸に平行に並んだ長い円柱の中を、螺旋を描きながら流れているとされている。従来のコンピュータ・シミュレーションでは、計算を単純化するために多くの仮定がなされていたにもかかわらず、地球のコアのこうした流れと磁場の特性の両方を非常によく再現することができていた。『Nature』２００８年８月28日号では、陰山聡ら[1]が、地球のコアをより忠実にモデル化できるシミュレーションについて報告している。

このモデルでは、液体鉄の流れは円柱状ではなく薄いシート状になるとされ、地球ダイナモの仕組みに関する今日の理解に疑問を投げかけている。

自転車のライトに電力を供給するような単純なダイナモでは、磁場の中をワイヤが動くことによって、ワイヤ中に電流を発生させている。自動車や発電所で使われているような高性能ダイナモの磁場は、外部から加えられるのではなく、ダイナモ自体の電流によって作り出されている。こうしたダイナモで発電できるのは、コイル状に巻かれたワイヤが電流を誘導するからである。しかし、地球のコアは構造化されていない鉄の球であり、その外側の部分は流体である。これが単純に回転するだけでは、磁場を生じさせることはできないだろう。この液体金属は、高性能ダイナモのコイルに似た複雑な経路に従って運動しているはずである。流体の外核

1. *Kageyama, A., Miyagoshi, T. & Sato, T.* Nature 454*, 1106-1109 (2008).*

における物質の流れは、対流によって生じる。対流は主として、固体の内核から上昇してくる熱と軽い元素（ケイ素やイオウなど）の流れによって駆動されている。この対流は、地球の自転による力の影響を強く受ける。北半球の低気圧を反時計回りに、南半球の低気圧を時計回りに回転させる「コリオリの力」は、こうした力の一例である。対流が弱ければ、この流れは南北方向に並んだ円柱状となり、流体粒子はこの中を、螺旋軌道を描きながら動いていく（図1）。この状況下で双極子（棒磁石のような）構造をもつ磁場が発生することは、理論研究により示されている。[2] 地球ダイナモについての過去のコンピュータ・シミュレーションでは、回転する球体中での流体の流れと磁場の誘導についての方程式を解き、こうした円柱の存在と、磁場の発生におけるその役割を裏づけることができた。[3,4] シミュレーションでは、地球のコアの上部から出た磁力線が主として「ローブ」と呼ばれる形になり、北緯60度と南緯60度付近の同じ子午線上に対を成して現われることも示された。ローブの位置は、個々の対流の円柱がコアの外側の境界に触れるところであると考えられている。[5]

▼シート状の対流構造だった地球のコア

地球ダイナモのすべてのコンピュータ・モデルには、コアの実際の状態をシミュレーションすることができないという欠点がある。このようなシミュレーションには、今日のコンピュータよりもはるかに強力なコンピュータが必要になるからである。たとえば、現在のコンピュータの解像度では流れの中の小規模な渦を表現することができないため、こうした渦を生じさせ

---

2. *Busse, F. H. Geophys. J. R.* Astron. Soc. 42, *437-459 (1975).*
3. *Kageyama, A. & Sato, T.* Phys. Rev. E 55, *4617-4626 (1997).*
4. *Olson, P., Christensen, U. & Glatzmaier, G. A.* J. Geophys. Res. 104, *10383-10404 (1999).*
5. *Gubbins, D. & Bloxham, J.* Nature 325, *509-511 (1985).*

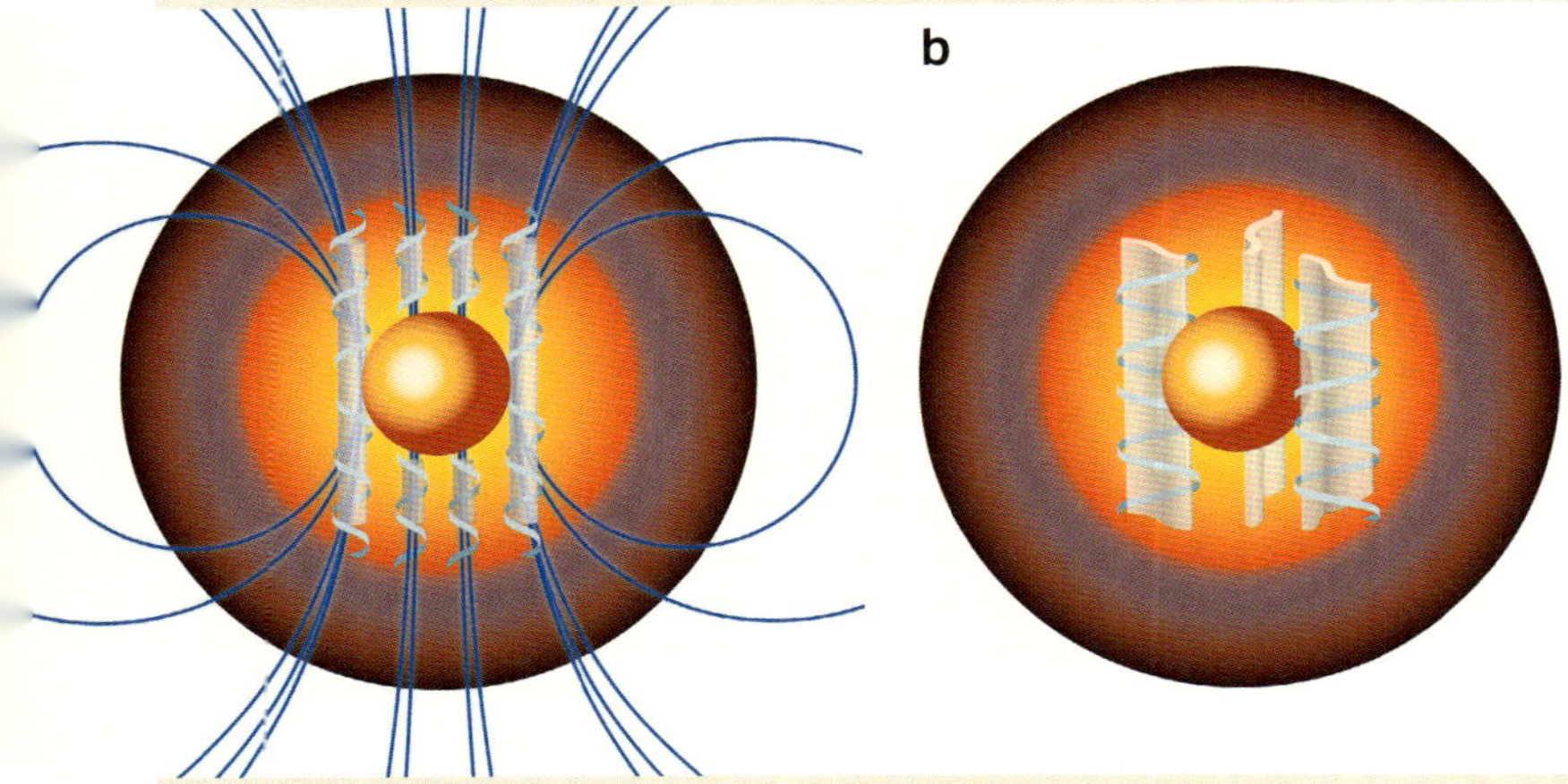

図1　２種類の地球ダイナモ。地球の磁場は流体の外核で発生する。a，従来は、外核の液体鉄は南北方向に並んだ円柱状の経路の中を、螺旋を描いて循環し、これにより発生する電流が双極子磁場を作り出すと考えられていた。コアの上部の地球磁場に見られる強い磁気ローブは、磁力線が高気圧性渦（高気圧領域の周囲の空気と同じ向きに回転する渦）へと集中することにより説明できると考えられていた。b，陰山ら[1]のコンピュータ・シミュレーションは、コア中の流れのパターンが薄いシート状になっていることを示唆して、従来の概念に疑問を投げかけた。シート状の流れは効率よく磁場を発生させることができるが、これがどのようにして地球の双極子磁場につながっていくのかは、まだわかっていない。

ないようにするために、液体コアの粘性率を非現実的なほど大きくしなければならないのである。この粘性率はエクマン数（粘性摩擦力のコリオリの力に対する比）によって表わすのが便利である。地球のコアのエクマン数は小さく、10^{-15}程度であるが、従来の地球ダイナモのシミュレーションではエクマン数を10^{-6}までしか下げられず、ほとんどの場合は、より大きな値が使われていた。陰山ら[1]は、日本の地球シミュレータの4096個のプロセッサーを使い、10^{-7}に近いエクマン数で、活発に対流するダイナモモデルを走らせた。まだ8桁の隔たりがあることを考えると、これは小さな前進にすぎないように思われるかもしれない。けれども、高エクマン数でのシミュレーションが、より現実的な条件でのシミュレーションと定性的に同じ結果を生じうるのかどうか、あるいは、エクマン数を下げることで大きな違いが生じるのかどうかをあきらかにするためには、こうした努力が重要なのである。これまで低エクマン数では、渦の円柱が細くなり、数が増えると予想されていた。けれども陰山らは[1]、流れの幅が薄くなり、キノコの軸から広がる笠のひだのように、地球の自転軸から放射状に広がる薄いシート状になるという結果を得た。同様のパターンは、実験室の対流実験でも観測されている[6]。地球のコアの流れが円柱状ではなく長いシート状になっているなら、コアの上部から出ている磁束のローブについての解釈を考え直さなければならない。

陰山らのシミュレーション[1]は、薄くなった流れのパターンが、まだ効率的なダイナモとして機能することを示唆している。地球ダイナモのシミュレーションを可視化する従来の方法では、得られた磁力線をマッピングしていた。複雑なダイナモでは、これはしばしばボウルに入った

6. *Sumita, I. & Olson, P.* Phys. Earth Planet. Inter. 117*, 153-170 (2000).*

スパゲッティのようになってしまい、解釈するのは困難である。陰山らは今回、電流の流れをマッピングすることにより、よりわかりやすい画像を作り出した。この画像からは、電気工学で用いられるコイルに似た構造が多数生じていることがあきらかになった。しかし、このモデルが作り出す磁場は、地球が作り出しているような双極子磁場ではなかった。

▼地球ダイナモのモデル化をめぐる困難な課題

極端に単純化された変数からなる地球ダイナモのモデルが地球の磁場をよく再現し、条件をより現実に近づけると食い違いが生じてくるというのは、なんとも気分が悪いことである。この食い違いについて提案されている説明は、今日のコンピュータの限界に近いところでシミュレーションを行なうことに伴う問題点を際立たせる。このシミュレーションを走らせるには何カ月もの時間を要したが、それでもモデル化された2000年という時間をカバーできたにすぎない。地球のコアの流れが突然停止したとしたら、双極子磁場が減衰するまでに2万年はかかるだろう。同じ磁場をゼロから作り出すためには、これと同程度の時間が必要になるだろう。この過程を再現しようと思ったら、コンピュータを数カ月どころか数年間も走らせる必要がある。その上、地球ダイナモのモデルにおいて非現実的な値を設定しなければならない変数はエクマン数だけではない。たとえば、磁気プラントル数（粘性率と電気抵抗の比）はシミュレーションでは1と設定されているが、実際のコアでは約10^{-6}である。実際のコアの条件を使って地球ダイナモをモデル化するのは、当分の間は不可能だろう。地球のような磁場をもつモデルを作成するための秘訣は、「適当な割合で間違っている」変数を用いることにあるのかもしれない。そうだとすると、変数を現実の値に近づけていく過程で、変数どうしの関係の中のどれを維持していくかが問題になる。陰山ら[1]は、従来のシミュレーションでは近づけなかった領域に分け入った。次のステップは、さらに過酷なものになるだろう。それは、この新しい領域を偵察し、変数空間を通り抜けて理解にたどり着くための正しい道筋を見極めることである。

Ulrich R. Christensen はマックス・プランク太陽系研究所（独）に所属している。

太古の地球のシステム化学

Systems chemistry on early Earth

Jack W. Szostak　２００９年5月14日号　Vol.459 (171-172)

地球上になぜ、生命が誕生したのか――これを解明するためには、生命進化の第一歩とされるＲＮＡが効率よく合成されていくことだ。さまざまな反応物が相互作用できる「システム化学」がその難問を解決するかもしれない。

生命誕生の第一歩は、リボ核酸（ＲＮＡ）が「遺伝」と「触媒反応」の両面で中心的な役割を果たす必要がある。今日、遺伝はＤＮＡが、触媒反応はタンパク質がその役割を担っていることが判明。ではＲＮＡは、いったいどこからきたのか？　最新の研究で、遺伝情報をコード化する核酸が太古の地球に出現するきっかけとなった化学プロセスが、視点を変えて明らかになった。これは、生命誕生以前のリボヌクレオチド合成が可能であり、「ＲＮＡが最初」というモデルがよみがえることを意味する。２－アミノオキサゾールという反応中間体が、ピリミジンリボヌクレオチドの糖と核酸塩基の双方に原子を供給することにより、リボヌクレオチドが合成される道筋をあきらかにし、この反応でできる副産物は紫外線によって一掃されることを示した。

▼生命起源の謎を解くRNA研究

生命進化の最初期においては、リボ核酸（RNA）が「遺伝」と「触媒反応」の両面で中心的な役割を果たした段階があったことはよく知られている。[1] しかし現在では、「遺伝」はDNAが、「触媒反応」はタンパク質が、その役割を担っている。では、RNAはいったいどこからきたのだろうか。

このほど、『Nature』2009年5月14日号にPownerらが発表した研究成果により、[2] 遺伝情報をコードする核酸が太古の地球に出現するきっかけになったと考えられる化学的プロセスについて、新しい見解がもたらされた。

生命の誕生に先立ってRNAがどのように合成されたのかを解明する研究は、40年間にわたり、核酸塩基（アデニン、グアニン、シトシン、ウラシル）、五炭糖のリボース、そしてリン酸という3種類の分子要素からリボヌクレオチド（RNAの構成単位）が作り上げられたはずだという仮定を前提にしていた。この研究は数々の難題を含んでいるが、なかでもいちばん困難だったのは、ピリミジン核酸塩基（シトシンとウラシル）をリボースと正しく結合させる方法がまったく見つからないことだった[3]（図1a）。そのため、RNAのような複雑な分子が自然にできあがったという考え方は、次第に疑われるようになってきた。こうして、初期の生命進化の段階で、RNA以前に存在していたかもしれない、もっと単純な別の遺伝的ポリマーが探索されるようになった。

1. *Joyce, G. F. & Orgel, L. E. in* The RNA World *(eds Gesteland, R. F., Cech, T. R. & Atkins, J. F.) 23-56 (Cold Spring Harbor Laboratory Press, 2006).*
2. *Powner, M. W., Gerland, B. & Sutherland, J. D.* Nature 459*, 239-242 (2009).*
3. *Orgel, L. E.* Crit. Rev. Biochem. Mol. Biol. 39*, 99-123 (2004).*

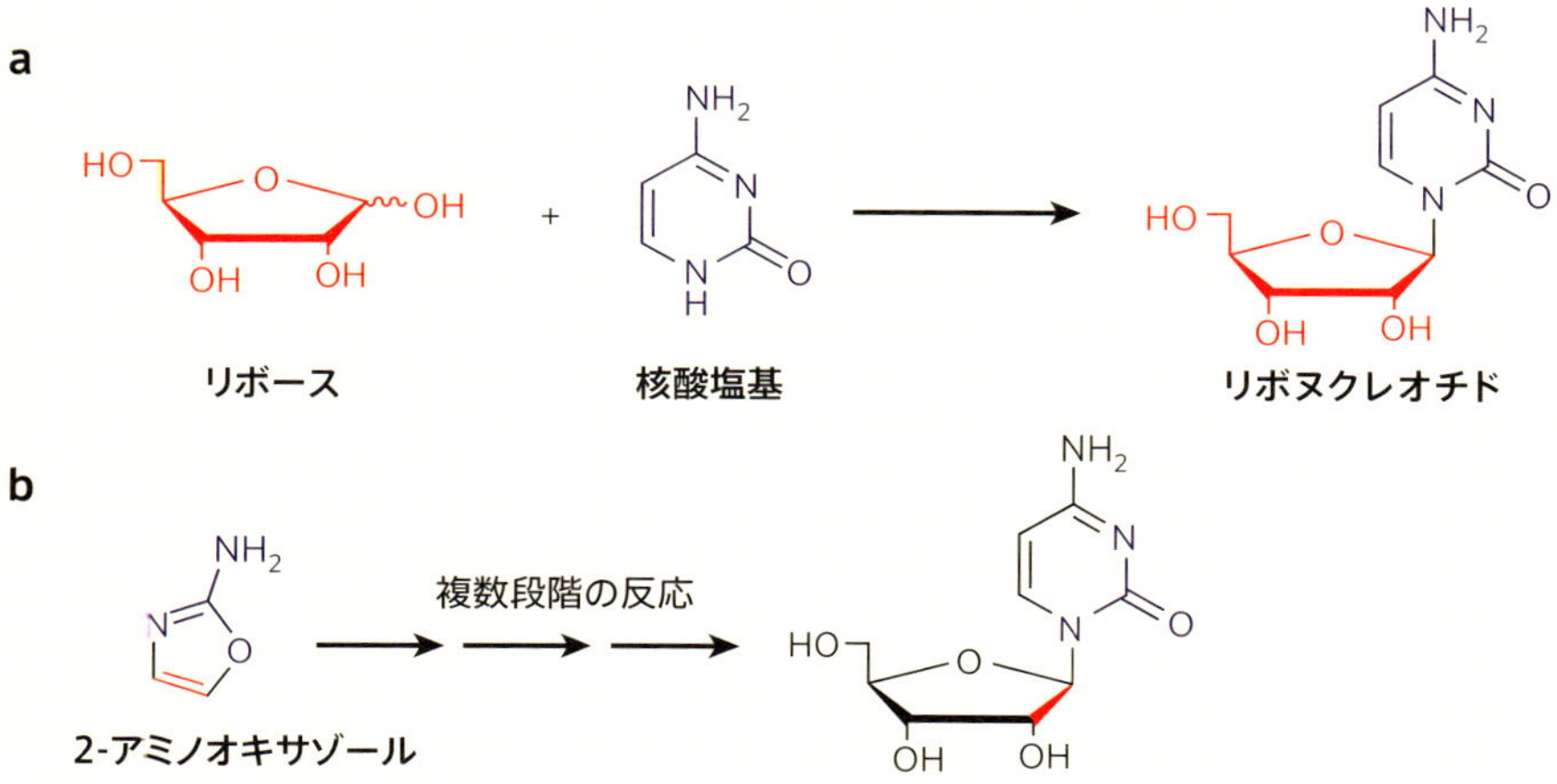

図1　生命誕生以前のピリミジンリボヌクレオチド合成に関する理論。太古の地球でRNAが自然に形成されたのかもしれないという着想から、生命が誕生する前に、RNAの構成単位であるリボヌクレオチドの合成が可能であったかという研究が行なわれるようになった。a，従来は、リボヌクレオチドの構成要素であるリボース（糖）と核酸塩基が、別々に作られてから組み合わされたと考えられていた。しかし、両要素が結びつきそうな反応は発見されなかった。b，Pownerら[2]は、2-アミノオキサゾールという1つの反応中間体がピリミジンリボヌクレオチドの糖と核酸塩基の双方に原子を供給した可能性をあきらかにした。この場合、それぞれの要素が別々に形成される必要はない。この経路の詳細は、『Nature』5月14日号239ページのFigure 1を参照。

▼RNA合成に至る別経路の発見

しかし、Powner らは今回、糖と核酸塩基が共通の前駆物質から出現するピリミジンリボヌクレオチド合成経路（図1b）を探究し、[2]「RNAが最初」というモデルの可能性をよみがえらせた。Powner らの経路では、反応中間体として遊離の糖と核酸塩基がなくても、完全なリボヌクレオチド構造が形成される。この重要な知見をそのほかの新しいアイデアと組み合わせると、生命誕生以前のリボヌクレオチド合成という問題に対するすっきりした答えが得られるのだ。

Powner らの方法で重要なのは、（糖の形成につながる）炭素－酸素の化学反応と（核酸塩基の形成につながる）炭素－窒素の化学反応はできる限り離し、一緒にすべきでないという根強い先入観を打ち破ったことだった。こうした先入観の原因は誰でもすぐにわかる。たとえば、ホルムアルデヒドという単純な炭素－酸素化合物をアルカリ性溶液に溶かすと、10種類を超える糖の混合物が短時間で生じ、[3]続いてそれが反応して難溶性物質の頑固なタールとなる。同様に、シアン化物とアンモニアから形成される単純な炭素－窒素化合物は、互いに反応し合い、普通の核酸塩基以外にもさまざまな化合物ができる。この2つの複雑な工程を無秩序に混ぜ合わせれば、化学的な組み合わせが爆発的な数にのぼると考えるのは、ごく当たり前のことで、できあがる有機化合物は何百万種類にもなる。ただしそのなかで、生物の前駆物質として適したものはごくわずかしかないと考えられるのである。しかし、Powner らは、[2]ある経路のさまざまな段階の反応物が相互作用できる「システム化学」の驚くべき実例を取り上げ、リン酸によって組み合わせの爆発が制御され、酸素や窒素を含む反応物が効果的に相互作用できることを示している。

PownerらによるＲＮＡへの道のりは、出発材料こそ生命誕生以前の化学に関する最近の研究で一般的に用いられているものだが、それを組み合わせる順番が独特だ。構造がいちばん単純な糖「グリコールアルデヒド」が、シアン化物とアンモニアとのいちばん単純な誘導物質「シアナミド」と反応すると、不必要な物質の複雑な混合物が生成する。しかし、Pownerらは、第三の材料として「リン酸」をそこに添加した。反応中、リン酸はpH緩衝剤および触媒という2つの機能を発揮し、起こりうる「不都合な反応のネットワーク」がショートカットされて、「2-アミノオキサゾール」という重要な反応中間体が短時間で効率的に生成されたのだ（図1b）。

生命誕生以前の化学に関するこうした新しい理論では、その後の反応で問題になりそうな不要物質から重要な反応中間体を分離でき、地球化学的に実現可能な方法を見いだすことが、目標の1つとなる。2-アミノオキサゾールは、揮発性が高いので、日光による穏やかな加熱、夜間（または高高度で）の冷却、それに続く濃縮というサイクルを繰り返し、昇華によって精製されたのではないかと考えられている。そして、2-アミノオキサゾールが有機物の雪のように降り積もり、ＲＮＡ合成の次の段階に備えた物質のストックになった可能性がある。

Pownerらの経路では、2-アミノオキサゾールが生成した後の段階でもリン酸が引き続き重要な役割を担っていく。あるときは不要な副産物を除去し、またあるときは重要な反応中間体の分解を阻止するのだ。この連続反応でシステム化学が威力を発揮するもう1つの好例が、最終段階の1つ前の反応で、リン酸がヌクレオシドに付加する反応である。リン酸化は尿素によって促進されるが[4]、その尿素は、連続反応の途中で発生した副産物がリン酸の触媒作用で加水分解されてできたものなのだ。

▼重要だった紫外線の役割

Powner らによる、この見事なまでの連続反応は、紫外線によって反応混合物が一掃されて仕上がる。紫外線にさらされた副産物は破壊され、同時に、必要なリボシチジンの一部がリボウリジン（RNAのもう1つのピリミジン要素）に変換されるというのだ。この複雑な光化学反応は、Powner らの優れた洞察力がなければ、考えつかなかっただろう。Powner らは、紫外線により副産物の大半が破壊される一方で、必要なリボヌクレオチドは紫外線に当たっても壊れないことを正確に予測したのだ。

連続反応で重要と考えられる反応と副反応のすべてを慎重に検討した今回の研究[2]は、生命誕生以前の化学への合理的なアプローチに必要とされる基本的な化学知識を深める方法のモデルとなる。Powner らは、一連の効率的な反応を提示することにより、生命の発祥と矛盾しない地球化学的なシナリオに関して、さらに実りある研究のための基礎を確立した。

もちろん、残されている課題は多い。さまざまな出発材料が、太古の地球の局地的な環境で、比較的純粋な濃縮された状態で蓄積した経緯は、今後解明されなければならない問題だ。また、Powner らの連続反応では、ピリミジンリボヌクレオチドの生成は可能であるが、（グアニン

4 Lohrmann, R. & Orgel, L. E. Science 171, 490-494 (1971).

とアデニンを含む）プリンリボヌクレオチドが作られる仕組みは説明されていない。しかし、Powner らの成果により、たくさんの新しい研究の方向性が切り開かれた。だからこそこの成果は、生命誕生以前の化学における大きな進歩の1つとして、今後何年も輝き続けるに違いない。

Jack W. Szostak はハワード・ヒューズ医学研究所（米）およびマサチューセッツ総合病院（米）に所属している。

破局を招いた海底火山の噴火

Volcanic cause of catastrophe

Timothy J. Bralower　２００８年7月17日号　Vol. 454 (285-287)

白亜紀のセノマニアン末期に起きた海洋の著しい酸素欠乏は、タイミングからすると、海底の火山活動の結果らしい。海底火山の噴火の研究は、現代の地球温暖化に関しても大きな意味をもつだろう。

およそ９３００万年前、地球は活発な火山活動で揺さぶられた。極めて流動的な大量の溶岩が海底に蓄積され、現在のカリブ海の大部分はこのとき形成された。研究者たちは、このような噴火が生物大量絶滅を引き起こした海洋全体の「無酸素時代」の引き金となったのではないかという。この時代の地球は非常に高温でアラスカでもヤシの木が育ち、大型爬虫類がカナダ北部を歩き回っていた。海洋無酸素事件として知られる事象は繰り返し起こっているが、この時代に起きた事件がもっとも過酷なものだ。海洋循環の重大な変化はまた、大量の海洋有機物質の生成と保存を引き起こし、これらはのちに埋没して石油へと変化した。巨大火成岩岩石区は海洋循環を遅くし、炭素と酸素の循環を減速させ、海底に極めて有毒な無酸素条件を作り出す。

▼繰り返し起きている「海洋無酸素事件」

およそ9300万年前、地球は活発な火山活動により揺さぶられていた。極めて流動的な大量の溶岩が海底に蓄積されて、現在カリブ海となっている領域の大半が地質学的な鼓動の中で形成された。『Nature』2008年7月17日号でTurgeonとCreaserは、[1]このような噴火が生物大量絶滅を招く海洋全体の無酸素時代の引き金となったと、説得力のある主張を行なっている。さらにこの時代の地球は非常に高温で、アラスカでもヤシの木が育ち、大型爬虫類がカナダ北部を歩き回っていたのである。したがって、この新しい研究は現在の地球が経験しているものとよく似た摂動に地球がどのように応答するか、貴重な教訓を提供するかもしれない。

カリブ海のテクトニック・プレートを形成する積み上がった溶岩流は、巨大火成岩石区（LIP）[2,3]として知られている。他のLIPは、大気組成に大きな変化を引き起こすことで地球史に変更を加えたが、それは二酸化炭素（CO_2）量を増加させて温室効果を引き起こし、海水の化学組成と海洋循環を変化させ、全球炭素循環を停止させることによっている。[4]

2億5000万年前に噴出したシベリアのLIPは、二畳紀の最後に歴史上最大規模の大量絶滅をもたらした。[5] 1億2000万年前の別の事象では、太平洋西部の大規模なオントンジャワ海台の形成[6]が海洋プランクトンの絶滅をもたらした。これらのLIPは両方ともに海洋循環を遅くし、炭素と酸素の循環を減速させて、最終的には海底に極めて有毒な無酸素状態を作り出した。

海洋無酸素事件（OAE）として知られる無酸素の時代は、地球史の中で繰り返し起きてい

1. *Turgeon, S. C. & Creaser, R. A.* Nature 454, *323-326 (2008).*
2. *Coffin, M. F. & Eldholm, O.* Rev. Geophys. 32, *1-36 (1994).*
3. *Kerr, A. C. in* Treatise on Geochemistry Vol. 3 *(ed. Rudnick, R. L.) 537-565 (Elsevier, 2003).*
4. *Larson, R. L.* Geology 19*, 547-550 (1991).*
5. *Bowring, S. A. et al.* Science 280*, 1039-1045 (1998).*

るが、白亜紀の時代である9300万年前に起きたものがもっとも過酷なものであった。[7, 8] このOAEは、海洋底に生息していたイノセラムスとして知られる大型二枚貝と、有孔虫という小さな原生生物の絶滅をもたらした。海洋循環の重大な変化はまた、大量の海洋有機物質の生成と保存を引き起こし、これらはのちに埋没して石油へと変化した。しかし、OAEの究極的な原因はよくわかっていない。温室効果の条件が関係する温暖化がこれにかかわっていたという、強い証拠はある。[9] OAEの間に堆積した岩石の中に異常に金属が濃縮されていることは、火山活動との関連性を示唆しているが、[10, 11] 有機物に富む岩石が金属を含むことはよくあり、この関連性は確証が得られていない。

▼データが示す太古の火山活動

カリブ海の溶岩は、現在は深海に埋没しているか、あるいは、テクトニクス活動により地上に現われたハイチなどの山脈地帯で見ることができる。その噴火史は、より広範な試料が得られているシベリアやオントンジャワのLIPほどはよくわかっていない。放射性同位体を用いて測定した溶岩の年代は9500万〜8700万年前の間に広がっており、大きな変動が9400万〜9300万年前に起きたことを示唆している。[12]

しかし、カリブ海が数百から数千km³の容積をもっていることを考えると、その噴火史を数カ所の年代見積もりのみで決定することはできない。そのかわりに、地質学者は、時代を通じて火山強度の連続的な代理指標を提供する堆積岩中に見られる他の化学的痕跡に依存しなければ

6. *Tarduno, J. A. et al.* Science 254, *399-403 (1991).*
7. *Jenkyns, H. C. J.* Geol. Soc. Lond. 137, *171-188 (1980).*
8. *Arthur, M. A., Dean, W. E. & Pratt, L. M.* Nature 335, *714-717 (1988).*
9. *Forster, A., Schouten, S., Moriya, K., Wilson, P. A. & Sinninghe Damsté, J. S.* Paleoceanography 22, *PA1219, doi: 10.1029/2006PA001349 (2007).*

ならないのである。

Turgeon と Creaser は、[11] ^{187}Os と ^{188}Os というオスミウムの2つの同位体に基づいた火山活動に敏感な代理指標を用いた。海洋へのオスミウムの主要な供給源には、河川、火山および隕石などの宇宙空間の物質からの岩屑《がんせつ》がある。したがって、海水のオスミウム同位体組成は、大陸風化、火山活動および地球外からの影響の程度を表わしている。[13] 海水中のオスミウム同位体存在度は2種類ともに低く、その比はすぐに影響の変化に適応する。

Turgeon と Creaser は、南アメリカ海岸の掘削コアとイタリアの山岳で得られた堆積岩でこれらの同位体を注意深く分析し、９３００万年前のＯＡＥ直前に明瞭な摂動があったという証拠を提供している。これらの同位体の値が示すのは、隕石あるいは火山起源のオスミウム寄与が疑いなく増加していることである。この時期には地球外からの隕石衝突が起きた証拠は他にはないことから、このデータはあきらかに火山活動の存在を指し示している。オスミウム同位体の変化が海洋へのオスミウム流量が30～50倍増加したことを示しているならば、この火山活動はあきらかに大規模なものである。いくつかの候補はあるが、この年代に近くこの類の摂動を起こすために十分大きいＬＩＰはカリブ海のもののみである。

▼地球温暖化事象との関連性

カリブ海の形成は地質学者にとって大きな関心事だが、それはより広い意味をもつものでもある。地質学的記録に見られる急激な温暖化事象は、現代の地球温暖化を研究している科学者

10. *Orth, C. J. et al.* Earth Planet. Sci. Lett. 117, *189-204 (1993).*
11. *Snow, L. J., Duncan, R. A. & Bralower, T. J. Paleoceanography 20, PA3005, doi: 10.1029/2004PA001093 (2005).*
12. *Sinton, C. W. & Duncan, R. A.* Econ. Geol. 92, *836-842 (1997).*
13. *Peucker-Erhenbrink, B. & Ravizza, G.* Terra Nova 12, *205-219 (2000).*

には大きな意味をもつ。古代の出来事は、地球温暖化事象のさまざまな段階で作用する過程について、その全体像を与えている。たとえば、ある段階では、光合成プランクトンは大気からCO_2を吸収して岩石中の有機物として閉じ込め、おそらく温暖化事象の終了の予告となる地球規模の寒冷化をもたらす。[8,9] この点からは、9300万年前に起きた事象は、光合成を促進しCO_2を削減するための栄養素を現在の海洋に散布する可能性に対する試行と考えることができる。

しかし、この事象と、その現代の地球規模変動との関連性をよりよく理解するには、火山活動の規模（およびそのCO_2吸収の速さと量）と、それがどのようにOAEと関連するかについての知識が必要である。これらの疑問について Turgeon と Creaser は一部しか答えてはいない。[1] 彼らは、LIPとOAEの間には時間的関連性があることを示し、因果関係があることを示唆しているが、そのような関連性の性質については何の証拠も示していない。

1つの可能性は、火山活動で生成された大量の金属に富んだ流体が、鉄などの微量栄養素を海洋に供給し、プランクトンが大量の有機物を生成するように刺激したというものである。[11] この有機物の酸化は海洋の酸素を減少させOAEをもたらした（図1）。このような過程のみで全球無酸素事件を引き起こすことができたかはあきらかになっていないが、筆者自身はそれには懐疑的である。おそらく、その効果は、火山性CO_2に起因する温暖化が海洋の混合を強く抑止した結果生じた海洋の成層化（図1）によって減ぜられたであろう。

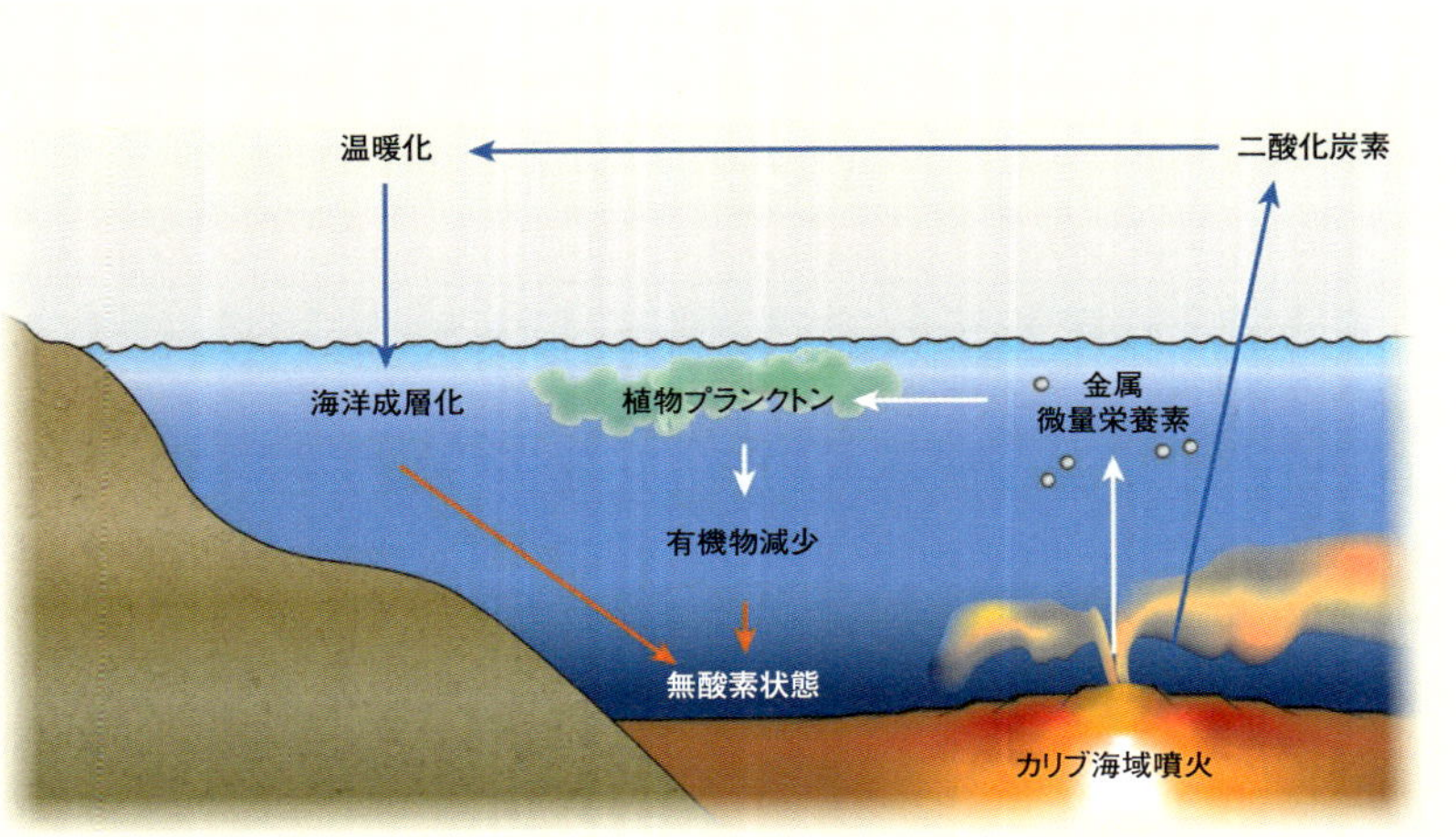

図１　火山活動、海洋無酸素および地球温暖化
TurgeonとCreaser[1]は、カリブ海地域で9300万年前に起きた広範な噴火と、そのときの海洋無酸素事件との因果関係に対する十分な証拠を提供している。しかし、それはどのように関連しうるのだろうか？　１つの可能性は、火山活動が海洋上部に金属微量栄養素を散布し、植物プランクトンを増加させ、それによって有機物が減少する際に酸素利用を増加させたというものである。もう１つの可能性は、両立できないものではないが、火山により生成されたCO_2による地球温暖化の結果、海洋成層化がより発達し、深海水への酸素供給が制限されたというものだ。

▼現在の地球環境問題へのヒントとなるか

特に重要な点は、大量のCO_2が大気中に放出されたことによる最初の気候への影響と、その長期にわたる影響との間の時間的な差である。堆積岩が堆積する速さに基づいて、Turgeon と Creaser[1]は、火山のパルス的活動はＯＡＥとの２万３０００年前であると見積もっている。引き金となった事象大変動との間の時間的な差は、地球温暖化の影響を懸念する人々を元気づけるかもしれないが、その信号が現在の海洋で混合するための時間（約１５００年）は、時間差が短くなっていることを示唆している。地質学的記録に見られる他の急激な温暖化事象は、同様に短い時間差を示している。ＬＩＰを生成した火山活動に対する応答時間が実際に長かったならば、その事象の前には海洋循環が異常に緩やかであったか、あるいは引き金となったイベントとＯＡＥの間に複雑な関連性があったかのどちらかを示している。９３００万年前の火山活動が、どのようにして温暖な地球に大惨事をもたらしたかを究明することは、地球の複雑な変動を理解するための、地質学者にとっては新たなチャレンジなのである。

Timothy J. Bralower はペンシルベニア州立大学（米）地球科学科に所属している。

砂に記された津波の記録

The sands of tsunami time

Stein Bondevik　２００８年10月30日号　Vol.455 (1183-1184)

２００４年12月のスマトラ島沖地震で発生した大津波は、インド洋全域に甚大な被害をもたらした。そして今回、地質調査により、過去に同規模の大津波があったことを示す痕跡が見つかったという。

このスマトラ島沖地震は、２００４年12月26日に発生したＭ（マグニチュード）９・１の超巨大な地震で、引き続いて起きた大津波は11カ国で22万人以上の命を奪った。スンダ海溝に数百年蓄積された応力がわずか数分で解放され、ビルマ－スンダ・プレートの下に、インド－オーストラリア・プレートが平均13ｍも潜り込んだことがわかっている。今回、２つのチームがタイとスマトラ島北部で困難な調査を続け、スマトラ沖地震と同規模の巨大な大津波が起きていたことを示す証拠を得たと報告。スマトラ沖地震で堆積した砂と泥炭の下に、よく似た白っぽい砂層を発見したからだ。この砂層は現在から６００～７００年前のものと見られ、それだけ長い期間、応力が蓄積された結果、今回のスマトラ島沖地震の発生に至ったものと思われる。

▼過去の記録がない、スマトラ島沖地震

２００４年12月26日にインド洋で発生した巨大地震とそれに引き続いて起きた津波は、11カ国で22万人以上の命を奪った。スンダ海溝に数百年にわたって蓄積された応力が、わずか数分のうちに解放されて、インド－オーストラリア・プレートをビルマ－スンダ・プレートの下に平均13ｍも潜り込ませたのである。[1]

もっとも大きな被害を受けたインドネシアの歴史文献を４００年前のものまでさかのぼって調べてみても、同等の規模の津波についての記述は皆無であった。[2,3] それでは、スンダ海溝に沿って蓄積されたエネルギーが２００４年に解放されて甚大な被害をもたらすまでには、どれだけの年月を要したのであろうか？

『Nature』２００８年10月30日号では、Jankaew ら[4]と Monecke ら[5]が、それぞれタイとスマトラ島北部で数カ月にわたって困難な野外調査を行なった結果、過去に同等の規模の津波が起きていたことを示唆する証拠を得たと報告している。彼らは、２００４年の津波が残した砂と蓄積した泥炭の下に、２００４年に形成されたものとよく似た砂層があるのを発見した。どちらの研究も、その砂層が７００～６００年前（西暦１３００～１４００年）に形成されたことを示唆しており、２００４年にもっとも近い時期に起きた同等の規模の津波によって形成されたものである可能性がある。これだけ長い期間にわたって応力が蓄積されたのだとすれば、２００４年の津波の規模にも納得がいく（図１）。

古代の津波堆積物は、ごくまれにしか保存されず、発見するのは困難である。津波堆積物が

1. *Stein, S. & Okal, E. A.* Nature 434*, 581-582 (2005).*
2. *Hamzah, L., Puspito, N. T. & Imamura, F.* J. Nat. Disast. Sci. 22*, 25-43 (2000).*
3. *Newcomb, K. R. & McCann, W. R.* J. Geophys. Res. 92*, 421-439 (1987).*
4. *Jankaew, K. et al.* Nature 455*, 1228-1231 (2008).*
5. *Monecke, K. et al.* Nature 455*, 1232-1234 (2008).*

図1　スマトラ島北西部の海沿いに位置するロクンガの街の衛星写真。左は2004年12月26日の津波の前、右は津波の後に撮影された。２枚の写真は、津波の威力と範囲を示している。両方の写真の右端近くに、ひときわ目立つ白い構造物が写っている。これは、ロクンガの建造物の中で唯一残ったモスクである。今回、タイ[4]とスマトラ島北部[5]の砂層について行なわれた高精度の年代測定からは、この津波に匹敵する規模の津波が最後に起きたのは700～600年前のことであったと推定されている。
[IKONOS/NASA]

保存されるためには、津波が残していった砂を閉じ込めて、風や動物による穴掘りや水の流れや人間の活動からこれを保護する「トラップ」がなければならない。どちらの論文の著者も、浜堤の間にある低地（堤間湿地と呼ばれている）が、そうしたトラップとして機能していることをあきらかにした。堤間湿地は、湿り気の多い、じめじめした土地であり、ときに海面下に沈むこともあり、泥炭やその他の有機物が堆積している。ここで、有機物を含む泥炭や土壌は黒っぽい色をしており、津波が運んできた砂は白っぽい色をしているため、砂層をたどる手がかりとなる。Jankaewら[4]によると、2007年3月の時点ですでに、堤間湿地では、2004年の津波が運んできた砂の上に厚さ5㎝にもなる有機物の層が形成されて、これを保護していたという。

▼津波堆積物が残す古代地震の証拠

堤間湿地に埋もれた砂層は、2004年の津波が洗い流した砂とよく似ている。けれどもなぜ、その砂層が風や河川や嵐の力ではなく、津波の力によって堆積したことがわかるのだろうか？　理由は、両研究チームがサンプルを採集した地点の地理的条件にある。[4,5]彼らが調査を行なった地点は、猛烈な嵐に襲われることがなく、河川の影響も受けず、風の力を示唆する砂丘もない。慎重な地図作製と内部構造の研究は、これらの砂が海側から堆積したことをあきらかにした。砂の中に植物の断片や土壌が混ざっていることは、植物が生育する土地が強い浸食作用を受け、乱流に洗われたことを示唆している。

津波堆積物の年代を決定するのはむずかしい場合があるため、より厳密に年代を測定するには、さらなる研究が必要である。今回、どちらの研究チームも放射性炭素年代測定法を用いた。彼らが測定した年代の多くは、砂層の下から採集された有機物サンプルから得られたものだった。

しかし、このようなサンプルを用いた年代測定には潜在的な誤差がある。津波が運んできた砂が堆積する直前に、その激しい水流により、堆積していた有機物の一部が剥ぎ取られてしまっている可能性があるからである。[6] こうして残った有機物サンプルを用いて年代測定を行なえば、津波が発生した年代は実際よりも古く見積もられてしまう。興味深いことに、Jankaewら[4]がこの砂層の中から採集した植物の葉の断片のなかには、そのすぐ下の土壌の中から採集した樹皮の断片よりも数千年も古いものもあった。これは、津波堆積物の中に、より古い時代のものが混ざり込んでいることを示唆しており、年代測定にあたり適切なサンプルを選択することの重要性を示している。

今回の研究では3つのより古い津波が同定されたが、2つの地域の間で相関しているのは最新のものだけである。この砂層が形成された年代は、スマトラ島では1290～1400年、[5] タイでは1300～1450年とされ、[4] 2004年の津波の前に起きた最後の巨大津波であった可能性がある。スマトラ島でもっとも古い砂層は780～900年ごろに形成されたと考えられるが、タイにはこの年代に対応する砂層はないようである。しかしJankaewら[4]の補遺の図には、部分的にしか残っていない不明瞭な砂層が示されており、放射性炭素年代測定は行な

6. *Bondevik, S., Svendsen, J. I., Johnsen, G., Mangerud, J. & Kaland, P. E.* Boreas 26, *29-53 (1997).*

われていないが、西暦1450年よりも古く、紀元前395年よりも新しいに違いないとされている。この不明瞭な砂層は、スマトラ島の最古の砂層と同じものである可能性があり、年代測定を行なうべきである。タイで3番目に見つかった最古の砂層は約2200年前のものであり[4]、Moneckeら[5]がスマトラ島で調べた堆積物よりも古い。

▼津波警報システムは必要か

2004年のような巨大津波が600年に1度程度しか発生しないなら、この地域の都市や海岸の開発計画は大きく変わってくる可能性がある。人々は、これから数世代は発生しないかもしれない巨大津波に巻き込まれる危険性よりも、海の近くに住むことの利便性のほうを重視するかもしれない。また、巨大津波の発生頻度がこんなに低いなら、津波警報システムを開発し、これを維持するための投資には意味がない。

しかし、小規模の津波はより頻繁に発生している可能性があり[7]、津波警報システムがあれば多くの人命を救えるはずである。2004年のような例外的な規模の津波が本当に600年という長い周期で繰り返されていることを確認するためには、さらなる地質学的研究が必要である。

Jankaewら[4]とMoneckeら[5]の発見は、インド洋における古代の津波記録の編纂に向けた第一歩である。この研究は、地質学者にヒントを与え、励まし、研究を続けさせることになるだろう。なすべきことはたくさんある。こうした昔の津波が2004年のものに匹敵する規模であ

7. *Lovholt, F. et al.* Nat. Hazards Earth Syst. Sci. 6*, 979-.997 (2006).*

ったと結論するためには、インド洋周辺のほかの海岸で同じ層を調べる必要がある。また、放射性炭素年代測定法により作成された津波記録は、異なる場所でも確認されなければならない。

Stein Bondevik はトロムソ大学（ノルウェー）およびソグン・オ・フィヨーラネ大学（ノルウェー）に所属している。

大地震の予兆か、それとも単なる余震か

Lasting earthquake legacy

Tom Parsons　２００９年11月5日号　Vol. 462 (42-43)

地震はプレート境界だけでなく、大陸プレートの内陸部でも起きる。このプレート内陸部地震は、長期にわたる危険な場所を教えているのか、それとも、遠い過去に起こった地震の余震にすぎないのか。

米国では１８１１年にミズーリ州で、１８８６年にはサウスカロライナ州でマグニチュード７の地震が発生している。現在もなお低レベルの地震活動が続く両地域は、約５００年間隔で大地震に見舞われるとの見方があり、また平均よりも強い揺れが起き、西海岸のサンアンドレアス断層などのプレート境界に匹敵する地震の危険性がある、と予測されている。余震の発生率（単位時間当たりの余震回数）は、本震直後にもっとも高く、その後はおおむね時間の逆数に比例して減衰する――という「大森公式」が余震減衰速度に関する見解だったが今回、2人の研究者は、余震の減衰はプレートの変形が少ないときは緩慢で、数百年続く可能性があり、変形の速いプレート境界での余震発生率は、約10年でバックグラウンドレベルに戻ることを示した。

▼大昔にあった地震の余震？

1811年12月16日の早朝、米中央部にあるミズーリ州の小さな町ニューマドリッドの周辺をマグニチュード約7の地震が襲った。翌年2月7日までに、同程度のマグニチュードの地震がさらに3回発生した[1]。この地震は、アーカンソー州、ミズーリ州、テネシー州の州境界に沿った一群の断層を破壊し、大陸プレート内にある昔の断層を再び活発化させたと見られる[2]。

1886年8月31日、サウスカロライナ州チャールストンをマグニチュード7の地震が襲った。この場所では、現在もなお低レベルの地震活動が続いている。これらの場所の地震の危険性を予測すると、ニューマドリッドとチャールストンは約500年間隔で大地震に襲われるはずだという見方がある[3]。こうした場所では平均よりも強い揺れが予測され[4]、サンアンドレアス断層やカスカディア（カスケード）沈み込み帯が位置するプレート境界に匹敵する地震の危険性がある、という見積もりが出されている[3,4]。その結果、全米地震危険度地図には、危険性の高いこれら2カ所が射撃の的のように示されており（図1）、その地域の建築基準や人々の安全に対する意識などに影響を与えている。

しかし、ニューマドリッドやチャールストンなどの大陸内陸部を、地震が再び襲うとは限らないとしたらどうだろう。ノースウェスタン大学（米イリノイ州エバンストン）のSeth Steinとミズーリ大学コロンビア校（米）のMian Liuは、ニューマドリッドや世界の他の場所の地震活動データから、余震の持続期間とプレート変形速度との間に逆相関があることを発見した（『Nature』2009年11月5日号）[5]。大陸内の活動度が特定の場所で高いことは、定常的なプ

---

1. *Mueller, K., Hough, S. E. & Bilham, R.* Nature 429, *284-288 (2004).*
2. *Braile, L. W., Keller, G. R., Hinze, W. J. & Lidiak, E. G.* Tectonics 1, *225-237 (1982).*
3. *Frankel, A. et al.* US Geol. Surv. Open-File Rep. *02-420 (2002).*
4. *Frankel, A.* Seismol. Res. Lett. 75, *575-586 (2004).*
5. *Stein, S. & Liu, M.* Nature 462, *87-89 (2009).*

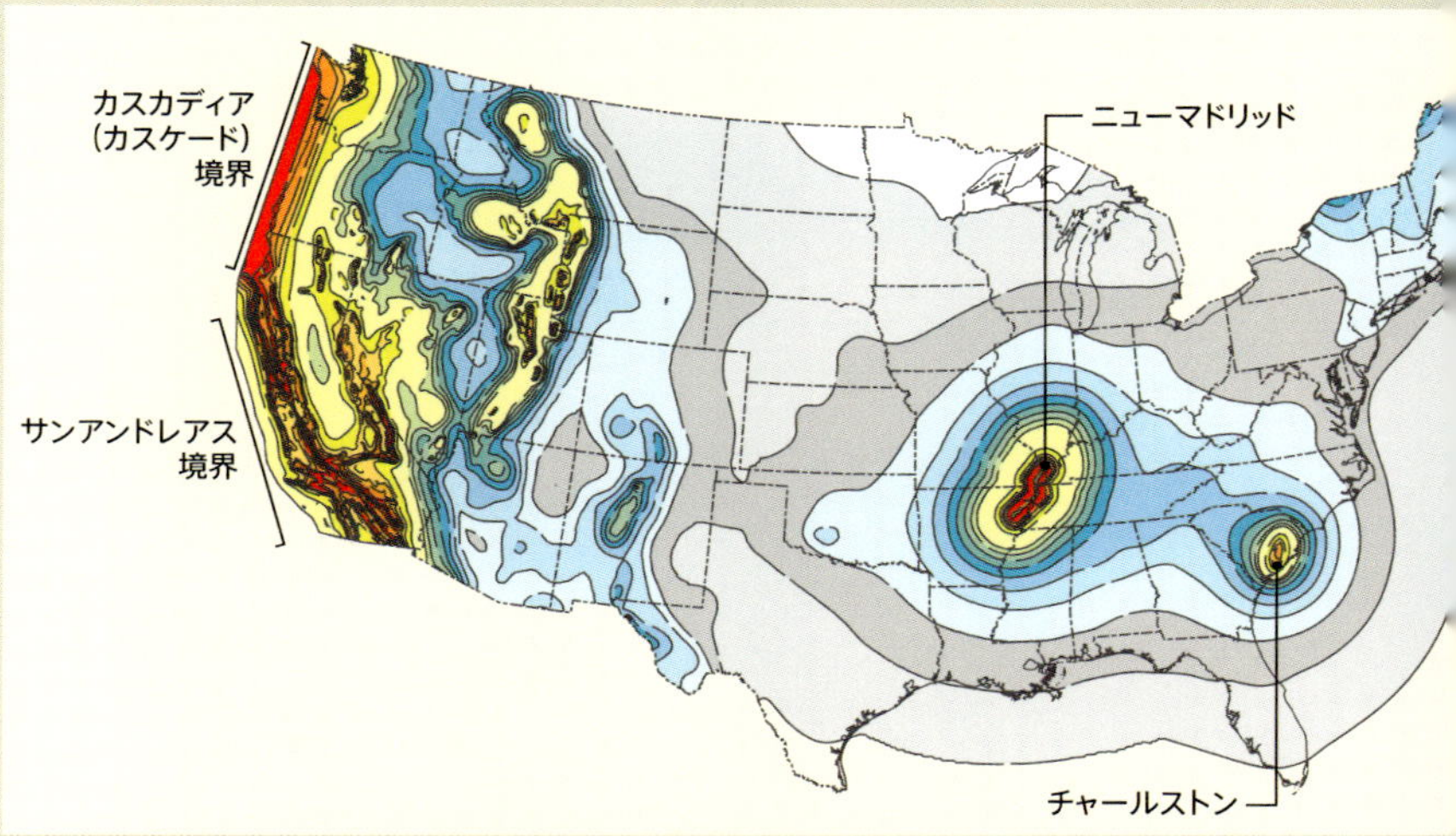

図1　米国の地震の危険性の確率的評価[3]。暖色系の色は、強い地震動が起こる可能性がもっとも高い地域を示している。そうした地域は、主要なプレート境界の近くにあるか、プレート境界に影響される場所にある傾向を示す。一方、ニューマドリッドやチャールストンなど大陸内陸部で地震が集中している場所は、大地震を頻繁に起こせるほどの変形が持続していることを反映していると解釈されてきた。このことと予測される地面の応答とを考え合わせ、これらの地域は西海岸のプレート境界地域に匹敵する危険性があると見積もられた。しかし、SteinとLiuは、低レベルの大陸内陸部地震活動は、長く続く余震なのではないかと提案した[5]。

レート変形を反映していると解釈されているが、もしかすると「単に非常に長く続く余震かもしれない」とSteinらは主張している。

▼プレート変形と余震発生率の関係

余震の発生率（単位時間当たりの余震回数）は、本震直後にもっとも高く、その後はおおむね時間の逆数に比例して減衰する（図2）。この法則は、1894年に地震学者の大森房吉（後に東京帝国大学教授）によって初めて

6.　*Omori, F.* Rep. Imperial Earthquake Investigation Committee 2, *103-109 (1894).*

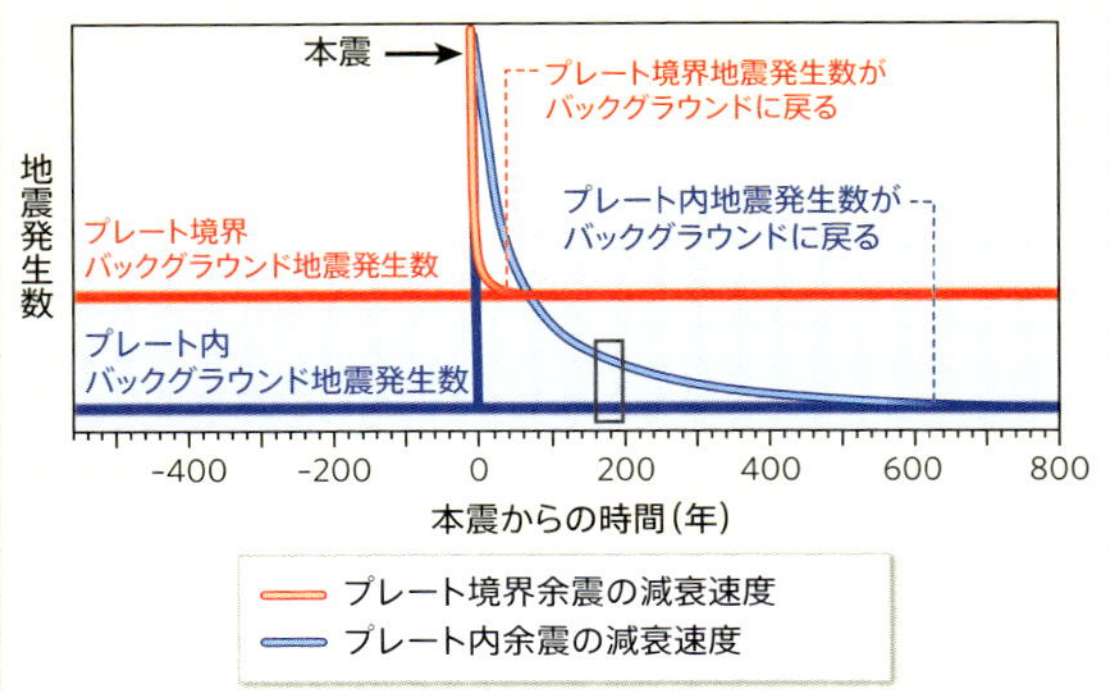

図２　プレート境界とプレート内地域との余震減衰速度の比較。本震は地震発生数を一時的に増やし、その持続期間はプレート変形速度によって決まる[5]。黒い長方形は、減衰しながら長く続くプレート内余震を現代の機器によって観測した期間を示す。観測期間は約40年にすぎず、バックグラウンドの定常的で低い地震発生率と余震とを区別することのむずかしさを示している。

見いだされ、現在「大森公式」と呼ばれている。[6]

Stein と Liu は、余震の減衰はプレートの変形がほとんどないときはとても緩慢で、数百年間続く可能性があることを示した。[5] 対照的に、変形の速いプレート境界での余震発生率は、約10年でバックグラウンドレベルに戻る。

「速度および状態依存摩擦構成則」とは、「断層の破壊は、最初は極めてゆっくりしたすべり速度と断層中のある接触点群の持続時間（状態）とによって決まる」という考え方である。この仮説の主要な予測は「1つの断層の余震減衰期間は、プレート応力が蓄積する速度に直接的に依存するはずだ」というもので、[7] この予測が Stein と Liu の観察によって確かめられた。ニューマドリッドやチャールストンでの余震が減衰していることは、定常的な変形がほとんどないことと併せて考えれば、地震の発生確率も同様に低下しているこ

7. *Dieterich, J. H.* J. Geophys. Res. 99, *2601-2618 (1994).*
8. *Tuttle, M. P. et al.* Bull. Seismol. Soc. Am. 92, *2080-2089 (2002).*

とを意味するだろう。

プレートの変形が続いているかどうかを評価するには、異なる観測方法がいくつかある。その1つが古地震学によるもので、古地震学は、犯罪捜査のように有史以前の地震が残した地質学的手がかりを読み取っていく。ニューマドリッドで900年ごろと1450年ごろに起きた地震群は、この古地震学の手法で分析されてきた[8]。この分析では、1811〜12年の一連の地震も考え合わせて、地震は500年間隔で繰り返すと見積もられ、それが危険度地図の作製に使われた[3]。一方、宇宙測地学は、宇宙に置かれた座標系を使って現在の地殻の運動を監視するもので、それによると、ニューマドリッド地域の現在の変形速度を教えてくれるが、大陸内陸部のほかの部分の変形速度と変わりがない。このため、ニューマドリッドの断層は活動を終えつつあると解釈されてきた[9]。古地震学の記録をさらに詳しく調べると、地震が一時的に続いた時期の後、数千年にわたって活動しない時期があったことがわかった[10]。もし現在が静かな期間に入りつつある時期だとするなら、これら対照的な観測事実は矛盾なく説明できる。

▼地震予測の困難さ

ここで、地質学的時間尺度と人間の時間尺度の相違が問題になる。気象学者は、数百周期に及ぶ季節変動を観察して、自分たちの天気予報を検証することができる。しかし、地震予測を研究する研究者らは、地球のどんな場所であろうと、いまだ、ゆっくりと変形していく大陸内陸部での地震周期を完全に観察したことがない。地震の予測は、1年間の天気を1月の1週間

9. *Calais, E. & Stein, S.* Science 323, *1442 (2009).*
10. *Holbrook, J., Autin, W. J., Rittenour, T. M., Marshak, S. & Goble, R. J.* Tectonophysics 420, *431-454 (2006).*

を見ただけで予測することに似ている。Stein と Liu の研究もこの問題から逃れることはできない[5]。短い観察期間で長い余震減衰傾向を正確に予測することはむずかしい。地震を歴史的に長く観察できてはいないことは、実際に危険でもある。インドネシアのスマトラ島沖や中国の四川省で最近、不意打ちといえる巨大地震があったにもかかわらず、将来の危険性を予測するとき、過去の地震を過度に重視する傾向がまだある。

最近の地震を過度に重視することを避け、大陸内陸部の地震活動をさらによく理解するためには、過去に破壊が起こっていない地殻の弱い部分を見落とさないことが必要だろう。ニューマドリッドやチャールストンなどの場所が特別なのかどうかを知るためには、これまで断層地図作製や古地震学的研究を行なっていない場所での調査や研究も必要かもしれない。同時に、定常的なプレート変形の信号とゆっくりと減衰する過去の地震の余震とを区別しなければならない。

大陸内陸部の地震周期の研究はまだ日が浅く、どうしても不確実なことが多い。このため、地震の予測は、大森公式にのっとって時間的に減衰する危険性評価を含め、論理ツリーのさまざまな可能性を考慮しなければならない。そうしたアプローチをとれば、地震被害軽減のために使える資金の範囲内で、大陸内陸部地域の耐震建築設計基準を現実的かつ適切に決めることは可能だ。

Tom Parsons は米国地質調査所に所属している。

サモア沖地震はダブル地震だった

Double trouble at Tonga

Kenji Satake　２０１０年8月19日号　Vol. 466 (931-932)

２００９年９月のサモア沖地震は、性質を異にする２つの大きな地震が、ほとんど同じ時刻に、非常に近い場所で発生するという不思議な地震だった。どちらか一方が他方を誘発したようだが、どういうメカニズムでそうなったのだろうか。

ある地震で誘発された地震のほとんどは、より大きな主震を引き起こした断層面上、またはその付近でひずみが解消されることにより生じる余震である。サモア沖のダブル地震は発生時刻が重なっていて場所も近いが、その機構が大きく異なる２つの地震から構成されている点で興味深い。両地震について調べた２人の研究者は、どちらの地震が先に発生したのか、そしてもう１つの地震を引き起こしたかについては、見解がまるで違う。ただ、サモア沖地震の主震は、沈み込んでいく太平洋プレートが海溝の手前で折れ曲がり始めるアウターライズ（海溝外縁隆起帯）と呼ばれるプレート内の領域で、伸張応力による断層運動として発生したこと、サモア沖地震ではプレート境界地震とアウターライズ地震が関連していたことに関しては意見が一致している。

▼サモア沖で発生した2つの地震

1つの地震が、ほかの地震を誘発することがある。このようにして誘発される地震のほとんどは、より大きな主震を引き起こした断層面の上、またはその付近でひずみが解消されることにより生じる余震である。しかし、『Nature』2010年8月19日号でBeavanら[1]とLayら[2]が取り上げたサモア沖地震は、発生時刻が重なっていて、場所も近接しているが、その機構が大きく異なる2つの地震から構成されている点で興味深い。著者らは、どちらの地震が先に発生したかについても、またその地震がもう1つの地震を引き起こした機構についても、対照的な結論に達している。

問題の地震は、南西太平洋のトンガ海溝の付近で2009年9月29日に発生した。この地震に伴う津波は、サモア独立国、アメリカ領サモア、トンガの全域で200人近くの命を奪った[1,2]。この地震は、基本的には、太平洋プレートがオーストラリアプレート（詳しくいうと、そのなかのトンガブロックと呼ばれる部分）にぶつかり、その下に沈み込んでいくことにより発生した。

トンガ海溝付近のプレートの収束速度は1年に約20㎝で、世界でもっとも速いにもかかわらず、1917年以降、マグニチュード8以上の大地震は一度も発生していなかった。だから、2009年9月の2つの地震がそれぞれマグニチュード8クラスに達していたことは、地球物理学者たちを驚かせた。

▼プレート境界地震とアウターライズ地震

1. *Beavan, J. et al.* Nature 466, *959-963 (2010).*
2. *Lay, T. et al.* Nature 466, *964-968 (2010).*

地震記録から読み取れる主震は、典型的な沈み込み帯地震ではなかった。大地震と、これに伴う津波は、2つのプレートの境界が突然すべり、そこに蓄積されていた圧縮応力が解放されることによって発生する。そのようなプレート境界地震の最近の例としては、2010年2月27日にチリ中部を揺るがせ、津波を発生させたマグニチュード8・8の地震がある。これに対して、サモア沖地震の主震は、沈み込んでいく太平洋プレートが海溝の手前で折れ曲がり始めるアウターライズ（海溝外縁隆起帯）と呼ばれるプレート内の領域で、伸張応力による断層運動として発生した。

ただし、大きなアウターライズ地震は、地球物理学的には特に珍しいものではなく、過去100年間に何度か記録されている。アウターライズ地震は、沈み込んでいくプレートが下向きに引く力により容易に説明できる。この力は、プレートの境界の断層に応力が蓄積されない場合にはアウターライズのほうまで伝わることがあり、大地震によりプレート境界が破壊された場合には突然大きくなることもある。2006年11月に千島海溝に沿って発生したマグニチュード8・3（Mw＝モーメントマグニチュードによる）のプレート境界地震は、沈み込んでいくプレートをアウターライズから引き離し、わずか2カ月後に、伸張応力によるマグニチュード8・1（同）のアウターライズ地震を引き起こした。[3]

一般的には、第二の地震は静的応力の変化により誘発される。地震の際に断層が突然ずれると、付近の一部の断層にかかる負荷が増し、ほかの断層にかかる負荷は減る。このような応力の変化は、前者の場合は第二の地震の発生時期を早め、後者の場合は遅らせる可能性がある。[4]

3. *Ammon, C. J., Kanamori, H. & Lay, T.* Nature 451*, 561-565 (2008).*
4. *Stein, R. s., King, g. C. P. & Lin, J.* Science 265*, 1432-1435 (1994).*

Beavanら[1]とLayら[2]は、サモア沖地震ではプレート境界地震とアウターライズ地震が関連していたことを発見した（図1）。

この発見を裏づけるもっとも強力な証拠は衛星測地学データである。Beavanら[1]は、地震の前後のトンガ北部のGPSの測定値を比較して、横方向に35㎝の変位が起きたと見積もったが、その変位の向きは、この地震がアウターライズ地震であった場合に予想される変位の向きとは反対だった。2010年のチリ地震のときのように連続的なGPS測定値があればどちらの地震が先に起きたか特定できたはずであるが、サモア沖地震ではそうしたデータは入手できなかった。

米国海洋大気局（NOAA）が運用するDARTという海底圧力センサーに記録された津波の波形も、地震の発生順序を知るための手がかりとなる。プレート境界地震とアウターライズ地震は地震断層の上で対照的な海面変位を引き起こすため、津波の波形は、その原因となった地震の種類に強く影響されるからである。NOAAのモデル製作者は、遠地の津波を予測するためのリアルタイムのデータ同化（内挿や外挿）において、暗黙のうちにプレート境界地震モデルを考えていた。[5] Beavanらも、この地震はプレート境界地震であったと考えるほうが、DARTステーションで記録された津波の波形をうまく説明できることを示し、アウターライズ地震の前にゆっくりしたプレート境界地震が発生したと考えたときにもっともよい一致を得た。彼らによると、この順序は、千島列島沖地震の場合と同じく、静的応力の変化によって説明できるという。

5. *http://nctr.pmel.noaa.gov/samoa20090929*

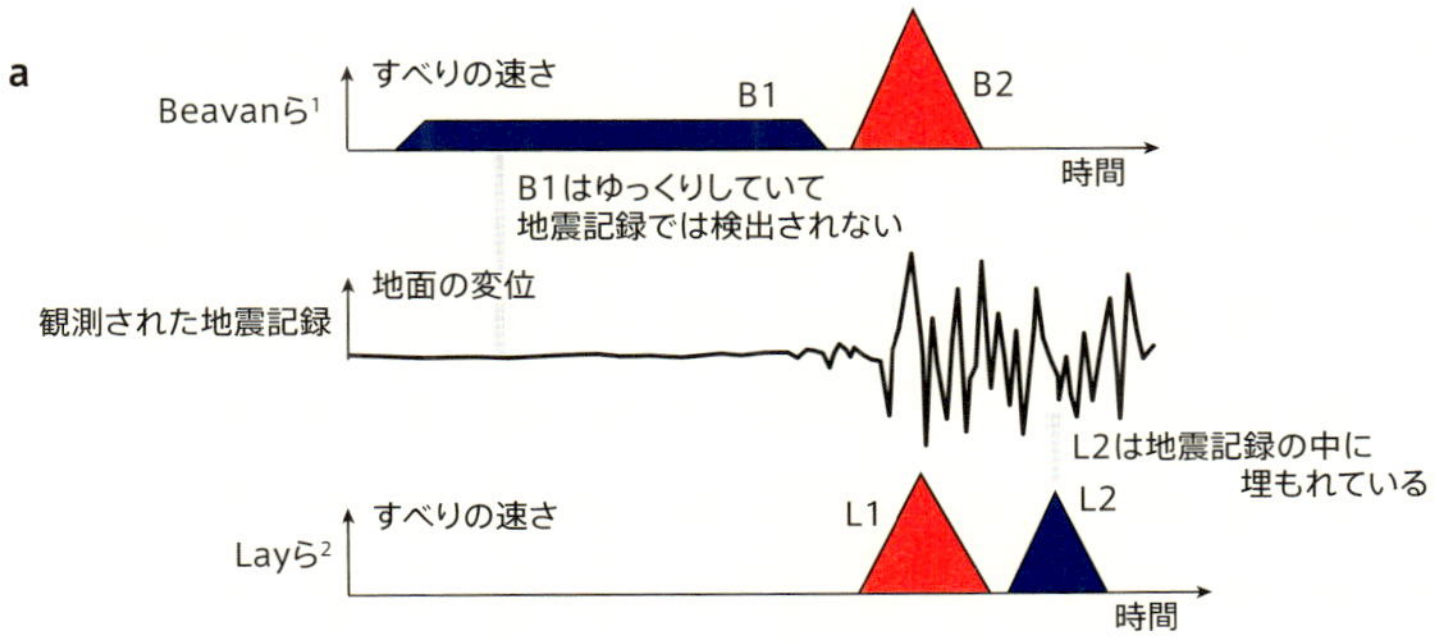

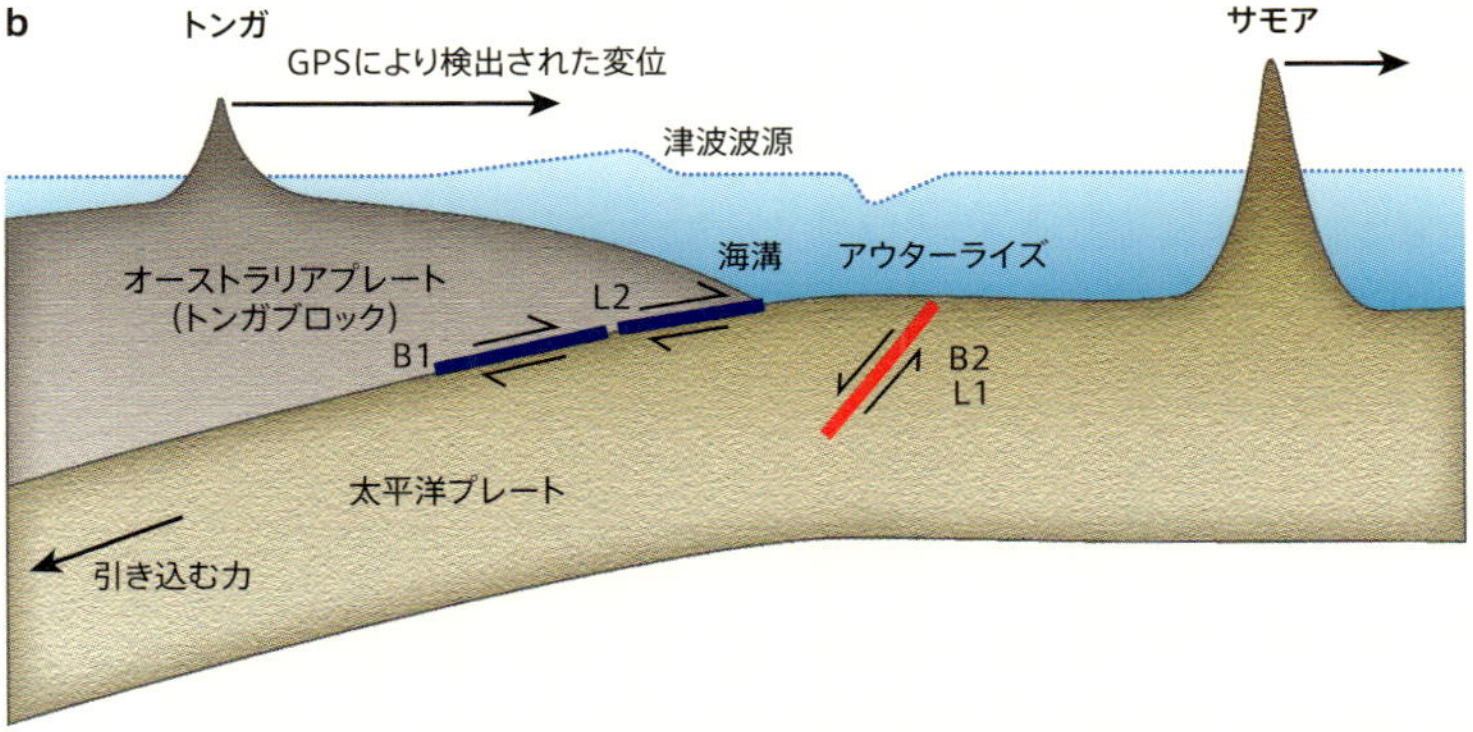

図１　2009年９月29日にトンガ海溝で発生した地震の２通りの解釈。a，２つの地震が発生した順序について、Beavanら[1]とLayら[2]は異なる結論に達した。ここでは、それぞれが先に発生したと考える地震をB1とL1、後に発生したと考える地震をB2とL2とする。地震学的には、どちらの解釈も明確ではない。地震(B1)がゆっくりしていて、すべりの速さが遅い場合、その信号は通常の地震記録では検出できない可能性がある。また、第二の地震(L2)が第一の地震のすぐ後に起こる場合、その信号は地震記録の中で埋もれてしまう可能性がある。b，オーストラリアプレートと太平洋プレートがぶつかるトンガ海溝の模式図。２つの研究グループ[1,2]は、B1/L2が圧縮応力により２つのプレートの境界で起こるプレート間地震であったことと、目に見える主震（B2/L1）が伸張応力によりアウターライズで起こるプレート内地震であったことについては意見が一致している。Beavanら[1]は、GPSの測定値と津波の波形のモデルからその結論を導き出した。Layらの解釈は、入手可能な地震データの分析に基づいている。

▼2つの地震のどちらが先だったのか？

2つの地震がほぼ同時に発生するときには、第二の地震からの信号は、第一の地震からの地震波のなかに埋もれてしまう可能性がある。Layら[2]は、入手可能な地震データについて、非定型的で、詳細で、包括的な分析を行ない、アウターライズ地震の後に発生した地震からの信号を検出することができた。彼らのモデルは、主震であるアウターライズ地震がプレート境界を揺さぶり、これを破壊したことを示唆している。こうした動的誘因は実際にあり、第一の地震から数百kmも離れた所の断層で記録されている[6]。

しかし、プレート境界地震が本当に後で起きたのかどうかを判断することは困難だ。その地震が、地震波の周期に比べてゆっくり発生した場合には、通常の地震記録では検出できないだろう[1]。超長周期地震記録を分析することで[2]、そうした「ゆっくり地震」の存在を示すことはできるが、超長周期記録から地震が発生したタイミングを正確に推定することはむずかしい。Layら[2]は、プレート境界地震は、一対のサブイベントとして海溝の近くで発生したと考えている。すべりが発生した場所がプレート境界の浅いところであるほど、そして、海溝軸に近いほど、地震はゆっくりになることが示されている[7]。ゆえに、プレート境界地震による破壊はゆっくり起きたのかもしれない。

まとめると、2本の論文[1,2]はいずれも、2つの地震のうちどちらが先に起きたかについて、不確定性を残している。そして、どちらの地震が原因で、どちらの地震が結果であったのかがあきらかになるまでは、第二の地震の誘因が、伸張による断層運動での静的応力の解放であった

6. *Gomberg, J., Reasenberg, P. a., Bodin, P. & Harris, R. a.* Nature 411*, 462-466 (2001).*
7. *Bilek, s. L. & Lay, T.* Nature 400*, 443-446 (1999).*

のか、圧縮による断層運動での動的応力の解放であったのか、特定するのは困難である。

佐竹健治は東京大学地震研究所に所属している。

東北地方太平洋沖地震の真相

The lessons of Tohoku-Oki

Jean-Philippe Avouac　２０１１年７月21日号　Vol. 475 (300-301)

３・11東北地方太平洋沖地震の観測データは、異例なほどよくそろっているため、早くも、地震前・地震時・地震後の地殻変動の詳細があきらかになってきた。その一方で、地震と津波の危険を評価するためのモデルは、完成にはほど遠い水準にある。

東北地方太平洋沖地震のモーメントマグニチュード（Mw）は９・１で、ＧＰＳ連続観測網ＧｅｏＮｅｔのデータからは、今回の地震は、太平洋プレートがオホーツクプレートの下にもぐり込む境界面の、南北４００㎞、東西２００㎞という非常にコンパクトな領域が突然すべったことで発生したと考えられる。国土地理院の小沢慎三郎らの研究チームは、データを分析した結果、破壊された領域とすべり量の分布が、プレート境界面上で数十年前から固着していた部分とだいたい一致していることをあきらかにした。深さ20㎞未満の比較的浅いところで非常に大きなすべりが起きたため、巨大な津波が発生した。この領域の北にも強く固着した領域があり、過去の巨大地震（１８９６年の明治三陸地震）で破壊が起きた領域とよく一致している。

▼3・11の観測データが示唆する地震の規模

プレートの境界や大きな断層で起こる地殻変動を測定できる宇宙技術が開発され、地震科学は新しい時代に入っている。日本は世界に先駆けてこうした技術を導入しており、15年も前からGPS連続観測網GeoNetの運用が始まっている。2011年3月11日に発生した東北地方太平洋沖地震についても、6月にはその観測データを分析した論文が発表され始めた。『Nature』2011年7月21日号には、国土地理院の小沢慎三郎らの論文[1]が掲載されている。

東北地方太平洋沖地震のモーメントマグニチュード（Mw）は9・1で、これまでに記録された地震のなかで最大級のものである。GeoNetの観測局で収集されたデータ[1]からは、今回の地震は、太平洋プレートがオホーツクプレート（本州北部はこのプレートの上に乗っている）の下にもぐり込むプレート境界面の、南北400km、東西200kmという非常にコンパクトな領域が突然すべったことで発生したと考えられる。破壊された領域（図1）は本州の沖に位置し、その東にある日本海溝の付近にまで広がっている。巨大な津波が発生したのはそのためだ。

ほかの新しい論文[2,3]は、さらなる情報を提供している。GPS計測と水中音響測距を組み合わせた観測の結果[2]は、震央域の海底が沖に向かって24mも移動し、約3m隆起したことを示唆している。それゆえ、地下のプレート境界面でのすべり量は、GeoNetのデータから見積もられた27mという最大値[1]を上回っているはずである。GeoNetのデータと海底水圧計による津波高の記録を組み合わせたモデル[3]が示唆するように、50mを超えている可能性さえある。ちなみにこの数値は、2004年のスマトラ島沖地震（Mw9・0）や2010年のチリ地

1. *Ozawa, S. et al.* Nature 475, *373-376 (2011).*
2. *Sato, M. et al.* Science *doi:10.1126/science.1207401 (2011).*
3. *Simons, M. et al.* Science *doi:10.1126/science.1206731 (2011).*

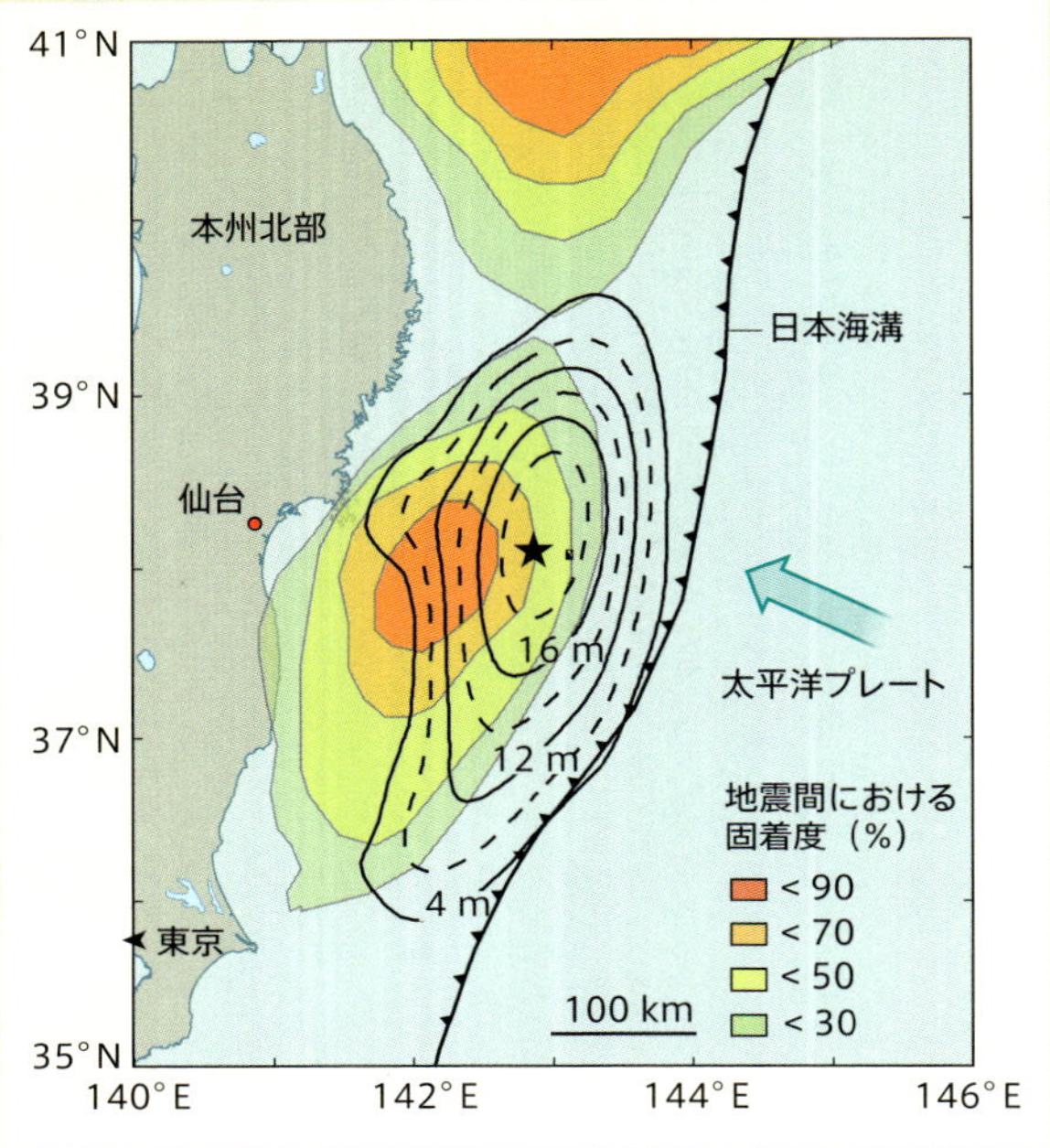

図１　東北地方太平洋沖地震の震央域。2011年３月に発生した東北地方太平洋沖地震（震央は★）では、太平洋プレートが１年に８cmのスピードで本州北部の下にもぐり込んでいるプレート境界面が破壊された。小沢らの分析[1]の結果、破壊された領域とすべり量の分布（黒の等値線で示す）が、プレート境界面上で数十年前から固着していた部分（仙台沖の色付けされた部分）とだいたい一致していることがあきらかになった[8]。震源域は非常にコンパクトで、深さ20km未満の比較的浅いところで非常に大きなすべりが起きたため、巨大な津波が発生した。この領域の北のほうにも強く固着した領域があり、過去の巨大地震（特に、1896年に発生したMw8.5の明治三陸地震と、1968年に発生したMw8.2の十勝沖地震）で破壊が起きた領域とよく一致している。

4. *Moreno, M. S. et al.* Geophys. Res. Lett. 36, *L16310, doi:10.1029/2009gl039276 (2009).*
5. *Suwa, Y. et al.* J. Geophys. Res. 111, *B04402, doi:10.1029/2004JB003203 (2006).*

震（Mw９・０）などの巨大地震について推定されているすべり量の最大値の約2倍であり、さらに、記録のある地震のなかではもっとも大きく、チリ南部の沖合のプレート境界面が１００km以上にわたって破壊された１９６０年のチリ地震（Mw９・５）でのすべり量の推定値[4]よりも大きいのだ。

▼すべりの量とひずみの蓄積

ＧｅｏＮｅｔの運用が始まってから今回の地震が発生するまでの15年間に収集されたデータ[5]は、本州にゆっくりとひずみが蓄積してきていることを示していた。本州の下に沈み込む太平洋プレートが、本州の東端を圧迫し、引きずり下ろしているからだ。けれども、本州の海岸は、長期的には隆起していることがわかっている。ならば、「地震間（地震と地震の間）」に蓄積されるこのひずみのかなりの部分が、突然の隆起によって解消される必要がある。

現在のモデルでは、地震間に上のプレートに蓄積されるひずみは完全に弾性的であり、それはプレート境界型地震に伴う破壊によって「回復」し、長期的にみれば上のプレートは変形しないとされている。[6]この仮定に基づき、プレート境界面でのすべりは、地震間に上のプレートに蓄積されるひずみとの間で関係づけられる。したがって、プレート境界面でクリープ（非地震性のすべり）が起きているところでは、上のプレートに蓄積するひずみは無視できるほど小さい。しかし、プレート境界面が固着しているところでは、上のプレートが圧迫され、引きずり下ろされて弾性ひずみがどんどん蓄積していき、ついに固着域がすべったときにひずみが解

6. *Savage, J. C.* Annu. Rev. Earth Planet. Sci. 11*, 11-43 (1983).*
7. *Hashimoto, C. et al.* Nature Geosci. 2*, 141-144 (2009).*
8. *Loveless, J. P. & Meade, B. J.* J. Geophys. Res. Solid Earth 115*, B02410, doi:10.1029/2008jb006248 (2010).*
9. *Ide, S., Baltay, A. & Beroza, G. C.* Science *doi:10.1126/science.1207020 (2011).*

放されることになる。この仮定は、これまでに行なわれたいくつかの研究で採用され[5,7,8]、本州で観測されているひずみを説明するには、仙台沖に大きな固着域が存在している必要があることをあきらかにした（図1）。東北地方太平洋沖地震でプレート境界面が破壊された場所は、この固着域とよく一致している[3]。ただ不一致もあり、注目すべき点は、破壊された領域が日本海溝付近まで広がっていたことだ。ここは、地震間固着域のモデルでは、ほとんど固着していないとされていた場所であった。

今回の地震では、浅い場所での広範にわたるすべりが見られたが、その原因の1つとして、日本海溝に到達しなかった「以前のプレート境界面破壊」で、解放されなかった高い地震前応力が残っていたことが考えられる。もう1つの原因としては、地震学調査の結果が示唆しているように[9]、プレート境界面の性質が特殊だったことが考えられる。いずれにせよ、今回観測されたすべりを説明するには、地震前に、プレート境界面の浅いところが、少なくとも部分的には固着していた必要がある。

これまでに発表されている地震間固着域のモデル[5,7,8]では、プレート境界面の浅いところではほとんど固着がないとされているが、これは、モデルに組み込まれた仮定に由来するところが大きい。従来のモデルは、陸に近い場所で収集したデータのみに基づいて構築されており、沖合のプレート境界面の浅いところの状態については、確かな根拠があるわけではないのだ[1]。そのため、今回のような浅い場所での広範にわたるすべりについては、その発生確率を過小評価してしまうおそれがある。だとすれば、海底測地測量による直接的なデータなしにモデルを構築する場合には、プレート境界面の浅いところでは固着が最大になると仮定したほうがよいのかもしれない。実際、地震間の測定データは、仙台沖の固着域が日本海溝のプレート境界面の浅いところまで続いている可能性を否定しない。それはともかく、このような仮定は、東北地方太平洋沖地震クラスの巨大地震の発生頻度の評価に疑問を投げかける。

過去数百年間に起きた地震によって本州北部沖のプレート境界面で発生したと推定されるすべり量は、同じ期間の地震間固着により蓄積されたはずの「すべり欠損」を解消するにはかなり小さい。つまりひずみが蓄積過剰状態なのだ。だから、そろそろこの場所で大地震が発生する時期がきていた、と考えることができるかもしれない。実際、これまでに発表されている地震間固着域のモデルでは、ここのプレート境界面にひずみが蓄積するペースは非常に速く、わずか数百年間でMw９・０の地震を発生させるだけのひずみが蓄積するとされている。ひずみ蓄積モデルを構築する際に、プレート境界面の浅いところでも固着が起きていると仮定すれば、大地震の発生頻度はさらに高くなるはずだ。

▼古地震調査による予測との食い違い

対照的に、歴史記録や古代の津波記録に基づく見積もり[10]では、大地震の発生頻度は１０００年に１度か、それよりさらにまれだとされている。この食い違いをどう理解すればよいのか、解決策はまだ見えてこない。東北地方太平洋沖で大きな非地震性のすべりが特に頻繁に起きているという証拠はないし、地震後の余効すべりは、それなりの大きさはあるものの[1]、すべり欠

10. *Sawai, Y. et al.* Holocene 18, *517-528 (2008).*

損と釣り合うには小さすぎる。そう考えると、地震間に蓄積するすべり欠損は、あるいは過大評価されているのかもしれない（たとえば、地震間のひずみの一部が回復不可能な場合には、そのようなことになる）。それとも、この10年あまりの間に測定された測地学的速度に基づいて、数百年ないしは1000年間のひずみの蓄積を推定すること自体が間違っているのかもしれない。

　モデルによる予想と合わない観測結果はもう1つあり、おそらく今述べた問題とも関連している。それは、今回の地震によって、海岸が全体に1m以上も沈下したことである。予想では、地震間に毎年5㎜のペースで起きていた沈下と釣り合うだけの「隆起」が起こるはずだったのだ。長期的に見て海岸が隆起していくという現実を説明するには、この毎年の沈下を解消するだけの大規模かつ頻繁な地殻変動が起こる必要がある。もしかすると、上のプレートの地震間の変形が完全に弾性的であるという仮定と、地震間の弾性的なひずみがプレート境界型地震のみによって解消されるという推定の両方を、考え直す必要があるのかもしれない。

　最後に、東北地方太平洋沖地震の地震前[5,7,8]と地震後[1]に得られた測地学的データは、今回破壊された領域より南にあるプレート境界部分が、もっぱら非地震的に（つまり地震によるエネルギーの解放なしに）、クリープしていることを示唆している。したがって、東京を脅かすおそれのあるプレート境界部分には、大きなひずみは蓄積されていないと考えられる。測地学的観測網は、プレート境界面や大きな断層において、ひずみの蓄積や地震による解放を観測するうえで、大いに役に立っている。しかし、これらのデータを利用して地震や津波の危険を評価するための理論は、まだ完成度が十分ではないといえる。

Jean-Philippe Avouac はカリフォルニア工科大学（米パサデナ）地質学・惑星科学科に所属している。

大洋のテクトニック・プレートが裂けるとき

When an oceanic tectonic plate cracks

Jean-Yves Royer　２０１２年10月11日号　Vol. 490 (183-185)

インドネシア・スマトラ島沖で発生したMw８・６と８・２の大地震について分析した結果、海洋リソスフェアの破壊がいかに複雑なものになりうるのか、以前の巨大地震とどう結びつくのかなど、全地球規模での地震メカニズムが解明された。

２０１２年４月11日、インドネシア西部にあるスンダ海溝沖数百kmでMw（モーメントマグニチュード）８・６と８・２の２つの大地震が発生し、インド洋北東部を襲った。２つの地震は、２時間差で１８５km離れて起きた。しかも２００４年にスマトラ島アチェ地域（Mw９・２）と、２００５年のニアス島（Mw８・７）を襲った巨大地震の震央とあまり離れていない。この地震の特徴は、〈①海洋テクトニック・プレート内部で起きたとしたらMwが異常に大きい、②珍しく「横ずれ」断層であること、③介在するプレートの破壊が複雑なこと〉だ。Mw８・６の本震が、海洋リソスフェア（地球の地殻と最上部マントルからなる岩石圏）の中でも最大で、もっとも複雑な変形をしている地帯で起きたことから注目を集め、３編の論文が寄せられた。

▼地震史に残る2012年のスマトラ島沖地震

2012年4月11日に、インドネシア西部にあるスンダ海溝沖数百kmでMw（モーメントマグニチュード）8・6と8・2の2つの大地震が発生し、インド洋北東部を襲った（図1）。2つの地震は時空間的に近接（2時間差で、距離は185km）しており、2004年にスマトラ島アチェ地域（Mw9・2）と2005年のニアス島（Mw8・7）を襲った巨大地震の震央とあまり離れていない場所で起きた。幸いなことに、2012年に海底で起きた地震は人間活動には被害を及ぼさなかったが、いくつかの理由で地震学史の記録にとどめられるだろう。第一に、プレート境界ではなく海洋テクトニック・プレート内部で起きたとしたら、そのマグニチュードが異常に大きいこと、第二に、そのようなマグニチュードの地震としては「横ずれ」断層の発震機構は想定外であること、そして最後に、介在するプレートの破壊が複雑なことである。こうした例外的な特徴により、このMw8・6の本震は1900年以降に起きた世界の十大地震リストに加わり、すぐに地震学者とプレートテクトニクス研究者の興味を喚起した[1,2]。それは、この地震が海洋リソスフェア（地球の地殻と最上部マントルからなる岩石圏）の中でも最大で、もっとも複雑な変形をしている地帯で起きたからである。『Nature』2012年10月11日号の3編の論文[3~5]は、このかつて起きたことのない地震を調べている。

▼複雑な大地震の応力蓄積サイクル

Yueら[4]は、2012年の地震の背景にある、垂直で（直交した）不連続の（雁行）断層破

1. *McGuire, J. J. & Beroza, G. C.* Science 336, *1118-1119 (2012).*
2. *Meng, L. et al.* Science 337, *724-726 (2012).*
3. *Delescluse, M. et al.* Nature 490, *240-244 (2012).*
4. *Yue, H., Lay, T. & Koper, K. D.* Nature 490, *245-249 (2012).*
5. *Pollitz, F. F. et al.* Nature 490, *250-253 (2012).*

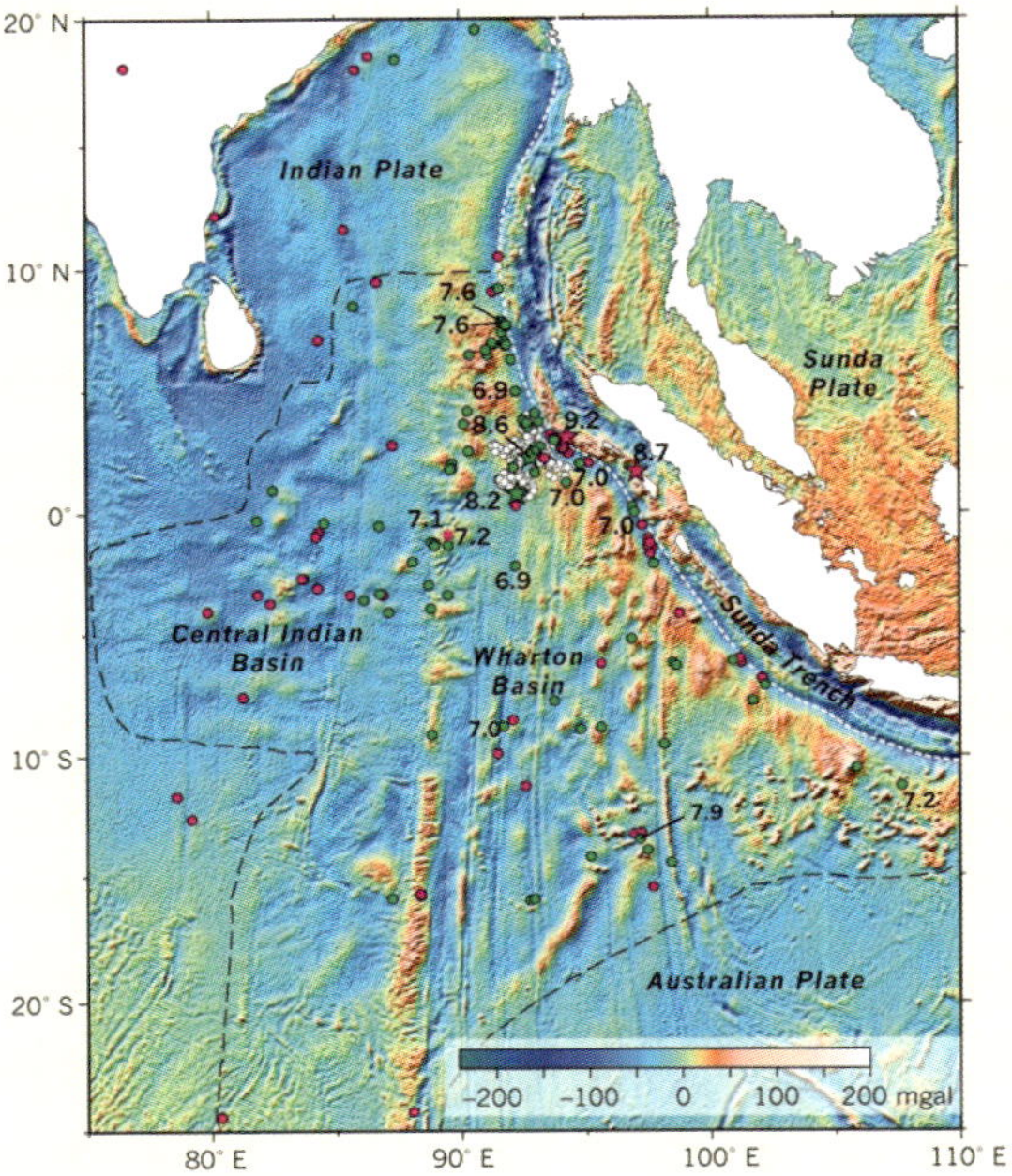

図1　インドーオーストラリア・プレートの地震テクトニクス図

この地域の地震は、断層が破砕帯に平行な方向の横ずれ断層メカニズム（緑の丸印と星印）か、断層が一般的に破砕帯と直交している逆断層メカニズム（赤の丸印と星印）をもっている。2012年４月11日に起きた２つの巨大地震（緑の星印）が研究されており、これらの地震の余震は白い丸印で示されている。マグニチュード（具体的には「モーメント」マグニチュードMw）が6.9か、それ以上の地震が示されている。沈み込み帯（スンダ海溝の東側で白い点線で描いてある）に関連した地震は、2004年アチェ（Mw9.2）と2005年ニアス（Mw8.7）の巨大地震（赤い星印）以外は示していない。インドーオーストラリア・プレート境界内部で、断層メカニズムがわかっていない地震も示していない。黒い破線は、インド・プレートとオーストラリア・プレートとの間の活動境界の限界を定義している。重力異常（単位はmgal）は、堆積層下の海盆の地形を反映しており、地図の上に色を塗って示してあるが、海底谷は負の異常に、海嶺は正の異常に関連している。特に2012年４月11日に起きた地震の分布と、ウォートン海盆の南北に長く伸びた破砕帯などのインド洋東部の活動を停止した海底の構造との間には密接な関連性がある。

壊というメカニズムの驚くべき複雑さを解明している。ヨーロッパと日本の観測点で記録された短周期と長周期の地震波を解析して、著者らは4枚の断層面に沿った一連の破壊を同定し、断層に沿った破壊の長さとすべり量を見積もった。推測した地震波の放射パターンは、最初の1週間に起きた余震の震央と一致する空間分布をもつ、複数の直交した断層と雁行した断層の相互作用をあきらかにしている。断層の方向は海底のテクトニクス的構造を反映しており[2~4]、破壊は西北西と東南東の両方向に広がった断層（深海海丘に平行）と、北北東と南南西に伸びた断層（破砕帯の方向に平行）に沿って交互に起きていて、後者の断層と前者の断層は直交している。海底地形図だけでなく、ウォートン海盆（図1）の地震活動が活発なことで、この地域にある過去の破砕帯（海底拡大により生成された地震学的には非活動的である長い線状の断層）が連続的に再活性化されたことの直接的証拠は、すでに提供されていた[6~9]。しかし、そんなに大きい応力がなぜ蓄積し、そのような大地震を起こし得たのか、しかもアチェ付近で発生した巨大地震によって活性化されたはずの地域で起きたかについては問題が残る。

これはまさにDelescluseら[3]が、スンダ海溝（図1）に沿った活発な地震活動（特にアチェとニアス巨大地震）と、海溝沖の海洋プレート内地震活動との間の因果関係を調べることで答えようと試みた点である。Delescluseらの図2からは、アチェとニアスの地震が、スンダ・プレートの下に沈み込んでインドーオーストラリア・リソスフェア（岩石圏）を揺らし、海溝沖の長期間にわたる地震活動の増加の引き金となったことは疑いがない。大きな破壊の近傍でどのように応力が解放されたか（クーロン応力変化）を見ることで、著者らはアチェとニアス巨

6. *Petroy, D. E. & Wiens, D. A.* J. Geophys. Res. 94, *12301-12319 (1989).*
7. *Deplus, C. et al.* Geology 26, *131-134 (1998).*
8. *Robinson, D. P. et al.* Science 292, *1145-1148 (2001).*
9. *Abercrombie, R. E., Antolik, M. & Ekström, G. J.* Geophys. Res. 108, *16-31 (2003).*

大地震の地震時すべりが、2012年4月の地震で観測されたメカニズムと似ている、ウォートン海盆破砕帯と平行な左横ずれ地震を促進しうることを示している。しかしながら、そのような手法は、応力変化が地震直後に減少し、破壊した断層に沿って新しい地震間の応力蓄積サイクルが始まるという弾性的レオロジーを仮定している。Delescluseらは、アチェ地震と2012年4月の地震との間にある7年間の遅れを、リソスフェアの下にあるマントル領域であるアセノスフェア（岩流圏）の粘弾性緩衝効果で説明している。著者らのモデルは、アチェの巨大地震により生成された地震後応力は2012年4月の地震が起きた領域で7〜10年後に最大値に到達することを予測している。

▼遠隔地での地震の引き金となるメカニズムとは

同様に、2012年4月の2つの地震は世界中の地震活動の引き金になった可能性がある。Pollitzら[5]は、離れたところで起きたMw5・5〜7の地震数が2012年4月の地震後の6日間に、世界中でほぼ5倍に増加したことを示している。著者らは、この効果は横ずれ断層メカニズムにより生成された強力な表面波の放射パターンが原因としているが、2012年の地震が特に地震学的に静穏な期間に起きたので、すでに地震発生の間際にあった例外的に多くの地震の引き金となった可能性も排除できないとしている。

興味深いことに、Delescluseらと Pollitzらの論文には、大きな地震の際の短期と長期の「ドミノ効果」を際立たせている。つまり、2012年4月の地震は、地震からほどなくして起きた遠隔地での余震活動の引き金となった可能性があるが、２００４年と２００５年の地震はおそらく数年後に近くで起きた余震活動の引き金となった。２つの研究が強調するのは、地震の破壊メカニズムとテクトニクス環境が、地震波の励起と短期あるいは長期の応力緩和により、どのようにして遠くの地震活動の引き金となるのかという点である。

このような海溝沖大地震の発生は、ユーラシア・プレートとの衝突により北向きの移動が減速しているインド・プレートと、スンダ海溝に沿ってインドネシアの下に急速に沈み込んでいるオーストラリア・プレートとの間の差分運動により生じる、リソスフェア内の高い応力という背景によってよりよく理解できるであろう。[10] その結果として、２つのプレートは互いに東南東方向に年間15㎜の速さで移動しており、この動きは少なくとも１０００万年の間続いている。[11] ２０１２年４月の地震は、拡散する（狭くするのと反対の方向）インドｰオーストラリア・プレート境界でこれまで起きた最大のマグニチュードの地震であるが、そこではMw７かそれ以上の地震は珍しくはない（図１）。

▼プレート境界地震のさらなる解明

こうした大きなプレート間地震は、新しい、これまでとは別のプレート境界の誕生を意味するのだろうか？　おそらくはないだろうが、それはこのような異常に活発な地震活動が、複合物を構成し、インドｰオーストラリア・プレートを変形させながらも、本来は安定した「静かな」海洋プレート内部（剛体プレート）によって囲まれているからである。[11] ２０１２年４月の

10. *Gordon, R. G. et al.* Geology 36, *827-830 (2008).*
11. *Royer, J.-Y. & Gordon, R. G.* Science 277, *1268-1274 (1997).*

地震は、海洋リソスフェアが海洋底拡大により受け継いだファブリック構造の結果として、[12] 複雑な崩壊過程をあきらかにしており、[2,4,9] その力学的挙動と強度、および地震発生物理学に新しい光を投げかけている。

Jean-Yves Royer は国立科学研究センター（ＣＮＲＳ／仏）海洋研究所およびブレスト大学（仏）に所属している。

12. *Delescluse, M. et al.* Geophys. Res. Lett. 35, *L16312 (2008).*
13. *www.globalcmt.org*
14. *http://earthquake.usgs.gov*

微量元素が示すマグマだまりの内部構造

Magma chambers on a slow burner
Albrecht W. Hofmann　2012年11月29日号　Vol. 491 (677-678)

海底にあるマグマだまりで起こっている結晶化過程の検討から、微量元素に予想外の濃縮が起こっていたことがわかった。このことは、こうしたマグマだまり内でのマグマの循環という古い理論をよみがえらせることになる。

全世界の海底は、長さ8万kmに及ぶ太平洋・大西洋両中央海嶺が生み出すマグマによって常に再生されている。そこでは地球のマントルが溶けてマグマを作り、結果的に玄武岩質の海洋底を生成しており、海洋底玄武岩の成分は、地球の深奥部からの主要な情報源の1つとなる。研究者たちはこの地球規模のマグマ系から得られた玄武岩溶岩の化学的性質を調べ、「不適合」微量元素（マグマ結晶から除外されているのでこう名づけられている）の濃度とマグネシウム酸化物（MgO）との間に、新しい驚くべき化学的関連性を発見した。新しいマグマの補充という〝手品〟によって、液体内のMgO含有量は急激に減少することなく、残滓《ざんし》液体内の不適合元素濃度を、閉鎖系の分別結晶化よりも大きく増加させることが可能となったのである。

▼玄武岩溶岩に含まれる微量元素の再検討

世界の海底は、8万kmの長さの大洋中央海嶺火山系によって常に再生されており、そこでは地球のマントルが溶けてマグマを作り、結果的に玄武岩質の海洋底を生成している。海洋底玄武岩の成分は、地球深奥部についての主要な情報源の1つとなっている。『Nature』2012年11月29日号でO'NeillとJenner[1]は、この全球規模のマグマ系から得られた玄武岩溶岩の化学的性質を再検討している。

彼らは、マグマ結晶からほとんど除外されてしまう、いわゆる「インコンパティブル（不適合）」微量元素の濃度とマグネシウム酸化物（MgO）との間に、新しい、また驚くほど系統的な化学的関連性を発見した。

予想されるように、MgOを含む結晶は海洋下のマグマだまり（貯留層）の中で沈殿し液体中のMgO含有量の減少を起こすので、インコンパティブル元素の含有量はマグマの玄武岩液状成分（メルト）の中では増加している。

しかしO'NeillとJennerは、観測されたインコンパティブル元素の増加が従来の結晶化過程の説明よりもはるかに大きいことを示した。

このジレンマに対し彼らが提案する解決策は、地球化学者がマグマだまりに入ってくるマグマ母岩の組成と、これらのマグマのもとになるマントル岩の組成を計算する方法に修正を迫るものである。

1. O'Neill, H. St C. & Jenner, F. E. Nature 491, 698-704 (2012).

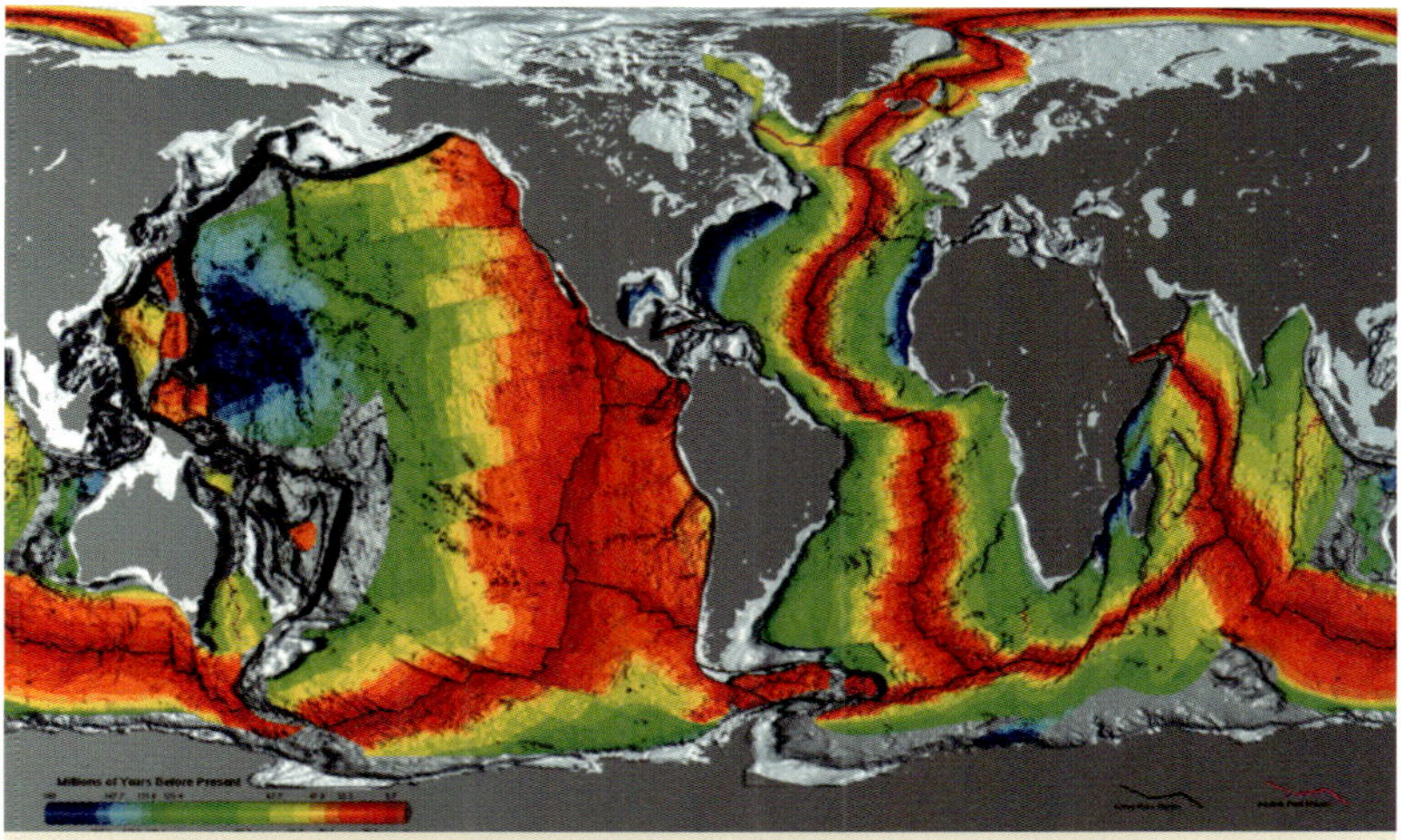

図１　大洋中央海嶺火山系のうち「東太平洋海嶺」

▼マントル組成をめぐる２つの見方

玄武岩溶岩が低温の海水と接触すると、冷やされてガラスとなる。地球化学者はそのようなガラスを好んで分析するが、それは溶岩の化学的性質を特によく保持していて、その下にあるマントル（メルトが形成される場所）の組成について多くの情報を研究者にもたらすからである。しかしながら、メルトの形成と溶岩の噴出との間にはいくつかの中間的段階があるので、このようなマントルの見方は不明確なものである。その段階とは、深部（約30㎞以深）におけるマントルの部分溶融、部分的に溶けた粥《かゆ》状物質からのメルトの抽出、浅部マグマだまりへの貫入、マグマだまり内でのマグマ結晶からの沈殿と形成、および海底での残った液体の噴出、である。

　このようなガラスから推測されるマントル組成については、基本的に対立する２つの見方が過去40年間にわたり存在してきた。1つは、マントルが本質的には一様な組成をもっており、噴出する玄武岩溶岩の組成変動はおもに浅部マグマだまり内で起きる過程によって生成されるとするものである。もう1つは、マグマだまりの過程は変化しやすい噴出した溶岩にほとんど影響を及ぼさず、溶岩組成変動はおもにマントル生成源の組成の差と溶融過程の特性の差を反映しているというものである。

▼マグマだまり内の分別結晶化過程

この後者の見方は徐々に優勢になっており、それは観測される溶岩の化学的変動の多くがストロンチウム、ネオジウム、ハフニウムおよび鉛などの元素の同位体組成変動と相関しているからである。

これらの元素は非常に遅い放射性崩壊の産物であり、それゆえマントルに長い間滞留した場合にのみ蓄積される。それゆえ、観察されているような同位体組成の差は、短命のマグマだまりの中では生じず、メルトが生成するマントル内で親核と娘核の存在比の差が長期にわたって存在している必要がある。

観測された噴出玄武岩の組成からマントル内のメルト生成源の組成へとさかのぼるには、マグマだまり内での部分結晶化と結晶損失の効果を評価する必要がある。これには、新たに形成された結晶が液体との化学相互作用からただちに除去される「分別結晶」が関与していると広く仮定されている。

2. *Jenner, F. E. & O'Neill, H. St C.* Geochem. Geophys. Geosyst. 13, *Q02005 (2012).*
3. *Arevalo, R. Jr & McDonough, W. F.* Chem. Geol. 271, *70-85 (2010).*

室内実験は、海嶺のマグマだまり内の結晶化過程には常にマグネシウムを含む鉱物である橄欖《かんらん》石が含まれることを示している。このことが全体に及ぼす効果によって、液体内のMgO含有量は結晶化したばかりの橄欖石が液体から分離するにつれて減少するが、インコンパティブル微量元素（バリウム、トリウムおよびネオジウムなど）は結晶化しないので、含有量は増加することになる。

このことは、O'Neill と Jenner が、2つの最近編纂された全球規模のデータセットを用いてインコンパティブル元素含有量をMgOに対してプロットするまでは、よく理解されていると考えられてきた。[2,3] 彼らは、インコンパティブル元素含有量とMgO含有量との間にとてもよい線形の相関関係がある（予想される負の傾きをもつ）ことを発見した。しかしながら、この傾きが分別結晶理論の許容する最大値よりも一貫して大きいことがわかって彼らは驚愕したのである。

▼マグマは混合物を補充し再循環する？

もし分別結晶ではこの効果が説明できないならば、どのような過程なのだろうか？ 1つの可能性として、より高いインコンパティブル元素濃度を持つ溶岩は、母岩のMgO含有量が低いところから生成が始まったというものがある。しかし、これが意味することは、橄欖石がすべての上部マントル鉱物のなかでもっとも一般的であるにもかかわらず、これらマグマの生成源には橄欖石が含まれていないということである。

4. *Sobolev, A. V. et al.* Science 316, *412-417 (2007).*
5. *O'Hara, M. J.* Nature 266, *503-507 (1977).*
6. *Albarède, F.* Nature 318, *356-358 (1985).*

それにもかかわらず、大洋中央海嶺玄武岩の中には橄欖岩（橄欖石を含む「標準的」なマントル岩）から形成された液体と、沈み込んで再循環した海洋玄武岩から形成された、橄欖石を含まない榴輝岩《りゅうき》や輝岩から形成された他の液体の混合物があることが提案されてきた。[4] このような再循環した玄武岩からできたメルトはまた、普通よりも高いインコンパティブル元素含有量と、普通よりも低い MgO 含有量をもつはずである。

そのような再循環した玄武岩はまた、たとえばネオジウムなどの異なった同位体組成をもつはずである。しかしながら、ネオジウム同位体と MgO との間で予想される相関は、海嶺玄武岩に対する全球規模のデータセットで見つかってはいない。

このジレンマの解決策として O'Neill と Jenner は、元々は O'Hara[5] により提案され、後に Albarède[6] により修正されたがほとんど忘れられていたモデルを復活して一般化させた。このモデルは、マグマだまりが周期的に新しい液体で下から再充填されることを予想している。新しい液体は既存の液体と混合し、混合物は結晶化が終わると火山から流れ出す。この新しいマグマの補充という「手品」によって、液体内の MgO 含有量は急激に減少することがなく、残滓液体内のインコンパティブル元素濃度を、閉鎖系の分別結晶化よりも大きく増加させることが可能となったのである。

一見すると、これらの効果に興味をいだくのは、マグマだまりの詳細な過程を知りたい愛好家だけのようである。

しかし、この効果が意味するのは、ほとんどのインコンパティブル元素変動はマグマだまり内で起きる過程が原因となるので、部分溶融の効果だけでなく、マントルの化学的不均質性に対する効果もより少なくなるということである。

▼モデルの妥当性と疑問点

このモデルはどの程度正確なのだろうか？ O'NeillとJennerはマグマだまりの全球規模の集合体が存在し、そのなかで結晶過程は局所的に変動するが、全体としてはO'Hara-Albarédeモデルに従っていることを提案している。このモデルは全球規模の観測結果をうまく説明しているが、なぜこのような局所的に変動する結晶過程が平均するとこの理想的なモデルとなるかは謎のままである。

著者らは、マグマだまり内で形成される結晶に対するインコンパティブル微量元素の分配係数の予測値と実測値を比較することで彼らのモデルを検証している（分配係数は結晶内の元素濃度を液体内での濃度で割った値である）。

大半の部分では見事に一致しているが、バリウムとカリウムは顕著な例外となっている。これらの元素は、玄武岩内では非常にインコンパティブル元素的な挙動をする。言い替えれば、その分配係数は0に近くなるべきであり、マントル鉱物内では実際にそのようになっている。しかし、実験的に決められた斜長石（浅部のマグマだまり内で形成される主要な鉱物の1つ）内での分配係数は高く、モデルに疑問を投げかけている。

この問題を解決するために、さらなる実験的研究が必要であることはあきらかだ。一方で、

O'Neill と Jenner の論文は、体積的には地球上でもっとも顕著であるマグマ過程の性質を再検討する必要があることを示している。結晶過程の正確な評価が、海洋底玄武岩の由来となっているマントルの組成を推測するためには必要なのである。

Albrecht W. Hofmann はマックス・プランク化学研究所（独）とコロンビア大学ラモントードハティ地球観測所（米）に所属している。

Nature Column 01

地底深くにあるマグマ活動の原因

エチオピアのアファールの地形（写真）は、その下のテクトニック・プレートが互いに引っ張り合っているので痛めつけられている。このような地溝帯は、大陸を分裂させ、大規模なマグマ活動を伴い、大量のメルトを生成することが多い。Fergusonらは、このアファールのマグマ活動の原因について報告している（『Nature』２０１３年７月４日号）。

Fergusonらは、地溝帯に沿って噴出した溶岩から得られた地球化学的データを用いて、この地域のマグマ活動モデルを開発した。彼らは、溶融が大深部（80㎞か、それ以深）で起きており、マントルの異常に高温な部分が原因であると結論している。

Fergusonらは、別のモデルを用いて地溝帯で溶融が発達した跡をたどり、過去３０００万年間のテクトニック・プレートの薄化は予想よりも少なかったことを発見した。このことは、アファールで海洋底が形成されるために、分裂の最終段階でプレートが急激に薄化することが必要となることを示唆している。

アファールの地形
[Ji Elle]

Andrew Mitchinson

プレートの動きとマントル・プルーム

Plate motion and mantle plumes

R. Dietmar Müller　２０１１年7月7日号　Vol. 475 (40-41)

インド洋から得られた地球物理学的データに基づいたモデルで、マントル・プルームの頭部がアフリカとインドのテクトニック・プレートの動きと以前は連関しており、それらの移動速度を決定していた可能性が示唆されている。

マントル・プルームは、高温で円筒形の、大きなキノコ状の頭部をもった上昇流である。上昇するプルームの頭部が地表に達すると、火山から焼けた火山灰、ガス、そして大量の溶岩が流れ出し、超大陸の分裂だけでなく、生物の大量絶滅や陸地と海洋の生態系に大きな変化を引き起こす。研究者らは、マントル・プルームが、プルームの押し出す力で大陸を分裂させるだけでなく、プレートに大きな力を与えうると推定し、マントル・プルームに起因する現象の一覧を拡張した。彼らの仮説によれば、上昇するプルームの頭部が、超大陸が分散した後も長くテクトニック・プレートの底部に突き当たっているならば、その押し出す力は、一時的だが大きい加速、あるいは減速を引き起こす可能性があるという。

▼プレートに影響を与えるマントル・プルームの力

ニュースの報道は常に、プレートテクトニクスが私たちの日常生活に影響を及ぼしていることを思い起こさせてくれる。地震と津波は、テクトニック・プレートが互いに容赦なく削り去っていくことの帰結である。地球深部マントルでは、岩石は温かい飴菓子のように流れ、熱く浮力のある物質は表面に上昇して、火山の噴火と火山灰の雲を作り出し、航空機の運航を停止させるのである。何が究極的にプレートを駆動するかについてはいまだ完全にはわかっていないが、特にマントル・プルームが及ぼす影響についてはよくわかっていない。『Nature』２０１１年７月７日号でCandeとStegman[1]は、プレート運動とこのようなプルームによって生成される力との関連性について、新しい観点を提供している。

マントル・プルームは、高温で円筒形の、大きなキノコ状の頭部をもった上昇流である。上昇するプルームの頭部が地球の表面に達すると、火山から焼けた灰、ガス、そして大量の溶岩が流れ出す。これはきわめてまれな地質学的事象である。しかし、このようなことが起きると、超大陸の分裂だけでなく、大量絶滅や陸地と海洋の生態系への大きな変化をもたらす。[2] 明るい面を見れば、このような事象は地殻浅部でダイヤモンドを形成させる役目があることも知られている。[3]

CandeとStegman[1]は、マントル・プルームがプルームの押し出す力で単に大陸を分裂させるだけでなく、プレートに大きな力を与えると示唆することで、マントル・プルームに起因する現象の一覧をさらに拡張した。彼らの仮説は、上昇するプルームの頭部が、超大陸が分裂し

1. *Cande, S. C. & Stegman, D. R.* Nature 475*, 47-52 (2011).*
2. *Coffin, M. F. & Eldholm, O.* Rev. Geophys. 32*, 1-36, doi:10.1029/93RG02508 (1994).*
3. *Torsvik, T. H., Burke, K., Steinberger, B., Webb, S. J. & Ashwal, L. D.* Nature 466*, 352-355 (2010).*

て分散した後も長くテクトニック・プレートの底部に突き当たっているならば、その押し出す力はプレートの一時的だが大きい加速、あるいは減速を引き起こす可能性があるというものである。プレートがプルームによって押された後に、ウサギかカメかどちらの速さを選ぶかは、プルームの押し出す力が、プレートに働く他の力とどのように釣り合うかに依存する。

▼加速／減速するプレート移動の原因

CandeとStegmanは、キノコ状の頭部が約6700万年前に地表に到達し、インドでデカン・トラップ[4]として知られる大量の火山岩を噴出させた、レユニオン・プルームの影響を研究している。彼らはインド洋で得られた海洋の地球物理学的データを注意深く解析し、この事象に関連したいくつかの現象を記載している。それは、6800万年前と6600万年前にインド・プレートの速度が増加し、最大の速さが18㎝／年に達した後、約1500万年の間プレート運動の絶対速度が年間10～12㎝を維持したことである。5200万年前から4500万年前の間は、インド・プレートの動きは劇的に遅くなり、4㎝／年以下となった。さらに、インド・プレートが速くなったときにはアフリカ・プレートの動きが遅くなったが、インド・プレートが減速した後には結局元の移動経路と速さに戻った。図1は、6500万年前と4000万年前の、それぞれインド・プレートの動きが速くなったときと遅くなったときの状態を示している。

インド・プレートの超高速の動きは謎である。一つのモデルでは、これはゴンドワナ超大陸がもともと分裂したときにマントル・プルーム活動によりインド大陸の根が失われたことが原

4. *Chenet, A.-L., Quidelleur, X., Fluteau, F., Courtillot, V. & Bajpai, S.* Earth Planet. Sci. Lett. 263*, 1-15 (2007).*

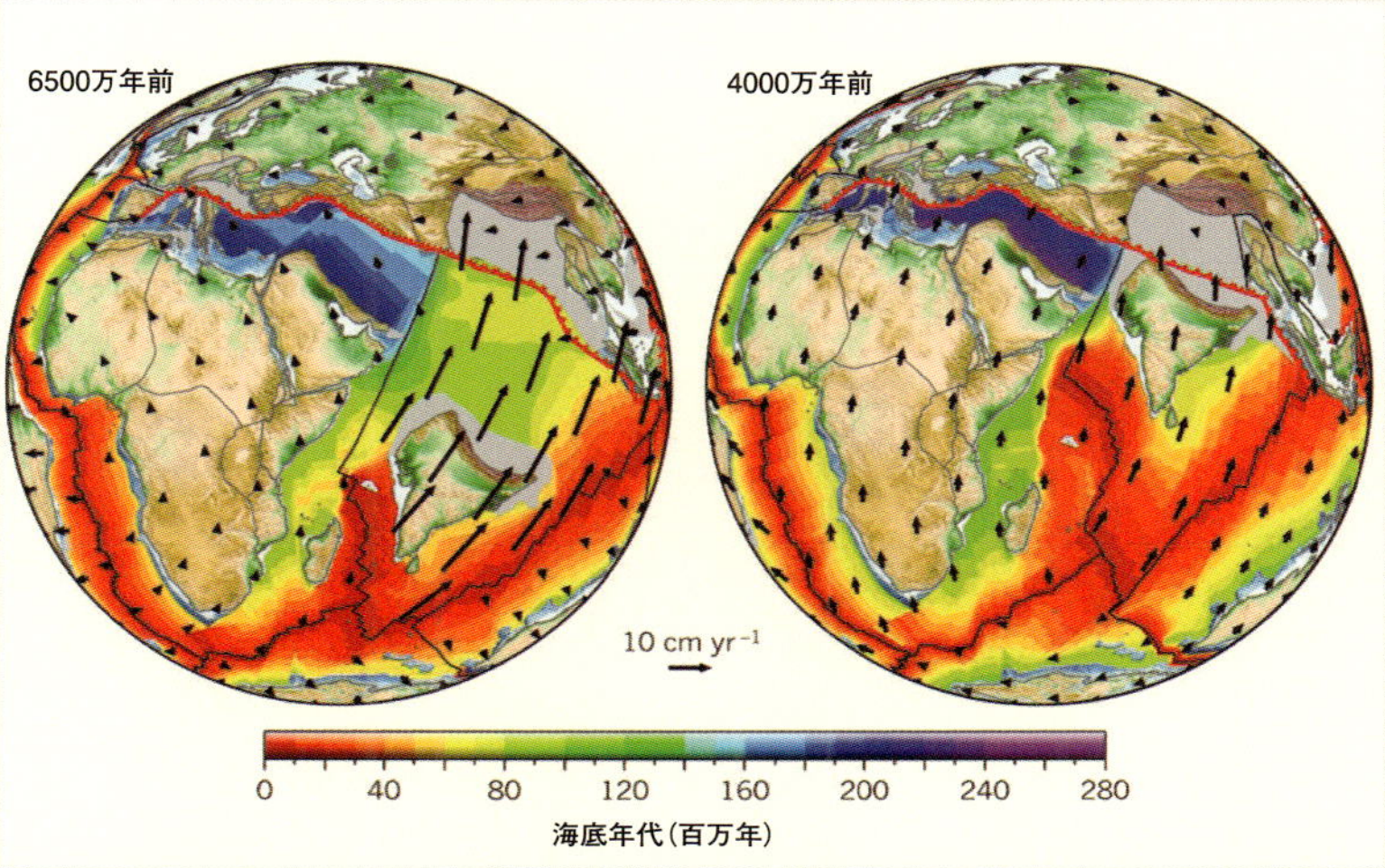

図１　6500万年前と4000万年前のインド・プレートとアフリカ・プレート
黒矢印は、レユニオン・プルーム頭部が地球の表面に到達したと考えられる時間のすぐ後である、6500万年前のインド・プレートの速い運動とアフリカ・プレートの遅い運動のプレート絶対運動を表し、プルーム頭部がプレートの速さに影響を及ぼすことを仮定している。4000万年前までには、プルーム頭部の影響は衰え、インド・プレートはかなり遅くなり、アフリカ・プレートは昔の方向と速さに戻った。現在の地形が回転して大陸の上に示してあり、海底年代は海底に図示してある。現在は破壊された大陸縁辺の推定範囲は灰色の領域として表わしてあり、大洋中央海嶺とトランスフォーム断層は黒線で、沈み込み帯は赤線でその上のプレートに鋸歯状で示してある。（プレートはGPlatesソフトウエア、データおよび回転[11]を用いて再現した）

因であるとしている。[5] しかしながら、このおよそ1億3000万年前に起きたと考えられる浸食と融解によりインドの根が失われたことが、6700万年前に始まったこの加速の原因となったとは考えられない。さらに、地球ダイナミクスモデルの中には、テクトニック・プレートが典型的に達しうる最大速度は8㎝／年であることを示唆しているものもある。この最大の速さの理由は、プレートは、主としてマントルに沈み込むスラブ（特にプレートが載っている上部マントルスラブ）が引っ張る力により駆動されているからである。上部マントルスラブの特有の沈み込み速度は約7㎝／年であり、もっとも年代の古い、厚くて浮力が最小のスラブでも最大で8㎝／年である。[6] この研究は、現在のプレート運動に対する高度な数値モデルで確認されており、観測されたプレート運動と、プレートが上部マントルスラブのみにより駆動されたとする予測値とは完全な一致が見られている。

したがって、地球ダイナミクスモデルは、8㎝／年を大きく超えるような速度をどのようにしてプレートが獲得しうるかを問題提起している。Cande と Stegman[1] は、彼らの詳細な運動学的モデルを用いて、プルームが押し出す力を追加することにより、インド・プレートはアフリカ・プレートが減速した間に十分加速されるという概念を提示している。この二分法はレユニオン・プルームの2つのプレートとの相対的な位置を考えることにより説明できる。インド・プレートの場合は、プルームが押し出す力はインド・プレートの北部でスラブが引っ張る力と調和して働くが、アフリカ・プレートの場合は、スラブが引っ張る力と相殺して大陸の動く速さを遅くする。プルーム頭部が消耗して押し出す力が衰えると、インド・プレートの移動速度

5. *Kumar, P. et al.* Nature 449, *894-897 (2007).*
6. *Goes, S., Capitanio, F. A. & Morra, G.* Nature 451, *981-984 (2008).*

が遅くなり、アフリカ・プレートは移動速度が速くなる。

▼考えられるモデルの問題点

もちろん、このような筋書きには問題がないわけではない。考えられる疑問の1つは、デカン・トラップ（レユニオン・プルーム頭部により供給される部分溶融の直接的帰結として形成された）は、6800万年前から6500万年前までの比較的短い時間で生成されるという点である。[4] 一方、インド・プレートの速度異常は1500万年以上にわたり続いている。インドの下で比較的短期間の温度異常が存在した証拠は、インド南西部沖の地殻に対する地震学的画像と地殻伸張のコンピュータ・シミュレーションとの組み合わせから得られている。これにより、6300万年前までには、比較的薄い海洋地殻がレユニオン・プルームの近傍で生成され、そのときまでには温度異常は十分小さくなっていたという結論が導かれる。Cande と Stegman の概念モデル[1]を満たすためには、プルーム頭部とその押し出す力はインドの移動速度がかなり遅くなった5200万年前まで、さらに1100万年間継続しなければならなかったことが予想される。結局、プレートは運動量をもたないので、駆動力がなくなればすぐに速度が遅くなるのである。

もう1つ考えられる問題は、地球ダイナミクスモデルから生じるものである。Van Hinsbergen ら[10]は、プルームが押し出す力の大きさを調べて、プルーム頭部の効果はインド・プレートの加速を説明できるが、それは年間数cmにすぎず、インド・プレートの速度を説明す

7. *Schellart, W. P., Freeman, J., Stegman, D. R., Moresi, L. & May, D.* Nature 446, *308-311 (2007).*
8. *Stadler, G. et al.* Science 329, *1033-1038 (2010).*
9. *Armitage, J. J., Collier, J. S., Minshull, T. A. & Henstock, T. J.* Geochem. Geophys. Geosyst. 12, *Q0AB07, doi:10.1029/2010gc003316 (2011).*

るために必要な10㎝／年にはまずならないと結論した。同じように彼らのモデルでは、プルーム流量の減少、プレートとプルームから離れたところのプレートの動きとの関連性を組み合わせても、5200万年前のインドの劇的な減速のごく一部しか説明することができない。

このような問題にもかかわらず、Cande と Stegman の概念モデル[1]は、どのようにしてプレートの運動学的データのみで、隣り合うプレートの連結と同時期の運動の歴史について推論できるかを見事に立証している。インド・プレートの超高速運動に対するプルームの押し出す力のモデルを立証するには時間がかかるが、長く続いたジレンマに対する興味深い解決策を提供しているのである。

R. Dietmar Müller はシドニー大学（オーストラリア）地球科学部に在籍している。

10. *Van Hinsbergen, D. J. J., Steinberger, B., Doubrovine, P. V. & Gassmöller, R.* J. Geophys. Res. 116, *B06101, doi:10.1029/2010JB008051 (2011).*
11. *www.gplates.org*

古人類学が考えるヒト祖先の食事メニュー

PALAEOANTHROPOLOGY: The ancestral dinner table

Margaret J. Schoeninger　２０１２年7月5日号　Vol. 487 (42-43)

南アフリカの新たな遺跡で出土した化石から、一部のヒト祖先が、現在の霊長類の多くと同様に、果物や葉を食べていたことがわかった。その知見は、ヒト系統が現生類人猿の祖先から分岐した理由と経緯に疑問を提示している。

チャールズ・ダーウインは、人類最古の祖先が今日のゴリラやチンパンジーの祖先とともにアフリカに住み、現生する霊長類と同様に果実や葉、種子、木の実を常食としていた、という説を発表した。しかし最近では、ヒト祖先が草原やサバンナ疎林のような開けた生息環境で食物を得る能力を持っていたことが、ヒト系統が類人猿から分岐する一因となったとする説が有力だ。今回、研究者らは、人類の古い近縁種の食物がもっと多様で、果物や葉、樹皮などが食べられていたことを示す証拠を示している。また、はるかに古い種であるラミダスと同じように、主としてC_3食物およびその産物に基づく食餌を食べていたと考えられる2体のアウストラロピテクス・セディバの化石を発表。この異質な食餌には木の実やベリー、葉、樹皮が含まれていた。

▼類人猿とヒト系統の分岐をめぐる最新学説

１８７１年、チャールズ・ダーウィンは、人類最古の祖先が今日のゴリラおよびチンパンジーの祖先とともにアフリカに住み、現生するそうした霊長類と同様に果実や葉、種子、木の実を常食としていた、という説を発表した。[1]

しかし最近では、別の仮説[2]が優勢になってきた。それは、ヒト祖先が草原やサバンナ疎林のような開けた生息環境で食物を得る能力を持っていたことが、ヒト系統が類人猿から分岐する一因となった、とするものだ。[2]そうした環境は、約７００万年前の中新世後期の気候変化でアフリカに出現した。その食物には、イネ科やカヤツリグサ科の草本性植物、草食性の昆虫や小動物などが含まれていた。

人類の古い近縁種の食物がもっと多様で、果物や葉、樹皮などが食べられていたことを示す証拠を、Henryら[3]が２０１２年７月５日号で発表している。その知見は、類人猿とヒト系統を分岐させた選択圧、そして現在それぞれの系統に固有と考えられている特徴を見直すきっかけになると考えられる。

Henryらのデータは、マラパ（南アフリカ）で出土した約２００万年前の２体のアウストラロピテクス・セディバ（*Australopithecus sediba*）化石から得られた。セディバ猿人は、アウストラロピテクス類のヒト族の一種だ。ヒト族は６００万〜４００万年前に類人猿から分岐した進化的分類群で、ヒトおよびヒトの祖先種のみが含まれる。アウストラロピテクス類という用語は、アウストラロピテクス（*Australopithecus*）属およびパラントロプス（*Paranthropus*）

---

1. *Darwin, C.* The Descent of Man, and Selection in Relation to Sex *(Murray, 1871).*
2. *Cerling, T. E.* Palaeogeogr. Palaeoclimatol. Palaeoecol. 97, *241-247 (1992).*
3. *Henry, A. G. et al.* Nature 487, *90-93 (2012).*
4. *Wood, B. & Leakey, M.* Evol. Anthropol.20, *264-292 (2011).*

属の種に対する非公式的な呼び方だが、初期のホモ（*Homo*）属種の一部をアウストラロピテクス類様と呼ぶ研究者もいる。[4]

そうした種が摂取していたと考えられる食餌の様子を把握するため、ヒト族化石の遺跡から出たほかの化石、ヒト族化石の歯の特徴、そして歯に含まれる炭素の安定同位体比が調べられた。炭素の安定同位体比からは、食べていた植物の種類がわかる。それは、二酸化炭素からの2種類の炭素安定同位体の取り込み方が、光合成経路の種類によって異なるためだ。C_4光合成経路を利用する植物には、主として熱帯性のイネ科植物とカヤツリグサ科植物の一部が含まれ、C_4食物には、サバンナの草原や疎林に多いその種の植物を食べる動物も含まれる。しかし、森林や林地、サバンナ疎林で生育する樹木や草本性植物など、多くの植物はC_3光合成経路を利用する。

▼初期人類の摂食生態学

アフリカ東部および南部のアウストラロピテクス類化石遺跡でのこれまでの研究は、アウストラロピテクス・アフリカヌス（*Australopithecus africanus*）、パラントロプス・ロブストス（*Paranthropus robustus*）、パラントロプス・ボイセイ（*Paranthropus boisei*）、ホモ・ハビリス（*Homo habilis*）、およびホモ・エルガステル（*Homo ergaster*）が、いずれも基本的に現生類人猿とは異質の生息環境の食物に依存していたとする見方を支持していた。[5] 現在のチンパンジーは森林や林地、サバンナ疎林に生息しているが、疎林は生息地として好まれておらず、[6] ゴ

5. *Sponheimer, M. et al.* J. Hum. Evol. 48*, 301-312 (2005).*
6. *Moore, J. in* Topics in Primatology: Human Origins *(eds Nishida, T. et al.) 99-118 (Univ. Tokyo Press, 1992).*

リラは森林や密林に生息している。それとは対照的に、ヒト族化石遺跡の研究は、ヒト族が開けた生息環境にあるさまざまなC_4食物を摂取していたことを示している。C_4食物の構成比率はAu・アフリカヌスで約35パーセントにのぼり、アフリカ東部の種であるP・ボイセイが消費する食物はほぼ100パーセントがC_4食物だったという[5]（図1）。

この優勢なC_4シグナルから、一部の研究者は、「C_4食物の消費は、二足歩行とともに、ヒト族の重要な特徴である」と考えるようになった[4]。しかし、Henryらによる Au・セディバの研究は、それに反することを示唆している[3]。Au・セディバの摂食生態学はC_3植物に立脚し、果実や草本性植物、樹皮などの品目が含まれていたのであり（図1）、ほかのすべてのアウストラロピテクス類やこれまでに調べられているその後のヒト族の食餌とは根本的に異なっていた、というのがHenryらの説だ。

マラパ遺跡の化石動物相には草食動物種が含まれ、それに伴う堆積物中の植物化石が概してC_4種であることは、当時その地域に草原が存在していたことを示している。しかし研究チームは、肉食動物のものと思われる化石化した糞の断片も発見した。それに含まれる植物性の物質は、川辺などの湿った地域に生える現代の樹木のものと似ており、この地域に樹木で覆われた生息環境もあったことが示唆された。Au・セディバ化石の歯垢からは植物化石38点が発見されたが、そのうち15点は樹木または草本性植物由来と考えられ、14点は由来が不明であった一方、イネ科植物由来のものはわずか9点であった[3]。歯の炭素安定同位体分析からは、食餌が完全に、またはほぼ完全に、C_3食物だったことがあきらかにされた。また、歯の微細な摩耗パタ

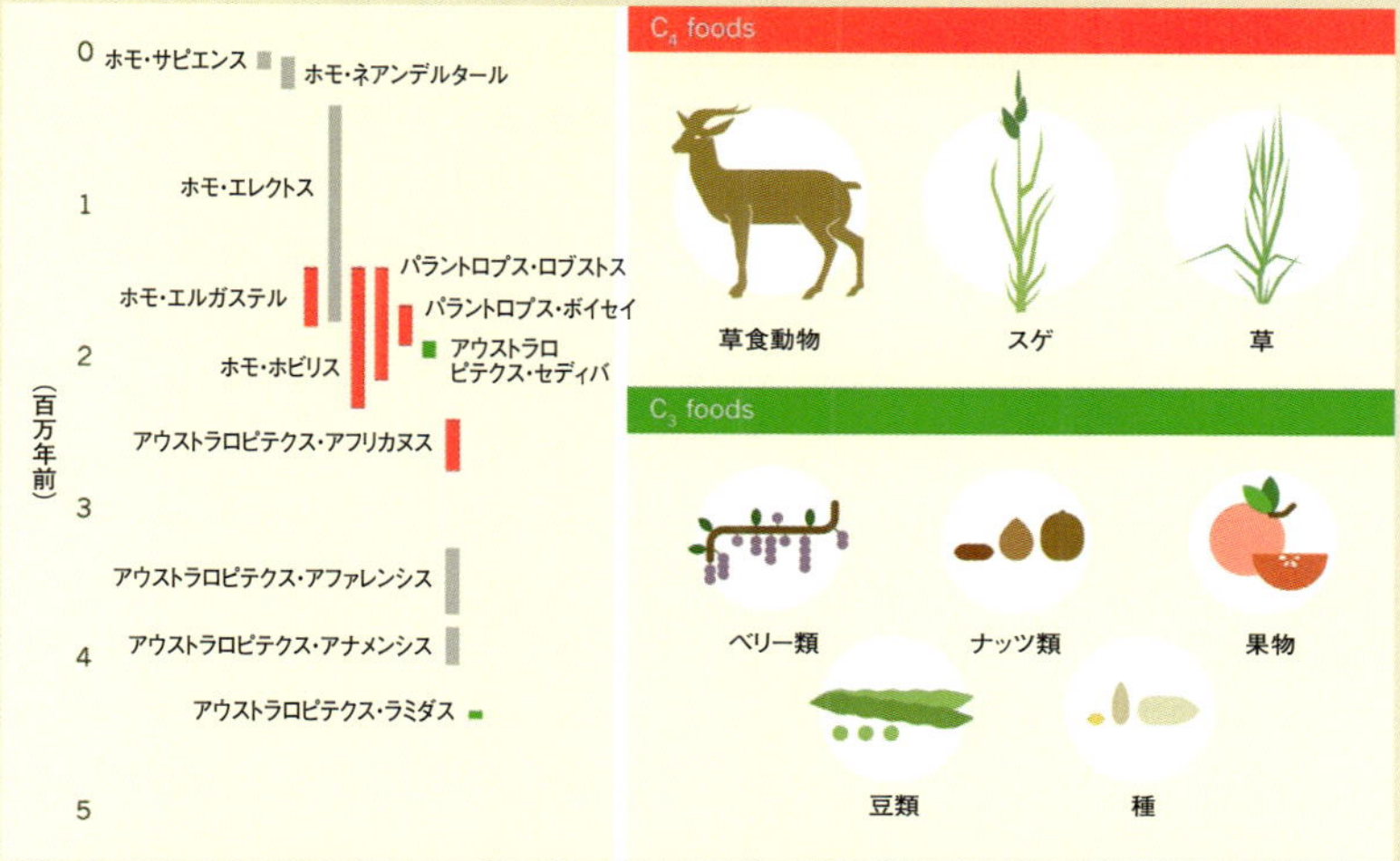

図1　食餌を探る研究
ヒト族最初の種（ヒトにつながった系統に属する絶滅種）は、600万〜400万年ほど前に、現生霊長類を生じた系統から分岐したと考えられている。アフリカの化石遺跡で行われた過去の研究[5]では、ホモ、パラントロプス、およびアウストラロピテクス属の種を含む多くのヒト族が、C_4光合成経路を利用する植物、およびその植物を食べていた動物を主として食べていたことが示されていた。その種の植物は開けた生息環境に特徴的なものだ。しかしHenryら[3]は、はるかに古い種であるアルディピテクス・ラミドゥスと同じように[9]、主としてC_3植物およびその産物に基づく食餌を食べていたと考えられる２体のアウストラロピテクス・セディバ化石を発表した[3]。この異質な食餌には、木の実やベリー、葉、樹皮が含まれていたと考えられ、Au. セディバが、森林や林地、サバンナ疎林のように、樹木や草本性植物の生えた生息環境で生きていたことが示唆される。

ーンはAu・セディバが固いものを摂取していたことを示しており、木の実や果実の可能性もあるが、研究チームは樹皮の摂取を示唆するものと解釈している。

▼摂食活動と二足歩行の起源

こうしたデータは、Au・セディバの摂食習慣が多くの現生霊長類と似ていたことを示唆している。現生霊長類の多くは、主としてC_3食物を食べ、[7] 相当なC_4イネ科植物の生育地を含む生息環境でもC_3食物を探し出している。[7,8] その知見は、Au・セディバを、440万年前の古いヒト族種アルディピテクス・ラミドゥス（*Ardipithecus ramidus*）と似た摂食を行なっていたものと位置づけてもいる。Ar・ラミドゥスも、最初のヒト族に関する仮説と同様に、[6] おそらく林や草原が点在するサバンナ疎林で摂食を行なっていたと考えられている。[9]

この結果の重要性は、C_4食物に基づく食餌がヒト族の基本的な特徴であるのかどうかにとどまらない。それは、やはり基本的にヒトのものと考えられている「二足歩行」という特徴の進化に関する理解にも疑問を投げかける。二足歩行が現われた種、そしてその適応を進展させた進化的圧力は、いまなお議論の的になっている。これまでのところ、Ar・ラミドゥスはなんらかの形の二足歩行ができ、[9] 395万年前のアウストラロピテクス・アナメンシス（*Australopithecus anamensis*）は必要に応じて直立歩行した可能性があり、[3] 380万年前のアウストラロピテクス・アファレンシス（*Australopithecus afarensis*）は短距離なら二足歩行することができた可能性があり、[3] 約200万年前のヒト族種たち（P・ボイセイ、H・ハビリス、

7. *Codron, D., Lee-Thorp, J. A., Sponheimer, M., de Ruiter, D. & Codron, J.* Am. J. Phys. Anthropol. 129, *204-214 (2006).*
8. *Schoeninger, M. J., Moore, J. & Sept, J. M.* Am. J. Primatol. 49, *297-314 (1999).*
9. *White, T. D. et al.* Science 326, *75-86 (2009).*

H・エルガステル、およびホモ・ルドルフエンシス［*Homo rudolfensis*］）は、程度の差こそあれ、みな二足歩行を行なっていたと考えられている[3]。しかし、こうした種が厳密に遺伝的系統樹のどこに当てはまるのかはあきらかにされていない。Au・セディバは二足歩行だったが、アフリカ東部に住んでいたヒト族とはやや異なり、木登りの能力も一部保持していた[10]。

▼人類の祖先に特有の系統関係がある？

ヒト族間の食餌の違いに関する示唆は、二足歩行やヒト族種の分岐に関するこうした理解とどのように折り合うのだろうか。約200万年前に適応放散があったことを示唆する研究者がいる[10]。その当時、新しい生息環境への移動を可能にする新たな特徴を備えたさまざまな二足歩行種が、共通祖先から比較的短時間で生まれたというのだ。「すべての二足歩行種が特有の系統関係を共有している」とする未検証の仮定は、「もし存在するとすれば、シマウマとはどういうものだろうか」という進化生物学者スティーヴン・J・グールドの疑問[11]を想起させる。グールドは、現生する3種のシマウマ同士が、縞のないウマ種よりも互いに近縁なのかどうかを調べた。その結論は、縞を生じた進化が起こったのは1回だけだった、というものだった。私たちも、「もし存在するとすれば、ヒト族とはどういうものだろうか」と考えるべきだ。おそらく、二本足で歩いてC_4中心の食餌を摂取した類人猿似の祖先種は、すべて特有の形で互いと関係しているが、必ずしもヒトの祖先とはかぎらない。ヒトは、約200万年前に、やはり二足歩行を行ない、肉食を含めてもっと幅広く柔軟な採餌戦略を有していた別のヒト族集団から

10. *Pickering, R. et al.* Science 333*, 1421-1423 (2011).*
11. *Gould, S. J. in* Hen's Teeth And Horse's Toes *Ch. 28, 355-365 (Norton, 1983).*

現われたのかもしれない。最終的な答えは、Henry らによる Au・セディバの食餌の分析のように、アウストラロピテクス類やヒト族の生活に関するほかの観点を野心的に研究することによってのみ得られものと考えられる。

Margaret J. Schoeninger はカリフォルニア大学（米国）サンディエゴ校人類学科に所属している。

ヒトの進化：集団のサイズは文化的複雑さを決定する

HUMAN EVOLUTION: Group size determines cultural complexity

Peter Richerson　２０１３年11月21日号　Vol. 503 (351-352)

他の個体から学ぶ能力、すなわち「文化」を利用するうえで、ヒトはどう複雑な文化を創造していったのか、その能力が我々の社会的ネットワークのどのような性質に基づいているのかについて、実験による検証が行なわれた。

石器時代の人々は、すでに複雑な言語を話し、多様な社会システムの中で相互にかかわり、優れた機能的ツールを作り出していた。では世界の全域で、人類を支えている極めて多様な文化的システムを、我々はどう作り出したのか。文化的進化には「正確な模倣」と「大きな社会的ネットワーク」が欠かせない。数理モデリングは、２つの特性が文化的システムの高速で累積的な進化を支えることを示唆している。研究者たちは、文化的進化に対するネットワークサイズの影響を調べるうえで、被験者に対し、形を工夫した矢尻や魚を獲る網をコンピュータ画面上で描くことを求め、そのデザインがどう利用されていくかを見た。その結果は、集団のサイズが文化的進化で重要な役割を果たすという仮説を、支持するものだった。

▼文化システムを生み出す特性とは

アイザック・ニュートンが「私が遠くまで見渡せるのは、巨人の肩の上に立っているからだ」と言ったのは有名な話だ。およそ人類の文化については、「私たちが遠くまで見渡せるのは、小さなニュートンの積み上げた巨大なピラミッドの肩の上に立っているからだ」と考えるほうが適切だ。たとえば、自分が話す言語の単語を一語でも考え出した人はほんの一握りだが、英語のネイティブ・スピーカーが知っている単語は数万語にのぼる。すでに石器時代の人々は複雑な言語を話し、多様な社会システムの中で相互に関わり、優れた機能的ツールを作り出していた。では、世界の陸地のほぼ全域で人類を支えているすばらしく多様な文化的システムを、私たちはどのように創造しているのだろうか。文化的進化に関する研究は二つの要因を指摘している。それは、「正確な模倣」[1]と「大きな社会的ネットワーク」[2]だ。数理モデリングは、その二つの特性が文化的システムの高速で累積的な進化を支えることを示唆している。[3]『Nature』2013年11月21日号でDerexらが発表している実験結果[4]は、ネットワークのサイズの役割を裏づけている（図1）。

▼文化進化研究への実験的アプローチ

自力で学べる範囲をはるかに超えた複雑な技能やアイデアを、ヒトは正確な模倣によって他者から学ぶことができるが、チンパンジーにはそれができない。学習するヒトは、大きな社会的ネットワークのおかげで、指導者が身に付けたあらゆる文化的領域の知識を利用することが

1. Whiten, A., McGuigan, N., Marshall-Pescini, S. & Hopper, L. M. Phil. Trans. R. Soc. B 364, 2417-2428 (2009).
2. Henrich, J. Am. Antiq.69, 197-214 (2004).
3. Cavalli-Sforza, L. L. & Feldman, M. W. Cultural Transmission and Evolution: A Quantitative Approach (Princeton Univ. Press, 1981).

図1　ネットゲイン
網作りのように複雑な仕事を行なう能力は人間が大きな集団の中で相互作用することによって維持されることが、Derexら[4]によってあきらかにされた。

でき、そうして最高のアイデアが素早く社会全体に広められる。文化的進化に対するネットワークサイズの影響を調べる研究では、大きな隣接集団よりも、主として小さな孤立集団の観察が利用されている。[5] しかし、そのような自然実験には議論がある。サイズの影響を認めない研究もあり、それは、ほかの要因も文化の複雑さに影響するためと思われる。そこでDerexらは、その問題を調べるために、実験室を利用することにした。

あまりに小さな集団が複雑すぎるツールを作ろうとすると、そのツールは時がたつにつれて単純なものになっていく、とする説がある。[2] これは、小さな集団には複雑なツールを作れるだけの技能を備えた製作者がいないことが多く、単純化されたツールが進化するようになるということだ。Derexらは、仕事の複雑さの違いと学習者集団の構成員数の影響

4. *Derex, M., Beugin, M.-P., Godelle, B. & Raymond, M.* Nature 503*, 389-391 (2013).*
5. *Kline, M. A. & Boyd, R.* Proc. R. Soc. B 277*, 2559-2564 (2010).*

を調べるため、実験の参加者に対して、形を工夫した矢尻や魚を獲る網をコンピュータ画面上で描くことを求めた。そのデザインは次に、参加者が狩猟や漁労のシミュレーションからお金を稼ぐのに利用された。矢尻の儲けは矢尻の形だけで決まるが、網の儲けは網の形、網のさまざまな部位で使う糸の太さ、そして糸の結び合わせ方の複雑な関数になっている。うまく作られた網の儲けは矢尻の儲けよりもかなり大きく、参加者が網を作りたがるようになっていた。

参加者は2人、4人、8人、または16人の集団に振り分けられた。最初に映像のデモンストレーションで矢尻と網の作り方を教わったうえで、自分のツールを15回作った。作るツールは1回につき1個だ。1回の製作が終わると、参加者は集団内の仲間一人ひとりの儲けを見ることができ、そのスコアをクリックすると、それに対応するツールが作られた手順を見ることができた。

研究チームの知見は、集団のサイズが文化的進化で重要な役割を果たすという仮説を支持するものだった。実験の経過を通して集団が複雑なツール（網）の製作能力を維持する確率、両方のツールの製作能力を維持する確率、そして両方のツールの質は、いずれも集団が大きいほど高くなっていたのだ。多くの参加者は、網の作り方のデモンストレーションを模倣しようとしても、元の網よりも劣ったものしか作れなかった。しかし、大きな集団の場合、最も優れた網はデモンストレーションよりも優れていた場合が多く、理論が予測したとおり、それによって集団内の網の質が維持されていった。対照的に、小さな集団では網の質が大幅に低下した。矢尻の質は、大きな集団では実験の進行とともに大きく改良され、小さな集団ではある程度維持された。

この知見では、8人の集団と16人の集団で成績がほとんど変わらなかったことが、問題点として注目される。これはおそらく、16人の集団の過剰な情報が、役に立つ以上に集中力の妨げになったためと考えられる。そのうえ、他者の手順を見て新しいツールを作るときに、参加者は時間に追われていた。

室内の実験には、社会的学習と文化的進化の時間スケール、そして集団のサイズが極端に圧縮されている、という明らかな課題がある。しかし、実験室で文化をとらえることは、困難ではあるが避けて通ることができない。文化の伝達は遺伝子の伝達よりもはるかに複雑だ。ほぼすべての自然集団における文化の伝達の研究は、文化適応の期間が長く、不明確で相互作用的な影響がからむため、離散的な事象の研究や遺伝的生殖に関与する片親または両親の研究と比較して難しい。また、何が伝達されるかには学習者自身の好みも影響するが、生物学的生殖にはこの事態に対応するものがない。こうしたプロセスの多くを理解するには対照実験が唯一の方法であり、大半の領域と同じく、実験室での人為的な結果という問題は避けられないものと考えるべきだ。

▼科学を文化的進化から理解する

そのような実験を実施する提案は昔からあり、[6] 過去には興味深い結果を示した例もあるが、[7] 文化の研究者はまだ実験的研究計画の入り口に立っている。基本的に似たような研究計画に携

6. *Gerard, R. W., Kluckhohn, C. & Rapoport, A.* Behav. Sci. 1*, 6-34 (1956).*
7. *Insko, C. A. et al.* J. Pers. Social Psychol. 44*, 977-999 (1983).*

わる遺伝学者から100年遅れているのだ。文化的進化という学問領域は、異質な領域の交わるところで発達しており、当初は進歩が遅かった。進化生物学者と経済学者は形式理論を与え、人類・社会・歴史学者は文化への関心を提供し、社会および発達心理学者は個人への着目および個人が集団とどのように相互作用するのかを研究する方法をもたらした。しかし、Derex らの行なったような実験が幅広い層から評価されるようになったのは、ごく最近のことだ。

科学そのものが文化的進化による現象であり、科学をそういうものとして理解することは、それ自体重要な研究課題だ。博識の心理学者にして文化的進化研究の先駆的貢献者であるドナルド・T・キャンベルは、よりよい科学活動を企図するための文化進化の応用的研究計画を提案している。[8] 最近『The Economist』では、ある記事[9]が「科学はどう間違えるのか（How science goes wrong）」というコピーで表紙に取り上げられた。ほとんど議論されることのないキャンベルの考え方は、文化的進化に関する継続的な研究の一部として追求する価値があるだろう。

Peter Richerson はカリフォルニア大学デービス校環境科学・政策学科（米国）、およびロンドン大学ユニバーシティカレッジ考古学研究所（英国）に所属している。

8. *Campbell, D. T.* Sci. Technol. Hum. Values 10*, 38-48 (1985).*
9. The Economist *go.nature.com/dstij3 (2013).*

環境

Environment

２００３年夏のヨーロッパ、あの猛暑は誰のせい？

Hot news from summer 2003

Christoph Schär & Gerd Jendritzky　２００４年12月2日号　Vol.432 (559-560)

２００３年夏のヨーロッパは猛暑と日照りの日々が続き、干魃《かんばつ》の被害は１２３億ドルにのぼった。これは、単なる珍しい気象現象なのか？人間活動による影響を、定量化できるようになったというのだが……。

この年、ヨーロッパ大陸北部では適度に温暖な夏を迎えたが、ヨーロッパ中部や南西部では厳しい暑さが続き、経済的にも社会的にも悲惨な結果が生じた。今回行なわれた気候モデルの分析は、過去の太陽活動や火山活動、人為的な活動（温室効果ガスの影響も含む）などを織り込んだ第一のシミュレーションと、自然の要素だけでの気候を想定した第二のシミュレーションを比較したものだ。その結果は、人間活動による温暖化があると、夏期温度の統計的分布が高い側に移動したため、気温分布の高温側の閾値を超えて記録する確率に極めて大きな影響を与える、というものだった。ただこの論文は、最猛暑の8月上旬ではなく同年夏全般を扱い、ヨーロッパ全体を対象としている（熱波がもっとも厳しかった中欧に絞っていない）ため、限界がある。

1. *Black, E., Blackburn, M., Harrison, G., Hoskins, B. J. & Methven, J.* Weather 59, *217-223 (2004).*
2. *Luterbacher, J. et al.* Science 303, *1499-1503 (2004).*
3. *Schär, C. et al.* Nature 427, *332-336 (2004).*
4. *Stott, P. A., Stone, D. A. & Allen, M. R.* Nature 432, *610-614 (2004).*
5. *Pal, J. S., Giorgi, F. & Bi, X.* Geophys. Res. Lett. 31, *L13202 (2004).*

▼猛暑と人間活動に因果関係はあるのか

２００３年夏のヨーロッパの気象状態はきわめて異常で、[1] 猛暑と日照りの日々が続いた。[2,3] ヨーロッパ大陸北部の人々にとっては美しく温暖な夏だったが、中部や南西部では厳しい暑さが長く続き、経済的にも社会的にも悲惨な結果が生じた（コラム参照）。この熱波による影響が深刻であったことから、２００３年夏の気候状態は、人為的な気候変動の証拠なのかどうかという疑問が生じた。『Nature』２００４年12月2日号に発表されたStott, Stone and Allen の論文[4]は、この難問解明への大きな一歩だと言える。従来の研究では、最近のヨーロッパの夏の気候変化が、気候変動シナリオと矛盾しないことが判明していたが、[5,6] 因果関係を厳密に特定しようという研究は行なわれていなかった。もちろん、大気はカオス的な動的システムであり、異常気象を示した1つのエピソードと大気組成変化との因果関係を特定することは不可能である。それでも、自然の気候モデル条件や人為的に手を加えた気候条件における、特定の天気事象の発生確率あるいは発生リスクを推定することは可能だ。Stottらは、この方法を使った。

Stottらは、現在有力な地球規模の気候モデルの1つを用いて、１９００年以降の2種類の気候シミュレーションについて、ヨーロッパにおける夏季温度の確率分布を得た。第一のシミュレーションには、過去の太陽活動や火山活動の変動が気候に与えた影響と、人間活動による影響（温室効果ガス濃度の上昇を含む）が反映されている。第二は、自然の要素だけを規定して自然の気候をシミュレーションしたものとなっている。次にStottらは、猛暑の夏となるリスクが、人間活動による温室効果ガスの排出によってどれだけ変動したかを算定した。その際、

6. *Meehl, G. A. & Tebaldi, C.* Science 305, *994-997 (2004).*
7. *Hegerl, G. C. et al.* J. Clim. 9, *2281-2306 (1996).*
8. *Mitchell, J. F. B. et al. in* Climate Change 2001: The Scientific Basis *(eds Houghton, J. T. et al.) 605-738 (Cambridge Univ. Press, 2001).*
9. *Christensen, J. H. & Christensen, O. B.* Nature 421, *805-806 (2002).*

夏季気温の観測値とシミュレーションの比較結果を用いて、人為的な温暖化の不確定性と自然変動に対応した。そして、Stott らは、人間が気候システムに及ぼす影響が、ヨーロッパの夏が2003年のような猛暑となるリスクの半分以上を占めているとする解析結果を得た。信頼水準は90％超だった。方法論的に見た場合、Stott らが[4]用いた研究方法は、地球規模での気候変動を検出し、検出された変動の原因を特定するために考案されたものである。このような研究には長い歴史があり、そのいずれの研究においても、人間活動の著しい程度での寄与なしに過去30〜50年間の地球規模での気候記録を説明できないことが判明していた。[7,8]今回の Stott らの研究は、こういった従来の研究結果とも整合性がある。それは、極度の熱波発生の確率が平均気温の上昇とともに必ず変動するからである。Stott らの解析作業の詳細はかなり複雑だが、主要な結果についての基本的な解釈は比較的単純である。すなわち、人間活動による温暖化があると、夏季温度の統計的分布が温度の高い側に移動し、これが、気温分布の高温側の閾値を超える気温を記録する確率にきわめて大きな影響を与えるということだった。

▼緻密な気候変動研究が世界を変える

ただし、Stott らの研究には2つの点で限界が見られる。第一に Stott らの論文は、（極度の熱波に見舞われた8月上旬ではなく）2003年夏全体を解析対象とし、対象地域をヨーロッパ大陸全体と南欧とした点（熱波がもっとも厳しかった中欧に絞っていない点）である。より短期的で小規模な熱波を考察するためには、計算分解能を高める必要があり、[9]陸面過程の複雑

10. *Allen, M. R. & Lord, R.* Nature 432*, 551-552 (2004).*
11. *International Federation of Red Cross and Red Crescent:* World Disasters Report *www.ifrc.org/publicat/wdr2004/chapter2.asp*
12. *Hémon, D. & Jougla, E.* Surmortalit liée á la canicule d'août 2003 *(INSERM, Paris, 2004); www. inserm fr*

な要素を考慮に入れる必要がある[1,3]。これらの要素はむずかしい課題だ。第二に特定の結果に対する原因の発見を試みる研究においては、自然の気候変動を示すことが一般的にむずかしい点である。Stottらの論文によれば、彼らのモデルでは、ヨーロッパ大陸での気候変動スペクトルが1年前との比較、10年前との比較という時間スケールで適切に示されていると主張されている。しかし、気候モデルから推定される自然の気候変動でも観測結果から推定される自然の気候変動でも、高い不確定性を伴うため[8]、このStottらの結論を裏づけるには、より詳細な研究が必要となろう。

それでも、Stottらの研究成果は、具体的な極端な気候事象に対する人間活動による影響を初めて検出した点でブレークスルーである。極端な気候事象は、特に人間の営みに影響を与え、気候変動の特徴の中でももっとも注目すべきものの1つとなっている。AllenとLordのCommentary記事[10]では、緻密な解析を行なうことで、気候変動によって生じた費用の賠償を求める訴訟が可能となると論じられている。こうした「帰属研究」の登場によって、気候変動の影響を緩和し、影響に適応し、それによって生じた費用を最終的に負担する方法を決める国際的な話し合いの流れが大きく影響を受けるかもしれないのだ。

Christoph Schär はスイス連邦工科大学大気気候学研究所、Gerd Jendritzky はドイツ気象台に所属している。

13. *Koppe, C. & Jendritzky, G. in* Gesundheitliche Auswirkungen der Hitzewelle im August 2003 *(Sozialministerium Baden- Württemberg, Stuttgart, 2004); www.gesundheit-bw.de/download/bericht_gesundh_auswirkungen.pdf*

熱波の爪あと

再保険会社の推計によれば、２００３年夏の干魃《かんばつ》によって、約１２３億米ドル（１兆２９００億円）相当の（無保険）作物が被害を受け、ポルトガルの山火事では、さらに16億米ドル（約１７００億円）の損害が発生した。電力需要の増大に対して、ヨーロッパの電力市場は迷走した。冷却水不足により発電所は発電量カットに追い込まれ、電力のスポット価格は１メガワット時当たり１０００ユーロ（約１万４０００円）を超えた。アルプス山脈では、多くの氷河が史上最高の融解量を記録し、永久凍土層の融解によって一連の大量落石が起こった。

しかしトップニュースを飾ったのは、８月１～15日に亡くなった人々の、異常に多い数だった。平均死亡率に対する統計的超過を基になされた推定によれば、ヨーロッパ全体で猛暑の関連による死者数は２万２０００～３万５０００人にのぼるとされている。[11] フランスでは、この２週間における死亡率が通常の54パーセント増となり、フランス国内の22地域すべてと45歳超の年齢層すべてで、死亡率増加に統計的有意性があった。[12]

図は、参考文献13から再作成されたもので、バーデンヴュルテンベルク（独）での20カ月間における１日当たり死亡率が示され、ここには熱波のあった２００３年８月も含まれている。１日当たり死者総数のデータは黒で示され、平均季節変動が赤で示されている。注目すべき特徴はその季節サイクルで、死亡率は冬に高くなっている。暑さと関係する死者は２００２年６月にピークがあり、インフルエンザの大流行の影響は２００３年２～３月に見られる。そして著しく高いピークが２００３年８月に見られ

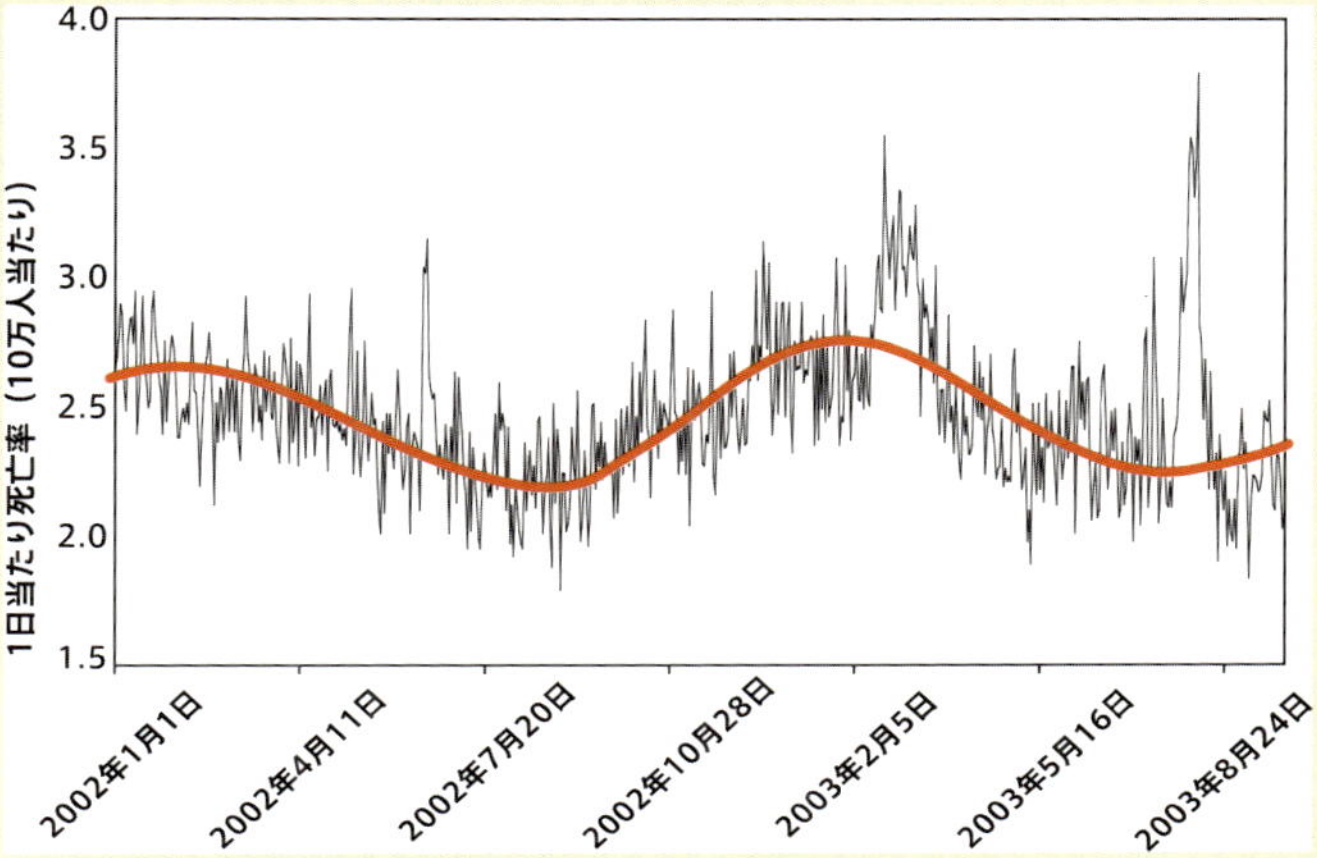

る。これが熱波の影響で、人口1070万人に対して通常よりも900〜1300人も多くの人々が命を落としたのだった。

C.S. & G.J.

巨大なヘビが証言する猛暑

Snakes tell a torrid tale

Matthew Huber　２００９年2月5日号　Vol.457 (669-671)

南米コロンビアで見つかった巨大なヘビの化石は、過去、地球全体が温暖な時期にも、熱帯と高緯度地域との温度差は大きかった――という大胆な仮説を支持しているというのだが……。

地球温暖化への懸念もあって、過去の温暖化が気候や生態系、生物多様性にもたらした変化を明らかにし、将来の温暖化の影響を見積もろうとする研究が盛んになった。気温と生物の体の大きさとの関係は、ヘビのような変温動物ほどよく当てはまる、という経験則のもと、大胆な仮説が登場した。陸上に棲み空気呼吸をする、大型の変温動物の代謝についての生物物理学的裏づけのある推定だ。代謝率が気温と比例するなら、大型の変温動物ほど温暖な環境で生きていたことになるし、今日のヘビについてもこの関係はよく当てはまる。６０００万～５８００万年前の巨大ヘビの化石は、体長13ｍ、体重は１ｔ以上と推測されている。この巨大なヘビは「最低でも32～33℃の気温を必要とした」と推定されているが、異論も多い。

▼温暖期の熱帯地方はどのくらい暑かった？

近年、将来の地球温暖化への不安が募ってきたことで、過去の気候を探る研究者が増えてきた。過去の温暖化が気候や生態系にもたらした変化をあきらかにし、これを手がかりにして、将来の温暖化が及ぼす影響の大きさを予測するためである。地球には、今日よりかなり暖かい時期があったことがわかっている。

その一例が、古第三紀の初期にあたる6500万年前から4000万年前にかけての時期である。この時代のワニの化石[1]やヤシの化石[2]は、北極地方を取り囲むように存在しており、ワイオミング州（米）やシベリアのような内陸部でも見つかっている。この事実と古気候の定量的記録を考え合わせると、こうした地域の当時の気温は冬にも氷点下にはならず、年間平均気温はしばしば15℃以上あったことが示唆される[1~5]。

けれども、熱帯以外の地域がこれだけ暖かかったのなら、熱帯地方はどのくらい暑かったのだろうか？　Headらは『Nature』２００９年2月5日号にて、一風変わった情報源から得られた、極めて興味深い手がかりについて報告している[6]。

熱帯における過去の気候変化の大きさをあきらかにすることは、おそろしくむずかしい。20年前には、地球全体が温暖化する時期には熱帯地方は寒冷化し、地球全体が寒冷化する時期には熱帯地方は温暖化すると考えられていた[7]。けれども10年前になると、過去1億４５００万年の間にはさまざまな原因による「温室」効果のために気温が高くなっていた時期があったが[8]、そのときの熱帯の気温はせいぜい今よりわずかに高い程度であり、氷河時代にも今より２度ほ

1. *Markwick, P. J.* Palaeogeogr. Palaeoclimatol. Palaeoecol. 137*, 205-271 (1998).*
2. *Greenwood, D. R. & Wing, S. L.* Geology 23*, 1044-1048 (1995).*
3. *Tripati, A., Zachos, J., Marincovich, L. Jr & Bice, K.* Palaeogeogr. Palaeoclimatol. Palaeoecol. 170*, 101-113 (2001).*
4. *Wilf, P.* GSA Bull. 112*, 292-307 (2000).*

ど低い程度であったとする見解が通説になった。

熱帯の気候の変化が小さくなる仕組みは謎である。高緯度地方に気候変化を引き起こす仕組みは、低緯度地域にもかなりの影響を及ぼすはずだ。しかし、古第三紀の初期に熱帯が今日より2℃しか高温でなかったとしたら、どうして両極地方が今日より30℃以上も高温になりうるのだろう?

▼熱帯の気温をめぐるさまざまな仮説

一方、気候モデル作成者たちは、熱帯以外の地方の気温を高くするためには、熱帯の気温が高く、温暖化の原因となる温室効果ガスの濃度も高い必要があると結論づけている。標準的な気候モデルと気象力学理論では、赤道から両極地方にかけての温度勾配を今日よりも大幅に小さくすることはできないからである。[9] もちろん、これらのモデルには重要な物理的過程が欠落している可能性もあるので、熱帯の気温を一定の範囲内に保つ「サーモスタット」の存在を核とする多くの仮説や新しい機構が提案されてきた。[9,10] 気候力学に新しいフィードバックを導入しようとするこれらの試みは多くの新しい道を見いだしたが、これまでのところ、どの道も行き止まりであった。[10]

熱帯のサーモスタットが存在するどうかは、3つの理由から非常に重要である。第一に、北緯30度から南緯30度までの「広義の熱帯」は地球の表面積の半分近くを占めており、地球全体の過去の平均気温の変動や、この変数が温室効果ガス濃度などの要因に対してどのくらい敏感

5. *Poole, I., Cantrill, D. & Utescher, T.* Palaeogeogr. Palaeoclimatol. Palaeoecol. 222, *95-121 (2005).*
6. *Head, J. J. et al.* Nature 457, *715-717 (2009).*
7. *Shackleton, N. & Boersma, A.* J. Geol. Soc. 138, *153-157 (1981).*
8. *Crowley, T. & Zachos, J. in* Warm Climates in Earth History *(eds Huber, B., MacLeod, K. & Wing, S.) 50-76 (Cambridge Univ. Press, 2000).*

であるかを決定するうえで、非常に大きな役割を果たしている。第二に、熱帯地方は地球の生物多様性の大きな部分を支えているだけでなく、その気候は高緯度地方に比べて安定しており、動植物群の安全な避難所になってきたと考えられている。第三に、地球の大気－海洋循環は温度勾配によって駆動されており、熱帯の気温は全体の循環を支える要《かなめ》の役割を果たしている。

ここ数年、新しいプロキシ（古気候の指標）を利用した研究や、従来のプロキシを利用して保存状態のよい記録を測定する研究により[12~14]、熱帯の気温は以前の研究による推定値よりも高く、今日よりも5~10℃は高かったと考えられるようになってきた。以前の推定に系統的に低い値が出る傾向があったのかどうかについては、議論が続いている。一方で、熱帯の気候は変わっていないとする研究もある。これは、植物の葉の形を陸上の古気温のプロキシとするものであり、熱帯の気温が現代に近い値（24~26℃）であったとする説を裏づけている[7]。もちろん、この方法で推定された熱帯の気温も間違っている可能性がある。Headら[6]は、その可能性が高いことを示している。

▼巨大ヘビの発見による気温の推定

Headらが南米コロンビアのセレホン累層から発見した6000万年から5800万年前の椎骨の化石は、8人の研究者により、これまでに発見されたヘビのなかでは最大の種であると推定された。このヘビの体長は13m、体重は1t以上あったと見られているが、著者らの研究のもっとも興味深い点は、ヘビの大きさを年間平均気温の下限と関連づけたことにある。彼ら

9. *Huber, M. & Sloan, L. C.* Geophys. Res. Lett. 28, *3481-3484 (2001).*
10. *Pierrehumbert, R. T.* J. Atmos. Sci. 52, *1784-1806 (1995).*
11. *Lindzen, R. S., Chou, M. D. & Hou, A. Y.* Bull. Am. Meteorol. Soc. 82, *417-432 (2001).*
12. *Pearson, P. N. et al.* Geology *doi:10.1130/G23175A.1 (2007).*
13. *Norris, R. D., Bice, K. L., Magno, E. A. & Wilson, P. A.* Geology 30, *299-302 (2002).*

がここで利用したのは、現存する生物の研究から経験的に知られている、気温と生物の体の大きさとの関係である。この推定法には、陸上に棲み、空気呼吸をする、大型の変温動物（外界の温度に応じて体温が変化する動物）の代謝についての生物物理学的な裏づけがある。基本的に、変温動物が生きていくためには代謝を最低限に保たなければならない。そして、標準的な仮定に従ってこの代謝率が気温と比例すると考えるなら、大きな変温動物ほど温暖な環境で生きていたことになる。今日のヘビについては、この関係がよく当てはまっている。Headらは、今回発見された巨大なヘビは最低でも32～33℃の気温を必要としたと推定している。これは、同じ累層から発見された植物群から推定される気温よりも6～8℃も高く、今日の気温に比べて大幅に高い。

Headらによる気温の推定が正しいと仮定すると（これはかなり大胆な仮定である）、いくつかの重大な帰結が得られる。第一に、熱帯にはサーモスタットがないことになる。負のフィードバックが熱帯の温暖化を減速したり抑制したりする可能性はあるが、それは厳しい制限にはならず、サーモスタットの存在を予測する理論[11]は妥当でないことになる。第二に、Headらがヘビの大きさから推定した古気温を高緯度のパタゴニアの古気温と比較すると、当時の温度勾配が現代の温度勾配とあまり違っていなかったことになり、気候モデルから得られた結果が裏づけられる。実際、当時の熱帯が今回の推定のとおりに高温であったなら、現在の海洋－大気モデルの組み合わせにより当時の気温を再現できることになる[6]（図1）。

第三に、セレホン累層の動植物群は非常に高い順応性をもち、今日のどの熱帯雨林よりも高

14. *Huber, M.* Science 321, *353-354 (2008).*

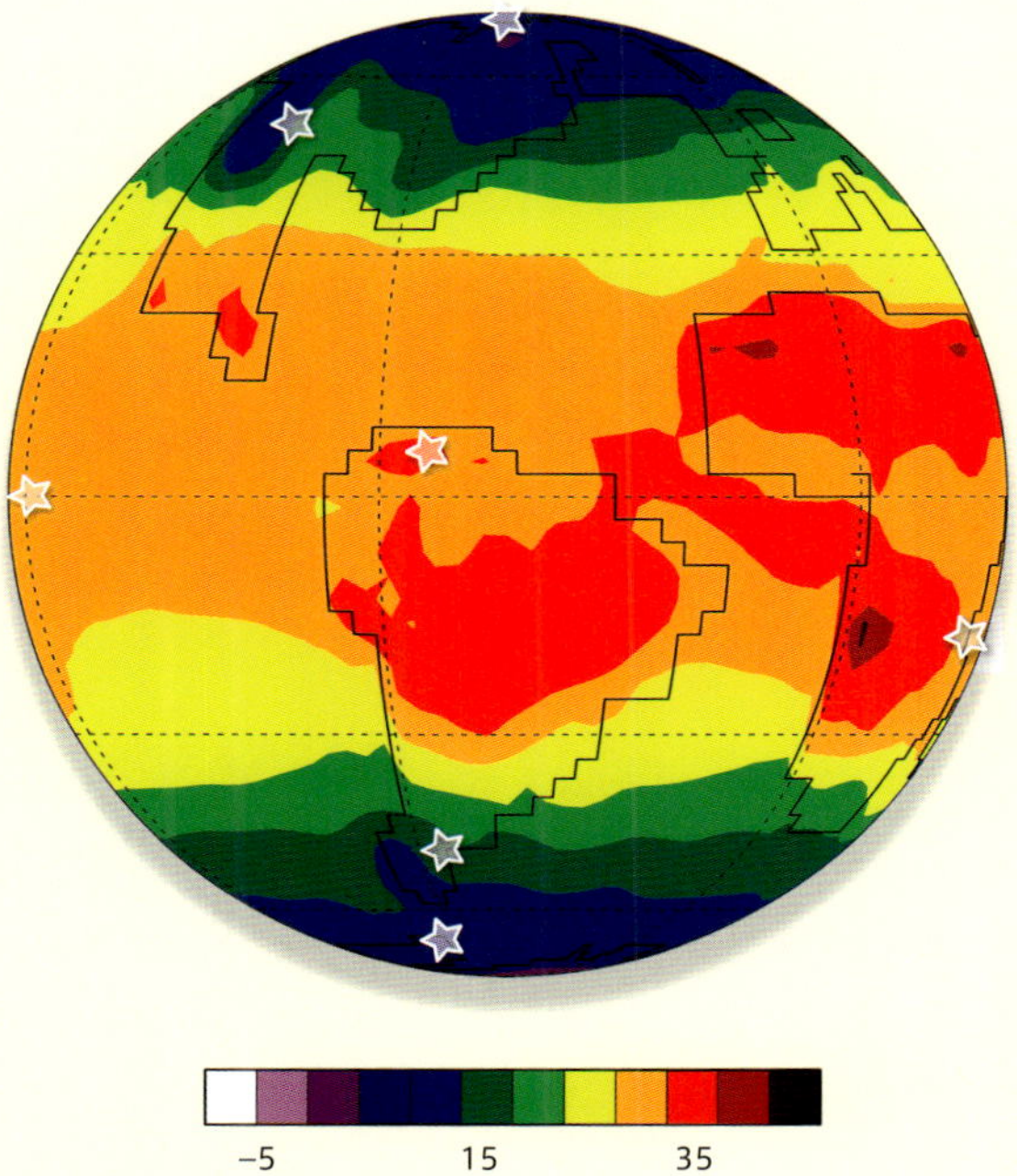

図1　約5800万年前の地球表面の年間平均温度のシュミレーション。星印は、Headらが南米コロンビアのセレホン累層で発見した化石[6]に近い年代の推定温度が得られている地点を示す。各地点では、シミュレーションから得られた気温はプロキシから推定された気温とよく一致しており、大気中の温室効果ガス濃度を適切に推定することができれば、現在のモデルを使って当時の気候をシミュレーションできることを示唆している。このシミュレーションは米国国立大気研究所コミュニティ気候システムモデル（バージョン3）を使って行なわれ、古第三紀の初期の数値を境界条件とし、大気中のCO_2濃度は2240ppmとした。プロキシによる気温の推定は、参考文献3〜6，12および14から引用した。浮遊性有孔虫に含まれる酸素同位体を利用して推定された海面温度のうち、参考文献12および13で報告されているものと同程度の保存状態が証明されていないものから得られたデータは、比較から除外した。

温多湿であったと思われる環境で生きていたが、実際には限界に近い状態であった可能性がある。Head らが指摘するように[6]、6000万年前から5800万年前にかけての時期は、その後の時期よりも涼しく、もっと温暖だった古第三紀ｰ始新世高温期（約5500万年前）には、陸上生物や海洋生物が暑さのために大量に死んでいた可能性がある[14]。最後に、複数のプロキシを利用するアプローチによる推定では[6,12〜14]、当時の地球の平均気温がこれまでの見積もりに比べてはるかに高く、現代よりも少なくとも10℃は高かったとされている。このことは、地球の平均気温が温室効果ガスの濃度に非常に影響されやすいか、温室効果ガスの濃度がその推定範囲の上限にあったことを意味している[15]。

▼残される多くの疑問点

これらの示唆は新しいタイプのプロキシを基礎にしている。Head らの知見はおそらくヘビを利用して古気温を測定する方法の最初の成果であり、慎重に評価する必要がある。体の大きさと気温との経験的な関係は、本当に一般化が可能で、正確なのだろうか？　これらの巨大なヘビの放熱能力には限界があり、Head らの外挿法に議論の余地を残している可能性はないだろうか？　わずか数個の椎骨からヘビの大きさを正確に推定することが本当にできるのだろうか？　温暖な時期はほかにもあったのに、同じように巨大なヘビが見つかっていないのはなぜなのだろうか？

今回の発見は、極端な温暖化に直面した熱帯生態系の順応性の高さを証明するものであるが、

15. *Zachos, J. C., Dickens, G. R. & Zeebe, R. E.* Nature 451*, 279-293 (2008).*

さらなる研究が必要であることはあきらかだ。とはいえ当面は、温室効果により地球全体が温暖化している時期にも熱帯の気温はあまり上昇しない、と主張する人々のほうに挙証責任があるだろう。

Matthew Huber はパデュー大学（米）に所属している。

海洋生物が伝える太古の気候変動

Early survival of Antarctic ice

Damien Lemarchand　２００９年10月22日号　Vol. 461 (1065-1066)

太古の微化石（有孔虫の炭酸塩の殻）に含まれるホウ素同位体の分析が行なわれ、南極の氷床の形成開始時期と大気中の二酸化炭素濃度との関連が示され、氷冠の大部分は二酸化炭素濃度が現代の約３倍のレベルに上昇しても消えずに残ったことが判明した。

過去の気温の変動と大気中の二酸化炭素（CO_2）濃度の変動を組み合わせた記録は、気候動態の基本的な情報であり、将来の気候変動を予測するうえでも欠かせない。この記録は、機器による計測や氷床コアに含まれる酸素同位体のデータ、氷床コアの気泡に閉じ込められたCO_2のデータから得られるが、それでも約１００万年前のことまでしかわからない。今回の研究では、保存状態の極めて良好な海洋生物の微化石に含まれるホウ素同位体の分析結果をもとに、約３４００万年前に始まった始新世－漸新世気候遷移における大気中CO_2濃度が間接的に測定された。CO_2濃度が現代の約２倍のレベルまで低下したところで南極での氷冠の成長が始まり、その後CO_2濃度が急速に回復しても氷冠の大部分は残ったと結論づけられている。

▼太古の地球の CO_2 濃度

Pearsonらの論文（『Nature』２００９年10月22日号）[1]では、約３３５０万年前の地球にさかのぼって南極の氷冠の形成を伴う劇的な気候変動期を調べた結果が報告されている。この研究は、温室効果ガスの１つである二酸化炭素（CO_2）の大気中濃度と気候との関連性に関するデータを数多くもたらしている。

過去の気温の変動と大気中 CO_2 濃度の変動を組み合わせた記録は、気候動態の基本的な情報であり、将来の気候変動を予測するうえで役立つ貴重なデータである。近年のこうした記録は、機器を使った計測によって得られるが、それ以前の時代については、氷床コアに含まれる酸素同位体のデータと氷床コアの気泡に閉じ込められた CO_2 のデータから得られる。こうした氷床コアのデータからは、およそ１００万年前のことまでわかるが、[2,3]それでも直近の数回の氷期－間氷期サイクルについてしかわからない。その期間の大気中 CO_2 濃度は１７０〜３００ｐｐｍｖ（１００万分の１体積分率）で、現代の値である約３８０ｐｐｍｖより低かった。

大量の炭素が大気中に放出されている現代の状況下でさまざまな気候学説を検証するために必要なのが、現在よりも高い大気中 CO_2 濃度に対する過去の気候の応答に関する手がかりをもたらす地質記録である。炭酸塩堆積物を形成する海洋生物の殻に含まれる酸素同位体の分析結果は、太古の全球気温と氷床量の代理指標データとなりうる。これは、その後の時代のデータを氷試料に含まれる酸素同位体から得ることと同じ原理である。しかし、これまでのところ、太古の大気中 CO_2 濃度を再現した研究は非常に少なく、[4]おおいに必要とされている。

1. *Pearson, P. N., Foster, G. L. & Wade, B. S.* Nature 461, *1110-1113 (2009).*
2. *Lüthi, D. et al.* Nature 453, *379-382 (2008).*
3. *Petit, J. R. et al.* Nature 399, *429-436 (1999).*
4. *Pagani, M., Zachos, J. C., Freeman, K. H., Tipple, B. & Bohaty, S.* Science 309, *600-603 (2005).*

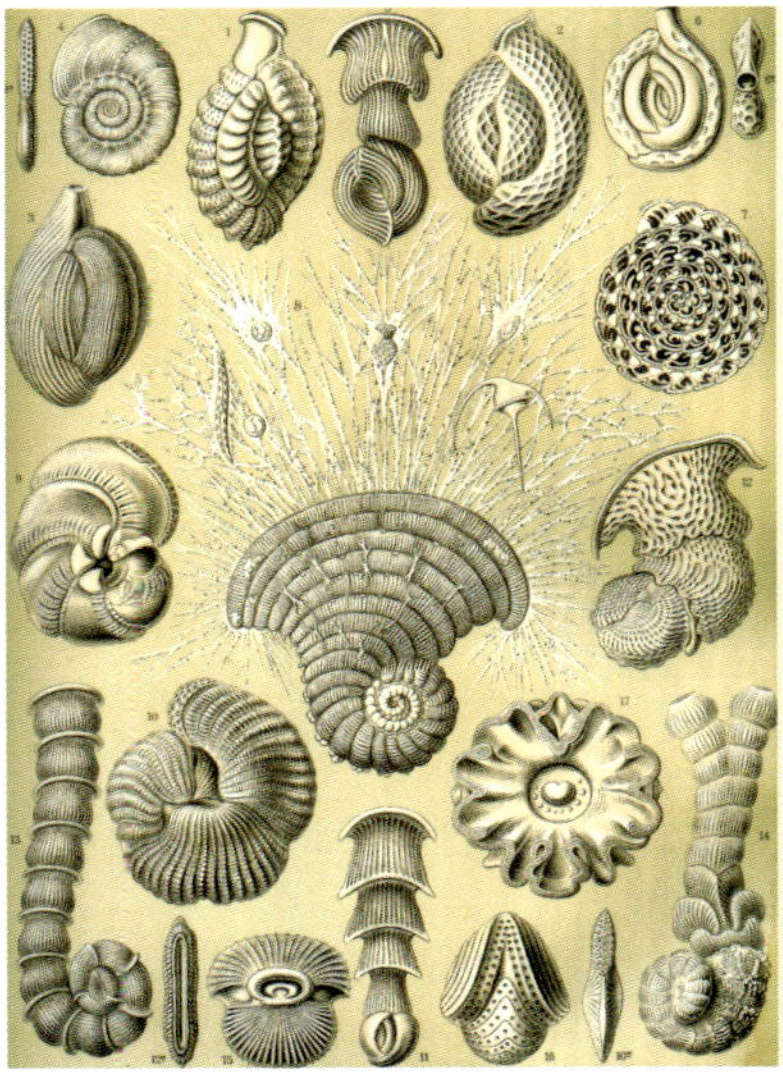

図1　さまざまな有孔虫化石の模写。
［1904年刊『Kunstformen Natur』より］

▼ホウ素同位体の分析から得られた、2つの結論

そのなかで行なわれたのがPearsonらの研究だった。[1] Pearsonらは、保存状態のきわめて良好な海洋生物の微化石（有孔虫の炭酸塩の殻）に含まれるホウ素同位体を約3400万年前に始まった始新世－漸新世気候遷移における大気中CO_2濃度の間接測定に用いた。始新世－漸新世気候遷移期には、急激な気候変動が起こり、現在も残っている南極の氷冠が形成され、全球炭素循環における変化の原因とされている。[5]

ホウ素の物理化学的特性は、過去の大気中CO_2濃度を再現するために適している。つまり、有孔虫の殻にはホウ素の安定同位体が2種類存在し、その安定同位体比（$\delta^{11}B$（B^{11}/B^{10}））は、有孔虫が生息する海洋の最上層のpHと相関している。[6,7] そして大気中CO_2濃度は、

5. *DeConto, R. M. & Pollard, D.* Nature 421, *245-249 (2003).*
6. *Hemming, N. G. & Hanson, G. N.* Geochim. Cosmochim. Acta 56, *537-543 (1992).*
7. *Sanyal, A. et al.* Paleoceanography 11, *513-517 (1996).*
8. *Foster, G. L.* Earth Planet. Sci. Lett. 271, *254-266 (2008).*
9. *Zachos, J., Quinn, T. & Salamy, K.* Paleoceanography 11, *251-256 (1996).*

表層海水のpHと化学的平衡状態にあるため、炭酸塩堆積物中のホウ素同位体から過去の大気中 CO_2 濃度を推定できるのだ。[8] Pearsonらは、そのホウ素同位体分析結果を同じ年代の試料による既発表の酸素同位体データ[9]を比較して、２つの興味深い結論に達した。[1]

第一の結論は、酸素同位体に記録された気温の緩やかな低下が、大気中 CO_2 濃度が約１１００ｐｐｍｖから閾値濃度の約７５０ｐｐｍｖまで低下した時期と重なっており、この閾値濃度で、南極の氷冠の成長における主要段階が始まったことである。この知見は、大気中 CO_2 濃度が現代の2倍以上だった約３３５０万年前に南極の氷床の形成開始と急成長が起こったという予想外のモデル予測[5]の正しさを確認している。Pearsonらは、南極の氷河形成が大気中 CO_2 濃度の低下に伴う全球的な寒冷化によって前もって調整されていたという考え方を提唱している。実際の氷河形成が始まったのは、周期的に変化する地球の軌道パラメータが氷河形成に適した状態になった時に始まった。

第二の結論は、新たに形成された氷冠が、ある程度縮小した可能性はあるものの、大気中 CO_2 濃度が１０００ｐｐｍｖ以上のレベルまで急速に回復しても大部分が消えずに残ったということである。複数の気候モデルによれば、そうした大気中 CO_2 濃度の上昇は氷床の成長の主要段階が終わってから起こると予測されている。[10] しかし、Pearsonらのホウ素同位体データは、大気中 CO_2 濃度の回復が5万年以内に起こったことを示しており、気候モデルによる予測よりも早い。この食い違いは、炭素循環モデルを精緻化して、炭素循環と全球的気候の関係をさらに解明することの必要性を明確に示している。

10. *Merico, A. et al.* Nature 452*, 979-982 (2008).*

11. *Pagani, M., Lemarchand, D., Spivack, A. & Gaillardet, J.* Geochim. Cosmochim. Acta 69*, 953-961 (2005).*

▼確認された氷の体積とCO_2濃度の関連性

ホウ素同位体の相対的変動、つまり、「太古の海水」のpHの相対的変動に関するPearsonらの推論[1]は確実度が高い。しかし、ホウ素同位体データを用いて、それに対応する大気中CO_2濃度を推定する際には注意を要する。[11]太古の海洋生物の殻に含まれるホウ素同位体から海水のpHの絶対値を高い信頼度で推測するには、海水のδB^{11}値がわかっている必要があるのだが、3350万年前の状況におけるδB^{11}値は簡単には突き止められないからだ。それに太古の海水のpHを正確に推定できたとしても、それと対応する平衡状態にある大気中CO_2濃度を推定するためには、海水（特に海水に溶けている炭酸塩種）の化学的性質に関する情報を詳しく解明する必要がある。その過程で誤りが生じるとすれば、推定方法（塩類鉱床の流体包有物を用いて外洋の化学的性質を再現する方法[12]）自体か太古の海水中の炭素塩の飽和状態の決定[13]が原因として考えられる。太古の海水の化学的性質のために用いるモデルに欠陥があれば、ホウ素同位体データから若干異なる結論が導き出される可能性があるのだ。

それでも、今回の研究結果では、計器測定結果と氷床コアの記録には見られない大気中CO_2濃度における気候モデルの正しさが確かめられた。Pearsonら[1]がもたらした明白な研究上の前進は、南極の氷冠が形成したときに存在していた海洋生物のδB^{11}値が、現存する生物よりもかなり低かったこと（当時の海水のpHが現在よりも低く、大気中CO_2濃度が現在よりも高かったことを示している可能性が非常に高い）と氷冠の成長の主要段階に伴って大気中CO_2濃度が急激に変動していたことがあきらかになったことだ。Pearsonらの質の高いデータは、太

---

12. *Horita, J., Zimmermann, H. & Holland, H. D.* Geochim. Cosmochim. Acta 66, *3733-3756 (2002).*
13. *Rea, D. K. & Lyle, M. W.* Paleoceanography. *doi:10.1029/2004PA001064 (2005).*

古の時代の全球気温、氷の体積と大気中 CO_2 濃度の関連性に関する研究をさらに活性化させるだろう。並々ならぬ研究成果と言える。

Damien Lemarchand はフランス国立科学研究センター（ＣＮＲＳ）ストラスブール水文学・地球化学研究ユニットに所属している。

温暖な海洋がもたらす寒い冬

Cold winters from warm oceans

William R. Boos　２０１１年３月31日号　Vol. 471 (585-586)

北米の北東部とアジア北東部は、同じ緯度の他の地域と比べて、冬が寒い。その理由について、従来の説明は大気波動エネルギーの影響を考慮に入れていないため、不完全な説明となっている可能性がある。

バルセロナやロンドンは、ニューヨークより北に位置しているにもかかわらず、冬が暖かい。今回、研究者たちは、北米北東部とアジア北東部が、それぞれの沖合の海洋から放出される熱によって寒冷化しているという直感に反した考え方をシミュレーションによって実証した。つまり、冬になると、勢力を強めた偏西風によって、大陸の冷たい大気が北大西洋の西岸境界流であるメキシコ湾流と北太平洋の西岸境界流である黒潮の温かい海水の上を流れるために、北米とアジアのすぐ東側の海域から大量の熱が大気中に放出される。そして、ロスビー波によって、この中緯度域の大気中に北極から冷たい大気が流れ込み、その西側にプルーム（羽毛）を引き伸ばしたような形状の水平循環が生じ、それが北米北東部に寒さをもたらすというのだ。

▼沖合からの熱で北米北東部が寒冷化?

バルセロナ(スペイン)とロンドン(英)は、いずれもニューヨーク(米)より北に位置しているにもかかわらず、米国北東部より冬が暖かい(図1)。その原因は、ヨーロッパが温暖な北大西洋の風下に位置していることだと簡単に言い切れるようにも思える。ところが、Kaspi と Schneider の論文(『Nature』2011年3月31日号)[1]では、北米の北東部とアジア北東部が、それぞれの沖合の海洋から放出される熱によって寒冷化しているという、常識を覆す主張が展開されている。

海洋の温暖化から大陸の寒冷化を導き出すために、風変わりな熱力学理論を持ち出す必要はない。同論文では、中緯度域の温暖な海域から放出される熱によって南北方向の大気流が生じ、この熱源のすぐ風上の地域に北極の冷たい大気が流れ込むことを実証している。事実、冬になると、偏西風の卓越によって大陸の冷たい大気が北大西洋の西岸境界流であるメキシコ湾流と北太平洋の西岸境界流である黒潮の温かい海水の上を流れるため、北米とアジアのすぐ東側の海域から大量の熱が大気中に放出されている。

▼ヨーロッパ側の温暖化についての従来の見方

大西洋をはさんだ東西の沿岸地域の冬季気温に差が生じることに関しては、おもに2つの過程が考えられていた。[2] その1つは、偏西風の卓越によって海洋から運ばれてきた熱によるヨーロッパの温暖化だ。冬の北大西洋自体は、直前の夏の熱の蓄積と低緯度域から熱を運んでくる

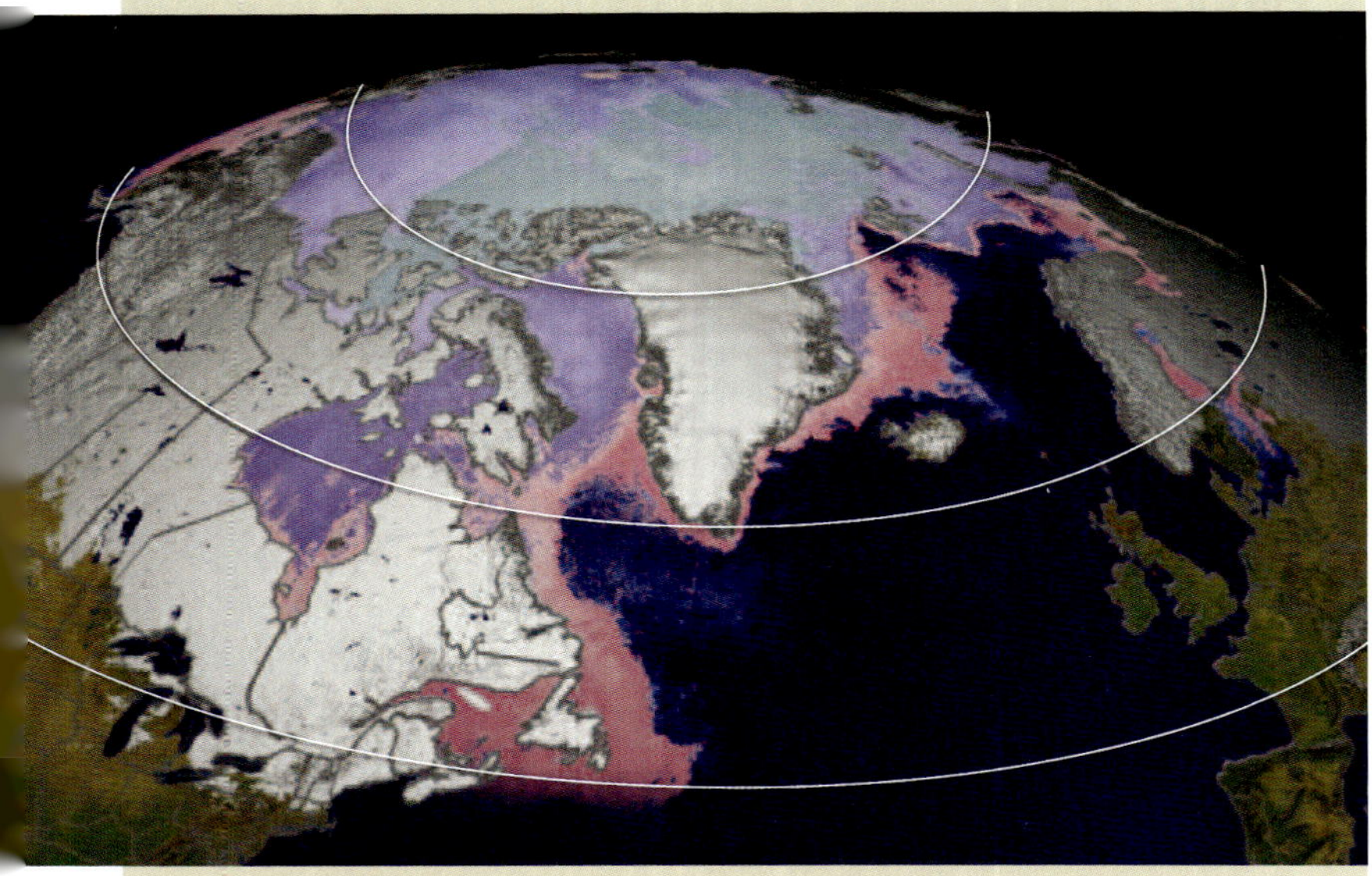

図１　冬季気温の非対称性
2003年３月23日にNASAの人工衛星Terraに搭載された観測装置MODISを用いて作成した北米とヨーロッパの積雪の画像。北緯30度、45度、60度、75度のおよその位置は白線で示されている。北米の北東部は、北緯45度と60度の間のほぼ全体が雪で覆われているが、ヨーロッパ西部の同じ緯度域には、ほとんど雪が積もっていないことがわかる。また、この図には、海氷の表面温度の画像（NASAの人工衛星Aquaに搭載されたMODISにより作成）も示されている。ピンクが０～-15℃、紫が-15～-28℃、白（高緯度北極圏）が-28℃未満を示している。KaspiとSchneider[1]は、大西洋をはさんだ気温の非対称性の一端をロスビー波プルームの影響を用いて説明している。
[NASAの画像を基に作成]

海流によって温暖に保たれている。地球温暖化に伴って北向きの海洋の熱輸送が弱まれば、ヨーロッパが極度の低温状態に突入する可能性があるという考え方を大衆紙がさかんに報じている。[3] しかし、そうした海洋循環が衰退するシミュレーションでは、低温状態が生じても、ヨーロッパでの温室効果ガス排出量の増加による温暖化の一部が相殺されるだけであることが示唆されている。[4] ただ、この論点は、密度差によって駆動される海洋循環と風によって駆動されるメキシコ湾流との合成によってますます混乱している。熱を輸送する海洋循環は、気候変動による海洋塩分の再分布によって変化する可能性があるが、メキシコ湾流は、自転する惑星の角運動量の保存という変化の少ない原理に基づいて存在しているのだ。[5]

ヨーロッパの冬が比較的温暖であるもう1つの原因は、山岳地形によって決まる定在的な風のパターンだとするのが通説的な考え方で、Kaspi と Schneider の研究結果[1]ともそれほど矛盾していないと考えられる。中緯度域の偏西風がロッキー山脈にぶつかると、その風下の風の流れが撹乱されて、米国北東部の上空を南向きに流れて冷たい大気を運び込み、ヨーロッパの上空を北向きに流れて、暖かい大気を運び込むのだ。[2,6] 山岳地形によって風の流れが撹乱されるのは、地球上の海洋と大気中に存在する波動の一種であるロスビー波が生じるからだ。ロスビー波は、Kaspi と Schneider の論文で提唱された東海岸の寒冷化機構の中心に位置づけられている。

▼ロスビー波プルームの影響

一般に波動は、撹乱された媒質が何らかの力によって加速されて平衡位置に復元することで生じる。池の表面に立つさざ波という身近な例では、重力が復元力として作用する。地球の北半球では、動く質量がコリオリ力によって右方向に加速され、コリオリ力によって生じる波動が数千km広がり、その動きは、ほぼ水平方向に限定されている。[7]これがロスビー波であり、その波頂が、波が埋め込まれた風の流れの西向きにのみ伝わる点が特徴的だ。ロスビー波は、山地にぶつかる偏西風によって生じ、一部の波は、風の流れと逆方向に移動し、その移動速度は、地表に対して定在的となるほど速い。こうした定在的な波動によって決まる南北方向の大気流は、遠方の緯度域から大気を運び、山地の風下に気温差を生み出す。

Kaspi と Schneider は、ロスビー波によって、中緯度域の熱源の風上に南向きの風が発生し、その発生機構が、山地上空の風の流れが関与する機構とは大きく異なっていることをあきらかにしている。[1]ロスビー波は分散性の波動であり、その周波数によって伝播速度が異なる。そして、周波数の異なる波が相互に通過すると波動エネルギーの外層が生じる。大気中の熱源から放出されるロスビー波エネルギーは、中緯度域の偏西風の流れより速く風上側に伝わり、その結果、煙突状に立ち上る煙や雲のような細長いプルーム状の水平循環がロスビー波の波源から西向きに広がる。[7]このロスビー波プルームは、大気中と海洋に存在することが知られていたが、これまでは、中緯度の大気でロスビー波プルームの探索は行なわれていなかった。

Kaspi と Schneider は、地表全体が水で覆われた惑星の大気に関する理想化された数値モデルを用いて、メキシコ湾流や黒潮と空間スケールが近い中緯度の熱源に対する反応を調べた。このモデルでは、北極に近い地域からの南向きの大気の移動によって熱源の風上側に寒冷域が形成され、この寒冷域の幅は、現在のロスビー波プルーム学説と一致するかたちで、モデル惑星の自転速度に応じて増加した。アジア大陸と北米大陸は地形と規模が大きく異なっているにもかかわらず、東アジアと北米東部においてもっとも低温である地域の水平的な広がりは類似している。Kaspi と Schneider 論文では、その理由を説明できるのがロスビー波プルームによる風上側の寒冷化だと主張されている。

▼なお不明な気候変動の長期的影響

それでも多くの疑問が解明されずに残っている。その1つは、この風上側の寒冷化機構の特徴が、観測結果、そして、大陸と海洋が現実的に表現された数値モデルにおいて見つかるのかどうかという点だ。もう1つの疑問は、太平洋と大西洋にわたって見られる気温差が、ロスビー波プルームによって、どの程度、説明できるのかという点だ。Kaspi と Schneider は、ロスビー波プルームが原因となっているものが全体の約半分と推定しており、この割合は、この気温差の約半数の原因が山岳地形によって決まる南北方向の大気流パターンだとする過去の研究結果[2]とも矛盾しない。

海洋での北向きの熱移動が地球温暖化によって衰退すると北米の北東部が温暖化するのかどうかという点については、そのようなことが起こる可能性は低いと思われる。気候モデルを用いたシミュレーションでは、極方向への海洋の熱輸送によって、北半球の温帯域のほぼすべての経度において温暖化することが示唆されているが[2,4]、この気候モデルには、これまで認識されていなかったかもしれないロスビー波プルームの機構を含めるべきだと考えられる。おそらくは、海洋の熱輸送が減少しても、大陸の冷気と暖気は東海岸の沖合の暖かい海洋から大量の熱エネルギーを抽出できるだろう。もしかすると、こうした動態は、気候変動に対して比較的鈍感であるかもしれない。メキシコ湾流と黒潮が風によって駆動されているからだ。

Kaspi と Schneider の研究[1]は、地球の気候に注目すべき非対称性が生じる過程について新たな知見をもたらすとともに、東海岸のロスビー波プルームが季節サイクルや経年変動、１００年スケール、それ以上のスケールの気候変動にどのように関与しているのか、という点に関して数多くの論点を提起している。

William R. Boos はイェール大学（米）地質学・地球物理学部に所属している。

水質汚染の原因が突き止められた

Poisoned waters traced to source

Charles F. Harvey　２００８年7月24日号　Vol.454 (415-416)

南アジアの井戸水は広範囲に砒素《ひそ》で汚染されているが、その汚染経路は不明だった。今回、メコン川流域での調査で砒素汚染は池の堆積物が地下水で運ばれ、井戸に達していることがわかった。

バングラデシュと西ベンガルのガンジス・デルタに住む数百万の人々、カンボジアからベトナムへと流れるメコン川流域のホン川（紅河）、ミャンマーのイラワジ川流域などでも、多くの人々が砒素で汚染された井戸水を飲んでいる。この砒素はもともと、ヒマラヤの堆積物が浸食されて低地に流出したものであり、一般に嫌気的条件で地下水に流入すると考えられている。今回、メコン川に近いある場所の砒素汚染地下水が、池に由来することがわかった。炭素の年代測定を行ない、汚染水に溶解している無機炭素が新しいものであり、池の堆積物に由来することを突き止めた。深い井戸ほど、池やその類が水源のため、砒素に汚染されている可能性の高い地下水に達している、との結論を得た。物理水文地質学的な分析が必要となってくるだろう。

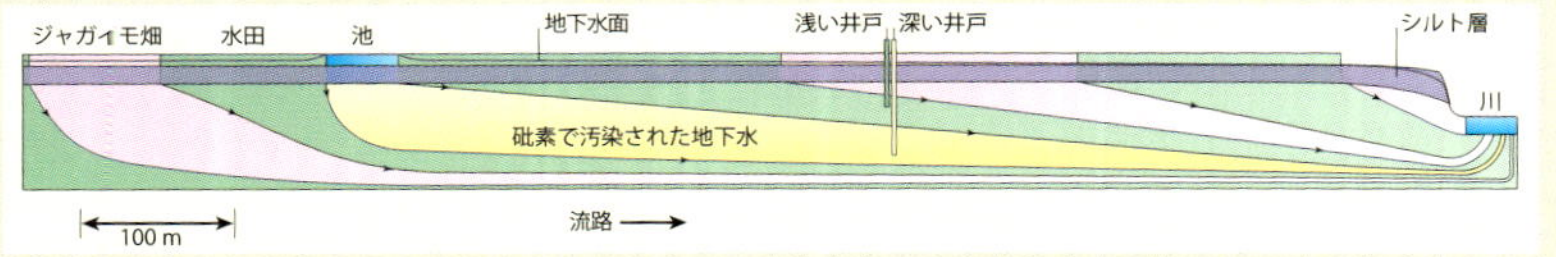

図１　南アジアの帯水層の砒素汚染。Polizzottoら[1]は、メコン・デルタのある場所の地下水の砒素汚染が、帯水層の水源となっている池までさかのぼることを示した。この図は、Polizzottoらの研究に基づくシステムの断面を流れる地下水を表わしている。さまざまな水源（ジャガイモ畑、水田、池）に由来する地下水が、川に向かう層の中を流れている。池よりも「下流」の浅い井戸は、水田に源をもつ地下水に達している。一方、深い井戸では、池由来の汚染水が汲み上げられている。

▼井戸水の砒素汚染と帯水層の関係

バングラデシュと西ベンガルのガンジス・デルタに住む数百万人の人々は、砒素で汚染された地下水を飲んでいる。さらにカンボジアとベトナムのメコン川およびホン川（紅河）、そしておそらくは、ミャンマーのイラワジ川流域でも、多くの人々が砒素で汚染された井戸水を飲んでいると思われる。砒素は天然の堆積物から地下水に溶け込んでおり、堆積帯水層内での位置はわかりにくい。汚染のひどい水が出る井戸が、安全な井戸から10mしか離れていないこともあるのだ。今回、Polizzottoらは、『Nature』２００８年7月24日号で、汚染源から砒素を追跡する初めての研究を発表している。[1] その論文では、メコン川に近いある場所の砒素汚染地下水が、池に由来することがあきらかにされた。この汚染水は、帯水層の中で土壌を浸透してきた地下水の下を水平方向に流れて、下流の井戸を汚染する。

　砒素を含む水を汚染源までさかのぼる方法を理解するには、帯水層を流れる地下水による溶質輸送の物理学を考慮する必要がある。自然なままの原形を保っている典型的な帯水層を

1. *Polizzotto, M. L., Kocar, B. D., Benner, S. G., Sampson, M. & Fendorf, S.* Nature 454, *505-508 (2008).*
2. *Freeze, R. A. & Cherry, J. A.* Groundwater *(Prentice Hall, 1979).*
3. *Gelhar, L. W.* Stochastic Subsurface Hydrology *(Prentice Hall, 1993).*

通る地下水の流路は概して水平になっており（図1参照）、連続的に深い層ほど遠くの水源に端を発している。[2] こうした流路間で水が混じり合うことはほとんどないため、[3] 帯水層内では溶質濃度も層状となり、それぞれの深い層には、遠く離れた水源に由来する水流についての生物地球化学的な情報が記録されている。

▼池の堆積物が汚染源だった

この物理プロセスを考慮することにより、Polizzottoらは[1]2つの重要なことを認識するに至った。1つは、地下水の流れが基本的にメコン川と直交する地点を選択すれば、その流れに沿って並ぶさまざまな深さの井戸を含む一断面で、地下のシステムのさまざまな層に由来する水が採取され、その地点の完全な三次元的システムがマッピングできるということである。もう1つは、さまざまな深さの地下水の化学組成が、それぞれの水の由来を反映しているということである。こうした認識により、溶質が帯水層の堆積物と時間をかけて反応しながら変化するゆるやかなプロセスによってのみ地下水の組成が決まるという、ありがちな誤った考えをもたずにすんだ。一般に深い地下水ほど古いのは事実だが、低深度の地下水がまっすぐ下に向かって流れるわけではない。測定現場のさまざまな深さと地点で採取した試料の砒素含量を分析することにより、Polizzottoらは最終的に、その地域の砒素汚染が近くの池の堆積物に由来していると結論づけた。では、この汚染源はどう説明したらよいのだろうか。

図2　バングラデシュの井戸掘り風景

この砒素はもともと、ヒマラヤの堆積物が浸食されて低地に流出したものであり、一般に嫌気条件で溶解して地下水に流入すると考えられている。したがって、汚染度の高い地下水が池の堆積物から出てくるという事実に何ら不思議なことはない。熱帯の池の底では、拡散や下向きの流れによって堆積物に到達する酸素が、有機物の絶え間ない沈降と分解のためにすべて利用されてしまうのである。

池の堆積物を透過する水が有機炭素を含む場合もあり、その分解が深い帯水層堆積物からの砒素の遊離を助長して汚染に拍車をかけている可能性もある。しかし、すでに高深度帯水層堆積物に含まれている有機炭素はそれ以上補給されず、残存しているものは一般に反応性が低いことから、生物地球化学的プロセスへの寄与は小さいと考えられる。Polizzottoらは炭素の年代測定を行ない、観測現場の汚染水に溶解している無機炭素が新しいものであり、池の堆積物に由来すると考えればつじつまが合うとしている。

この研究結果は、南アジア全域のほかの帯水層に見られる砒素汚染も同じプロセスによるものなのかという問題を提起している。そうだとすると、池やその類に由来する地下水の採取を避けるように井戸を掘るという対策も可能だ。この問題に答えるにはほかの場所での実地調査が必要だが、複数の観測により、砒素汚染に関して今回提唱されたメカニズム[1]が、南アジアの別の場所でも作用しているという考えが支持されている。たとえば、自然の池や人工的な池はこの地域に遍在しており、それらの池の堆積物は水を常にたっぷり含んでいるため、土壌と比べて無酸素的と考えられる。というのも、稲作地ですら、土壌は年に数回は空気にさらされているからである。

もう1つの手がかりは、地下水の砒素濃度は高深度ほど高い場合が多いということだ。これは地表水の浸透も示唆していると考えられる。

池の中に井戸を掘ることはないため、浅い井戸で汲み上げられる浅部帯水層の水は井戸の周囲の土壌のみを透過してきたもので、砒素汚染を引き起こすおそれのある無酸素的な堆積物の中は通ってきていないだろう。これに対して、より深い井戸で汲み上げられる深部帯水層の水は、離れた場所の池などに由来する、砒素で汚染されている可能性のある地下水であるかもしれない。

4. *Harvey, C. F. et al.* Chem. Geol. 228, *112-136 (2006).*

▼危険な地下水をどう把握すべきか

砒素汚染にさらされている人がもっとも多いガンジス・デルタでは、地理的要因と時間的要因のために地下水の流れがきわめて複雑で、問題をむずかしくしている。そのうえ、この問題は人間によってさらに複雑になっている。季節的なモンスーンサイクルで変化する三次元パターンをもつ地下水が、灌漑《かんがい》用に汲み上げられているのだ。さらに、あちこちで池が掘られ、灌漑用の揚水も爆発的に増えているため、地下の溶質濃度は数十年の単位で変化している。[4]

欧米では、地下水汚染地域の調査が地下水の流れの分析から着手されることが多い。しかし南アジアの研究では、帯水層の基岩物質からの砒素移行に関する生物地球化学が注目されてきた。この違いには一理ある。なぜなら、南アジアの水に含まれる砒素の汚染源は、欧米のような汚染物質の流出ではなく、天然の堆積物だからだ。しかし、Polizzottoらの研究[1]は、堆積物に由来する砒素の所在を地下水の流れが支配する場合があることを明確に示している。メコン・デルタよりも複雑な場所で地下水の動きを把握するには、欧米の小規模な汚染地で通常行なわれるような、詳しい物理水文地質学的な分析が必要と考えられる。コストはかかるが、何百万人もの人々に安全できれいな飲み水を届けるというメリットの対価としては、間違いなく安いものだろう。

Charles F. Harvey はマサチューセッツ工科大学（米）に所属している。

出生率は回復に向かうか

Babies make a comeback

Shripad Tuljapurkar　２００９年８月６日号　Vol.460 (693-694)

従来、国が豊かになるほど、出生率は低下すると考えられてきた。今回の論文は、経済や社会が一定の水準以上に発展した国々では、出生率がむしろ上昇に転じる傾向があるという。これは国策をも左右しかねない驚くべき発見だ。

日本・韓国・ドイツ・イタリアをはじめ多くの先進国や、南欧・東欧諸国の大半で、出生率は「人口置換水準」（親世代の人口維持に必要な出生児数水準）を大幅に下回っている。この低下は、子供を産む女性が高齢化し、生涯での出産数が減ることで起こる。そこに今、低下した出生率が上昇に転じる可能性を示唆し、希望の光が投げかけられた。出生率と教育・収入・寿命の尺度である人間開発指数（ＨＤＩ）の関係と、合計特殊出生率（ＴＦＲ——15～49歳までの女性の年齢別出生率を合計したもの）との関連調査により、ＨＤＩが０・８６を超えると、多くの国々でＴＦＲが上昇してくることが発見されたのだ。

▼低下する先進国の出生率に変化？

日本、韓国、ドイツ、イタリアをはじめとする多くの先進国と、南欧および東欧諸国の大半で、出生率は人口置換水準（親世代の人口を維持するのに必要な数の子供が生まれてくる水準）を大幅に下回っている。こうした国々の多くは、この不足を補うための移民の受け入れを行なっていないか、移民を受け入れたがらない。そのため、今後25～50年にわたって人口が減少し、社会的な脅威となることが予測されている。[1] 出生率の低下は、子供を産む女性の年齢が高くなり、また女性が生涯に産む子供の数が減ることで起こる。[2]

こうした現象は、一般に、教育、資産、健康の水準が高くなると、増える傾向にあることが知られている。したがって、多くの国々で出生率が低下し、それに関連した問題が生じるのは避けられないことだと思われていた。しかし、『Nature』２００９年８月６日号で、[3] Myrskylä、Kohler および Billari は、低下した出生率が上昇に転じる可能性を示唆する証拠を提示し、希望の光を投げかけた。

昔から、人口の減少は環境にとってよいことだといわれてきた。それならなぜ、出生率が低下して人口が減少し始めている国々は、現状を歓迎していないのだろうか？　それは、人口の減少は、長期的には好ましいことであっても、短期的には非常に困難な問題を引き起こすからだ。

出生率が低下すれば、子供の数が少なくなり、将来の労働人口が少なくなるため、インフラと社会支援体制を維持するために国民一人ひとりが負担する費用が高くなる。そのうえ、寿命

1. *United Nations Population Division.* Replacement Migration: Is it a Solution to Declining and Ageing Populations? *(United Nations, 2002).*
2. *Lesthaeghe, R. & Willems, P.* Pop. Dev. Rev. 25, *211-228 (1999).*

が延びると、社会全体が高齢化し、それに伴って社会的・経済的な影響が出てくる。おそらく、労働人口の減少とともに、国内の経済活動は縮小するだろう。人口が減少すれば、政治的・軍事的な力や影響力も小さくなる。多くの豊かな国々が人口の減少を深刻な問題と見ているのは、そのためだ。

Myrskylä らは[3]、出生率と、教育・収入・寿命の尺度である人間開発指数（HDI）との関係を調べた[4]。その結果、発展の初期段階にある国々では、HDIの上昇に伴って出生率が低下していくが、開発水準が特に高い国々では、HDIのさらなる上昇とともに出生率が増加していくことがわかった。これは、イタリア、スペイン、オランダ、ドイツ、スウェーデンなどの出生率が、人口置換水準に向けて回復していく可能性を示唆する最初の証拠である。もっとも豊かな国々では、子供をもつことがトレンドとなるのかもしれない。

▼開発指数が向上すると出生率も上がる

出生率の低下と人口の減少をめぐる議論を理解するには、出生率が人口に及ぼす影響について考える必要がある。合計特殊出生率（TFR）は、各年齢の女性の出生率を足し合わせたものであり、1人の女性が生涯に産む子供の数を表す。平均寿命の長い国では、TFRの人口置換水準は約2・1である。しかし、スペイン、日本、イタリアでは、2005年の統計では約1・3という低水準となった。そのほかの豊かな国々も多くが人口置換水準以下の出生率になっており、この記録的な低水準値に近づきつつある。

3. *Myrskylä, M., Kohler, H.-P. & Billari, F. C.* Nature 460*, 741-743 (2009).*
4. *United Nations Development Programme.* Statistics of the Human Development Report *http://hdr.undp.org/en/ statistics/indices (2008).*

こうした国々の出生率が将来も同じ水準にとどまれば、人口は1年に約1・5パーセントずつ減少することになる。毎年それだけの移民を受け入れれば、人口の減少を食い止めることができるが、それは外国生まれの居住者の急増につながり、移民の経済的・社会的・文化的同化という政治的問題を生じる。移民の同化は、長年、これに近い水準で移民を受け入れてきた米国でさえ、いまだに解決できていない問題なのである。

HDIは、教育・収入・寿命につき、最高値の何割まで実現されているかを評価し、これらを合わせて0から1までの間の数値で表わしたものである。スペイン、イタリアを含め、出生率の低い国のほとんどは、2005年のHDIが0・9以上だった。より広い視点からみると、ほとんどの国のHDIは時間とともに上昇している。Myrskyläらは、HDIが上昇してきて約0・86になるまでは、ほとんどすべての国でTFRが低下していくが、HDIが0・86を超えると、多くの国々（すべてではない）でTFRが上昇してくることを発見した。

Myrskyläらは、HDIが0・86以上まで上昇すると、女性に有利な変化が起きて、子供を産みやすくなるのではないかと考えている。豊かな国で開発指数が高まるのは、女性が高い教育を受けられるようになり、労働力人口に女性が占める割合が高くなって、女性の収入が増大した結果である。こうした変化により、女性やカップルが子供にかかる高額な費用を支払いやすくなると考えられる。また、いわゆる「人的資本」の重要な要素である高いスキルと職業経験をもつ女性なら、出産のために離職し、その後、子供が学校に上がってから復職することも容易であると考えられる。

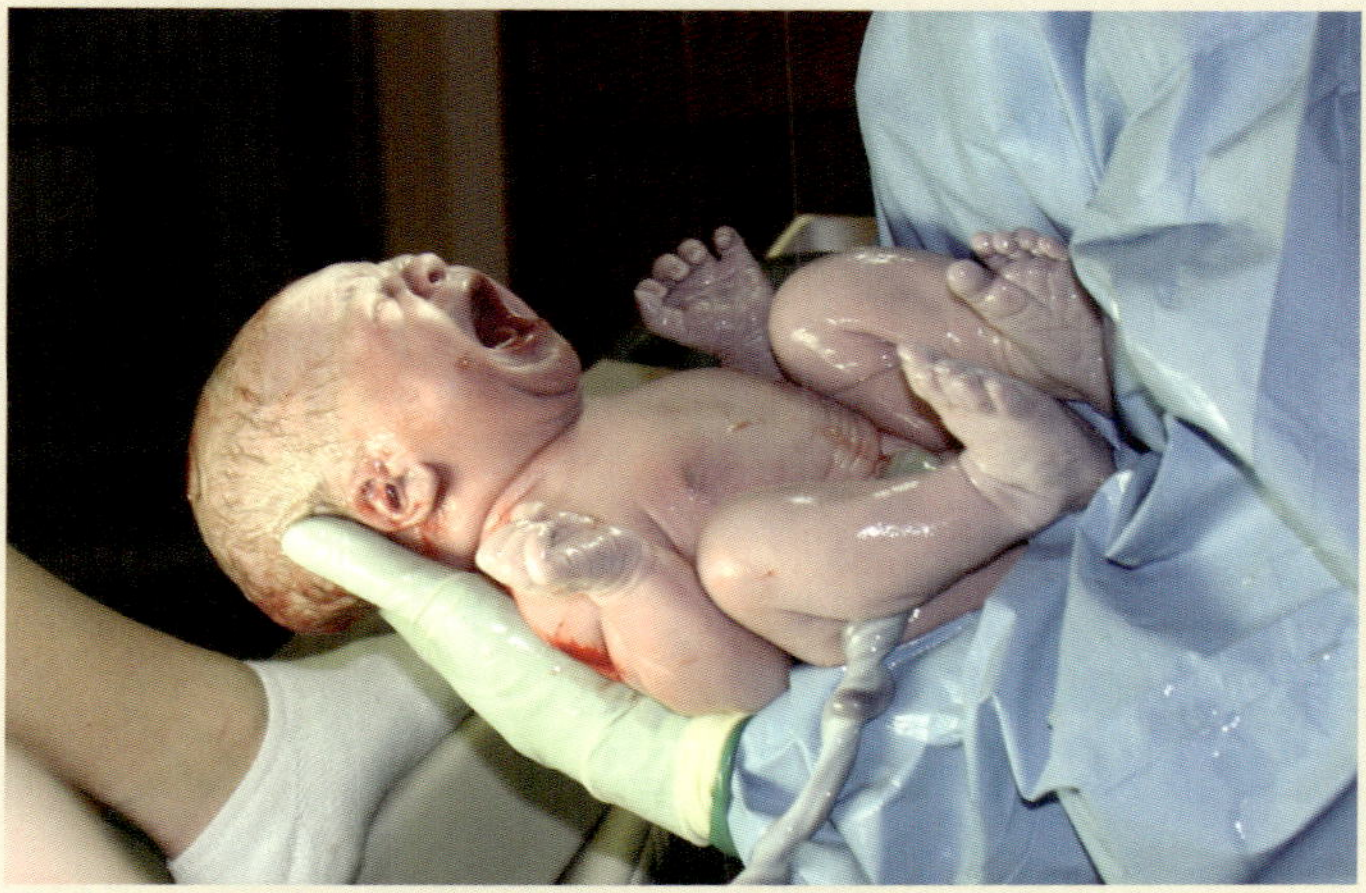

図1　産声をあげる新生児

これらの結果は、人口減少への懸念をどこまで緩和することができるのだろうか？　ＨＤＩが０・０１上昇すると、ＴＦＲは０・０３以上増加することになり[3]、年間人口増加率は約０・０６パーセント上昇する。ならば、出生率の低下に悩む豊かな国々は、ＨＤＩをさらに上げていくことで、人口を維持できるようになるのではないかと思われるかもしれない。しかし、ＨＤＩは定義上１以上になることはなく、出生率の低下に悩む国々の多くはすでにＨＤＩが０・９３程度になっている。したがって、ＨＤＩの上昇から期待できるＴＦＲの増加はせいぜい０・２であり、年間人口増加率も現在の低い水準から約０・４パーセント上昇するだけなのだ。実際、スペインやイタリアなどの国々では、ＨＤＩを上げても出生率が人口置換水準を上回ることはないと予想される。しかし、社会的・政治的な懸念は別にして、人口を維持するために受け入れる移民の数はずっと少なくてすむだろう。

▼注目される日本などの例外

今回の研究でMyrskyläら[3]は、TFRとHDIの関係に対する重要な例外を見つけた。日本、韓国、カナダなどの国々では、HDIが0・86以上になってもTFRが下がり続けているのである。こうした国々では、何が起きているのだろうか？ Myrskyläらは、アジアの国々に特有の社会的・文化的事情により、HDIの上昇が、出産しようという女性の意思決定に結びつきにくいのではないかと考えている。確かにその可能性はある。しかし、それならカナダはどうしてなのか？ これらの不可解な結果は、研究にHDIを用いたことに起因している可能性がある。HDIを見ても、人間開発のどの側面が特に女性に大きな影響を及ぼすのかはわからないからである。これに対して、ジェンダー開発指数（GDI）[4]は、男性と女性の人間開発の違いを表わしている。TFRとGDIの関係を調べて、日本やカナダのHDIとGDIの傾向に顕著な差があるかどうか検証することは有益であろう。

今回の研究で、もう1つの価値のある成果は、HDIが0・86を大幅に下回っている発展途上国の出生率が、経済・社会の発展とともに低下することを示していることだ。人口が爆発的に増加しているバングラデシュ、エジプト、インド、パキスタンなどの発展途上国が抱えている社会問題や環境問題は、こうした国々が人口置換水準を下回る低い出生率を達成し、それを維持することによってのみ解決できる。国家の強制により低い出生率を達成した中国でさえ、今後は、個人の選択によりそれを維持していかなければならない。こうした発展途上国では、さらなる人間開発（特に女性に利益となる開発）こそが、人口を抑制し、その状態を維持するためのもっとも強力で民主的な方法なのである。

Shripad Tuljapurkar はスタンフォード人口研究センターおよびスタンフォード大学（米）生物科学部に所属している。

言語変化を導く「見えざる手」

An invisible hand

W. Tecumseh Fitch　２００７年10月11日号　Vol.449 (665-667)

各言語の発生は「言語樹」で表わせる。今回、２つの理論進化学研究室が発表した論文は、単語の変化のパターンがその語の使用頻度によることを示した。言語の進化を導く「見えざる手」はどこまで見えてきたのか？

言語変化の規則性をあきらかにした歴史言語学者は、約１万年前に話されていた原形「インド－ヨーロッパ基語」が、ヒンディー語・ロシア語・スペイン語・ゲール語・英語など多種多様に分化していったこと（言語発生）を、「言語樹」として表わした。生物の系統発生を示したダーウィンの「系統樹」も、これにヒントを得たという。単語は生物学的に継承されるわけではなく、学習を通じて文化的に継承される。２つの論文は、「頻繁に使われる単語は変化しにくい」し、高頻度で用いられる英語の動詞は、古くからの不規則な活用（go/went/gone）を保持しているという。「文化的複製因子＝ミーム」のいくつかは一部の遺伝子と同じくらいゆっくりと進化している。そのような効果を実証し、定量化することにより次のステップに向かうだろう。

▼言語の文化的進化への新たな視点

18世紀と19世紀には、言語学はあくまでも歴史科学と考えられており、言語学者の関心は、英語やサンスクリット語などの言語の経時的変化に集中していた。音韻変化の規則性をあきらかにした歴史言語学者は、インド－ヨーロッパ基語（約1万年前に話されていた原形となる言語であり、ヒンディー語、ロシア語、スペイン語、英語、ゲール語などの多種多様な現代語へと分岐していった）などの衰退した祖語を再建した。こうした初期の言語学者たちの最大の業績は、言語の系統樹を描いたことである（図1）。この系統樹は、生物の進化について思いをめぐらせていたチャールズ・ダーウィンにインスピレーションを与えることにもなった。ただ残念なことに、多くの歴史言語学者は神秘主義に近い考え方をしていた。インド－ヨーロッパ基語に関する最初の偉大な比較文法書を執筆したドイツのアウグスト・シュライヒャーは、言語は生き物であると信じていた。ヤコブ・グリムも、言語自身の内にあり、特定の方向へと変化させる「言語精神（Sprachgeist）」なるものの存在を仮定していた。

20世紀の言語学者は、こうした空想的な概念を拒絶して、発話を行ない、相手の発話を理解する個人の能力を重視するようになった。ノーム・チョムスキーがこの変化を「E言語」一辺倒から「I言語」重視への概念的シフトとして特徴づけたことは有名である。E言語とは、外在化（externalized）された発話群のことであり、I言語とは、言語習得者により内在化（internalized）された原理のことである。[1] こうして、個人が言語を習得して使用する能力（ontogeny：個体発生）が注目され、さかんに研究されるようになった。それにより言語

1. *Chomsky, N.* Knowledge of Language: Its Nature, Origin, and Use *(Praeger, Westport, CT, 1986).*

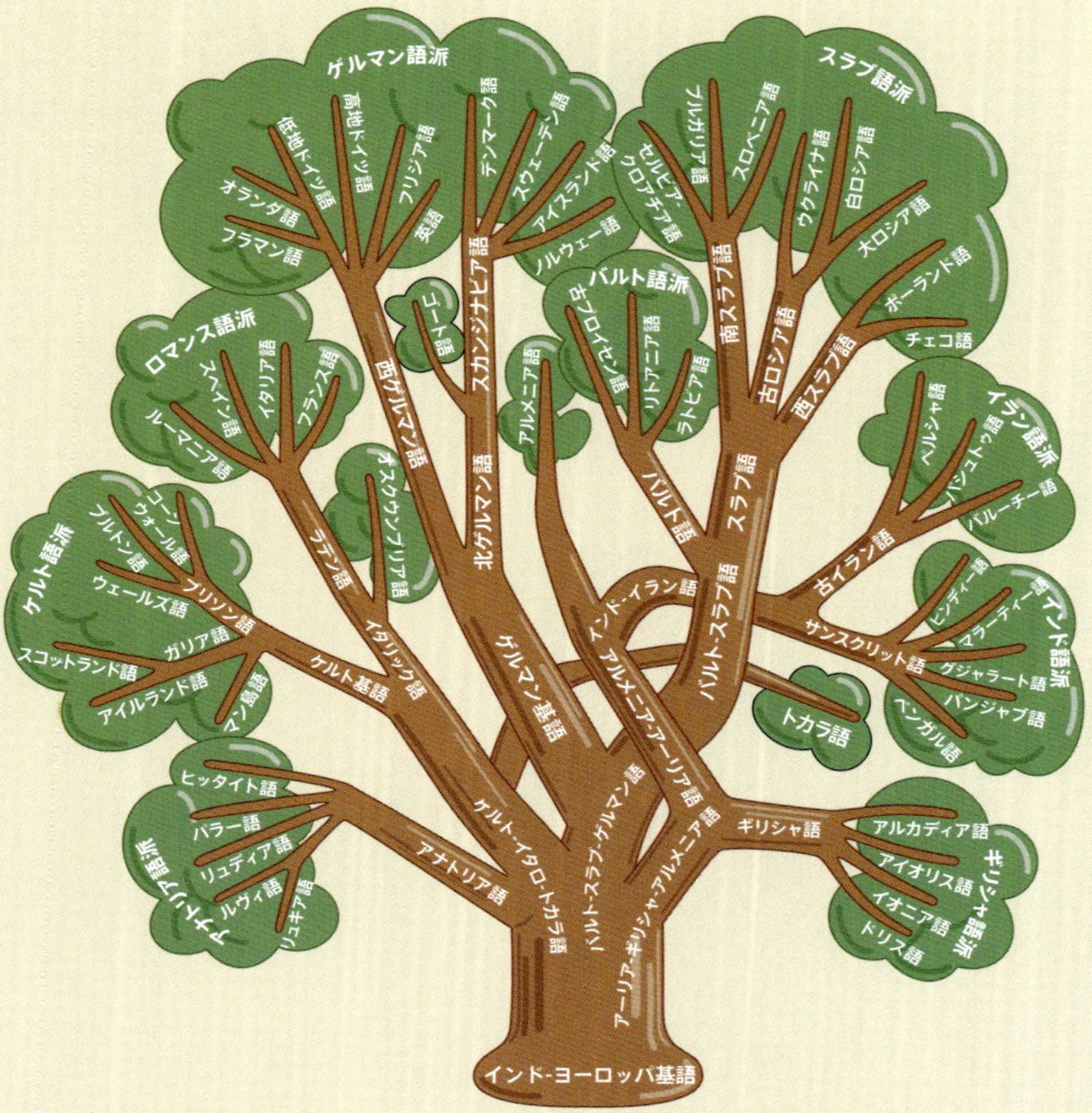

図1　インド - ヨーロッパ語族の言語樹。言語の単語は、生物学的に継承されるのではなく、学習を通じて文化的に継承される。この「文化的進化」の過程は、言語の間に階層的な関係の木構造を生じさせる。ここではインド - ヨーロッパ語族を例にとる。生物学的進化による変化の過程（系統発生）を系統樹に描くことができるように、言語変化の過程（言語発生）も言語樹に描くことができる。

の生物学的・神経学的基礎について研究が行なわれるようになり、言語能力の生物学的進化（phylogeny：系統発生）に関する考察も行なわれるようになった。しかしこのアプローチにより、過去の言語学者たちの難題であった個々の言語の文化的進化（glossogeny：言語発生）[2]をめぐる伝統的な問題が置き去りになった。

『Nature』２００７年10月11日号に掲載された２本の論文[3,4]は、新しい視点からこうした問題に取り組んでいる。どちらの論文も言語変化に関するものであり、確固たる名声を得ている理論進化学研究室から発表されている。いずれも、歴史的言語学データの分析により、ある単語の変化のパターンが会話中の使用頻度に強く依存していることを示している（会話中の単語の使用頻度は、同時代の大規模データベースから見積もることができる）。Liebermanら[3]は、英語の過去形を作る「-ed」の文化的進化について考察した。古英語には過去を表わす規則が多数あり、「-ed」はその１つにすぎなかった。かつては広く用いられていたその他の規則は、今日では、「fly/flew/flown」などの不規則変化の形でしか残されていない。Liebermanら[3]は、こうした規則が消えていった過程をたどり、動詞の使用頻度と簡略化の速さの間にある厳密な定量的関係を導き出した。それによると、ある動詞の１００分の１の頻度でしか使用されていなかった動詞は、その10倍の速さで規則的になっていったという。

Pagelら[4]は、より幅広いアプローチにより、87のインド－ヨーロッパ語族の文化的進化の過程で、関連した単語（たとえば、水を表わす英語の「water」とドイツ語の「Wasser」）が別の形（フランス語の「eau」など）に置き換わる速さを定量化した。まず、４種類の言語デー

2. *Hurford, J. in* Logical Issues in Language Acquisition *(ed. Roca, I. M.) 85-136 (Foris, Dordrecht, 1990).*
3. *Lieberman, E., Michel, J..B. Jackson, J., Tang, T. & Nowak, M. A.* Nature 449*, 713-716 (2007).*
4. *Pagel, M., Atkinson, Q. D. & Meade, A.* Nature 449*, 717-720 (2007).*

タ群（英語、スペイン語、ロシア語、ギリシャ語の使用パターンを代表するテキスト群）から使用頻度を割り出した。

次に言語樹の全体について木構造に基づく高度な統計的手法を用い、数千年にわたって保持されているある関係を導き出した。この関係により、異なる単語間の置換の速さのばらつきの50パーセントを説明することができる。社会科学の分野で、特に広範な文化を扱う場合、これだけ高い統計的検出力が得られることはめったにない。

▼記述から説明へ

2本の論文は、大きく異なる手法を用いているにもかかわらず、「頻繁に使われる単語は変化しにくい」という、同じ一般的なパターンを証明している。あまり頻繁には用いられない「help/holp」のような動詞の活用が規則的になっていったのに対して、高頻度で用いられる英語の動詞は、古くからの不規則な活用（「go/went」や「be/was」）を保持していた。より一般的には、インド-ヨーロッパ語族で高頻度に用いられていた単語（「one」、「night」、「tongue」など）は、新しい音韻形に置き換わりにくいということである。言語変化に使用頻度が重要な役割を果たしているという今回の発見は、目新しいものではない。[5~7] しかし、バイオインフォマティクスやゲノミクスの中で発達してきた高度な手法を用いることで、これらの関係の定量化は重要な進歩をとげたのである。同様のアプローチは多種多様な言語に適用することができ、今回の論文であきらかにされた特異的なパターンが、中国語や南インドのドラヴィダ語などの

5. *Bybee, J. & Hopper, P. (eds)* Frequency and the Emergence of Linguistic Structure *(Benjamins, Amsterdam, 2001).*
6. *Zipf, G. K.* Human Behavior and the Principle of Least Effort *(Addison-Wesley, Cambridge, MA, 1949).*

非インド－ヨーロッパ語族にも当てはまるのかという疑問にも答えることができるだろう。

　このような関係を証明できたとはいっても、その関係を記述できたというだけであり、理由を説明できたわけではない。語形を定量化できたというだけでは、規則性が存在する理由をあきらかにしたことにはならないのである。シュライヒャーなら、E言語学の比喩を用いて、異なる語形が生き残りをかけて闘争したのだと説明するかもしれない。チョムスキーなら、I言語学の観点から、その言語を学んで使用する個人に基礎を置いて説明しなければならないと言い返すだろう。Pagelら[4]は、理由となりうる2つの可能性を考えている。1つは、使用頻度が高い単語は、誤解されたり、想起できなかったり、誤用されたりすることが少ないため、新しい音韻形が生じにくいという説明である。もう1つは、このような文化的「突然変異」は一様に起こるが、新しい語形が集団によって採用される確率は、使用頻度の影響を受けるという説明である。

　重要なのは、この2つの可能性が必ずしも相反するものではないということである。言語発生現象を十分に説明するためには、個体レベルと集団レベルでの説明が必要であり、両者が必然的に関連している理由を示す必要がある。ところが、ある世代からの出力が次の世代への入力となり、原因と結果をはっきりと切り離すことができないため、説明が循環してしまうという問題が生じてくる。これは、進化システムに内在する問題であり、文化的進化においては特に大きな問題となる。言語発生は、個体発生より長いタイムスケールで起こるが、系統発生よりは短いタイムスケールで起こる。このため中間レベルの説明を必要とするからである。通常、

7. *Heine, B., Claudi, U. & Hünnemeyer, F.* Grammaticalization: A Conceptual Framework *(Univ. Chicago Press, 1991).*

私たちが個人として単語や活用形を発明することはない。しかし、個人の語法（発音の間違いやわずかな意味変化など）は、将来へと受け継がれていく言語に影響を及ぼし、集団の語法は、何世代にもわたって受け継がれ、その言語の運命を決定づける。このように、フランス語であってもスワヒリ語であっても、人間の言語は（シュライヒャーが考えたような）自然のものではなく、個人が意識的に創造した人工のものでもない。経済・政治・宗教システムなどと同様、第三の種類の現象なのである。[8]

この区別は直観的にわかりやすいが（英語などの「自然な」言語とエスペラント語や C++ などの「人工的な」言語を区別するときに利用できる）、言語学の分野ではあまり研究されていない。このような現象に関する理論は、経済学の分野のほうが進んでいる。マクロな現象を、まったく異なるミクロな行動によって説明する必要があることに最初に気づいたのは、アダム・スミスである。彼は、個々の人間が自己の利益を最大にしようとして労働に従事することで、提供される商品やサービスの水準が向上し、ひいては社会全体が恩恵を被ることを、「見えざる手」という実に印象的な比喩を用いて説明した。

▼「見えざる手」を探る理論モデル

それでは、言語の文化的進化を導く「見えざる手」をより深く理解するためには、どうすればよいのだろうか？　私たちが進むべき道は、文化的進化の理論モデル[9]を研究室での実験的な社会学習研究[10,11]と融合させようとする最近の試みの中に見えてくる。ある被験者からの出力を次

8. *Keller, R.* On Language Change: The Invisible Hand in Language *(Routledge, New York, 1994).*
9. *Boyd, R. & Richerson, P. J.* Culture and the Evolutionary Process *(Univ. Chicago Press, 1985).*
10. *Kalish, M. L., Griffiths, T. L. & Lewandowsky, S.* Psychonom. Bull. Rev. 14*, 288-294 (2007).*
11. *McElreath, R. et al.* Evol. Hum. Behav. 26*, 483-508 (2005).*

の被験者への入力として用いる伝言ゲームに似た「繰り返し学習」の実験的研究から、私たちの理論に新しい息吹を吹き込み、規則性を与える経験的データが得られるだろう。新しい高度な理論モデルは、学習の「主体」である言語に、（いわゆるベイズの事前確率の形での）固有の傾向と、環境の規則性を発見し、それを利用することができる強力な統計学習システムをもたせることができる。[12] このモデルは、きわめて間接的で、ときに直観的には把握しにくい関係が、集団全体のレベルで現われてくる言語の規則性と、その基礎にある言語生成の力との間に存在している可能性があることを示唆している。言語生成の力とは、個人の行動および学習（社会慣習）と固有の制約（チョムスキーの用語で言うなら「言語習得装置」、しばしば「普遍文法」と呼ばれている）である。

こうした言語生成への新しい総合的なアプローチには、言語の普遍的特性は普遍文法と同じものではないという重要な意味がある。2つの概念が関連していることはあきらかであるが、一緒にしてはならないのである。もう1つの重要な意味は、文化的進化は、系統発生的進化（私たちの遺伝子の利益）からも、私たち自身の目標や利益からも、独立して進んでいけるということである。Liebermanら[3]とPagelら[4]の論文があきらかにしているように、文化的進化は不規則な「雑音」[13]を除去することで言語の習得を容易にしている。Liebermanら[3]が意地悪く指摘しているように、「1つの規則は1000の例外の墓石」なのである。けれどもその「墓石」は、新しい言語を習得する際に障害となる不規則な事例を保持することもできる。生き残っている1つの例外は、1000人の新しい言語学習者にとっての「つまずきの石」であり続ける

---

12. *Kirby, S., Dowman, M. & Griffiths, T. L.* Proc. Natl. Acad. Sci. USA 104, *5241-5245 (2007).*
13. *Deacon, T. W.* The Symbolic Species: The Co-evolution of Language and the Brain *(Norton, New York, 1997).*

のである。

とはいえ、Pagel らが[4]示唆するように、もっとも永続的である「文化的複製因子」、すなわちミーム[14]のいくつかは、一部の遺伝子と同じくらいゆっくりと進化している。そのような効果を実証し、定量化することによって、この研究は、広範な理論研究や経験的研究への扉を開けることになるだろう。ミーム学[15〜17]というものがあるとして、それを遺伝学に匹敵する科学としての学問にするためには、この線に沿って研究を推進していかなければならない。すなわち、十分な裏づけのある言語変化の慎重な定量分析を、文化的進化の幾層もの複雑さを考慮できる高度な理論モデルに結びつけていく必要がある。

W. Tecumseh Fitch はセント・アンドルーズ大学（英）に所属している。

---

14. *Dawkins, R.* The Selfish Gene *(Oxford Univ. Press, 1976).*
15. *Dennett, D. C.* Darwin's Dangerous Idea *(Simon & Schuster, New York, 1995).*
16. *Blackmore, S. J.* The Meme Machine *(Oxford Univ. Press, 2000).*
17. *Mesoudi, A., Whiten, A. & Lalaand, K. N.* Evolution 58*, 1-11(2004).*

宇宙

Universe

太陽系圏を脱出したボイジャー1号

Over the edge?

Len A. Fisk　２００３年11月6日号　Vol.426 (21)

現在、２機のボイジャー探査機が太陽系と宇宙空間の境目に向け、飛び続けている。そして今、ボイジャー１号は太陽風の届く〝端《はし》〟、つまり「末端衝撃波面」という未知の領域に遭遇した可能性が出てきた。

ＮＡＳＡによって打ち上げられた２機のボイジャー探査機は、外惑星探査後、太陽系の圏外へ向かう軌道に乗っている。そして太陽系圏から宇宙空間に脱出する際、通り抜けなければならない難所がある。これが末端衝撃波面と呼ばれる〝壁〟で、太陽風が星間物質と混じり合い始めるゾーンだ。太陽の外圏大気が超音速荷電粒子のプラズマ流として流れ出たものを、太陽風という。この太陽風は、外部太陽圏のどこかで星間物質のプラズマと交わり始める。太陽風はこのとき、超音速から亜音速にスピードダウン。末端衝撃波面は、高エネルギー粒子の加速器と同じで、星間プラズマを加速して外部太陽圏に追いやる。しかし、ボイジャー１号がこの末端衝撃波面に達したかどうかは、まだ議論の分かれるところでもあり、２号の成果が待たれる。

▼太陽系圏を出たボイジャー1号

論争を巻き起こしつつ冒険が続いている。2機のボイジャー探査機はNASAによって1977年に打ち上げられ、外惑星を探査し、現在太陽系の外に向かう軌道にのっている。ボイジャー1号は地球から130億km以上の彼方、地球と太陽の距離の85倍以上のところにいる。Krimigisら[1]はその距離で、探査機は太陽風のいわゆる末端衝撃波面、つまり太陽風が星間物質と混じり合い始めるところに遭遇したと主張している。しかし、McDonaldら[2]は、末端衝撃波面はまだ先にあると、同じくらい説得力のある主張をしている。いずれにしても、ボイジャー1号は太陽系のいまだ探査されていない領域に入った。

太陽の外圏大気は太陽風として知られる超音速荷電粒子のプラズマ流として宇宙空間に絶え間なく広がっている。太陽風の速度はだいたい秒速450kmから750kmである。これに対して、地球近傍の音速は秒速30kmから50kmだ。2つのプラズマは容易には混じり合わないので、太陽風の超音速プラズマは星間物質のプラズマの内側にヘリオスフィア（太陽圏）という塊を造っている。

▼末端衝撃波面との遭遇

しかし外部太陽圏のどこかで太陽風プラズマは星間物質のプラズマと混じり合い始めるだろう。あらゆる超音速流と同様、この混合は超音速から亜音速へ速度が急激に低下する衝撃波遷移に端を発する。超音速飛行機に先行しソニックブームの原因となる衝撃波遷移と同様である。

1. *Krimigis, S. M. et al.* Nature 426*, 45-48 (2003).*
2. *McDonald, F. B. et al.* Nature 426*, 48-50 (2003).*

これが太陽風の末端衝撃波面である（図1）。末端衝撃波面は太陽圏全体を囲んでおり、太陽系における群を抜いて大きな衝撃波面である。太陽から末端衝撃波面までの距離は85天文単位（AU）から120AUと推定されている[3]（1AU＝1天文単位は、地球と太陽の平均距離で、約1.5億kmである）。

末端衝撃波面は天体物理学の対象として魅力的で、高エネルギー粒子の巨大な加速機構であると予想されている。太陽圏内に侵入した中性の星間ガスはイオン化され、太陽風に乗せられて外部太陽圏に運ばれる。その後これらの粒子は加速され、そのエネルギーは1万倍以上も増大し、宇宙線異常成分として知られる高エネルギー粒子の集団を構成する。この加速は末端衝撃波面で起こっているらしい。そして今度は、この加速された粒子は圧力をかけて末端衝撃波面の構造を変えることができる。その意味では、末端衝撃波面は星間物質中の超新星から生まれた衝撃波面と類似しているはずであり、星間物質中の衝撃波面も高エネルギー粒子の強力な加速機構であると予想されている。

ボイジャー1号が末端衝撃波面に遭遇したとすれば、探査機によって収集されたデータに明確な形跡があるはずである（ボイジャー2号はボイジャー1号の後方約20AUにあり、まだ末端衝撃波面の推定位置に到達していない）。もっともはっきりした形跡は太陽風速度の減少とそれに伴う密度と磁場強度の増大であろう。また、多量の加速された粒子、特に宇宙線異常成分もあると思われる。

これらの2つの形跡がKrimigisらと[1]McDonaldらの[2]論争の論拠になっている。ボイジャー

3. *Stone, E. C.* Science 293, *55-56 (2001).*

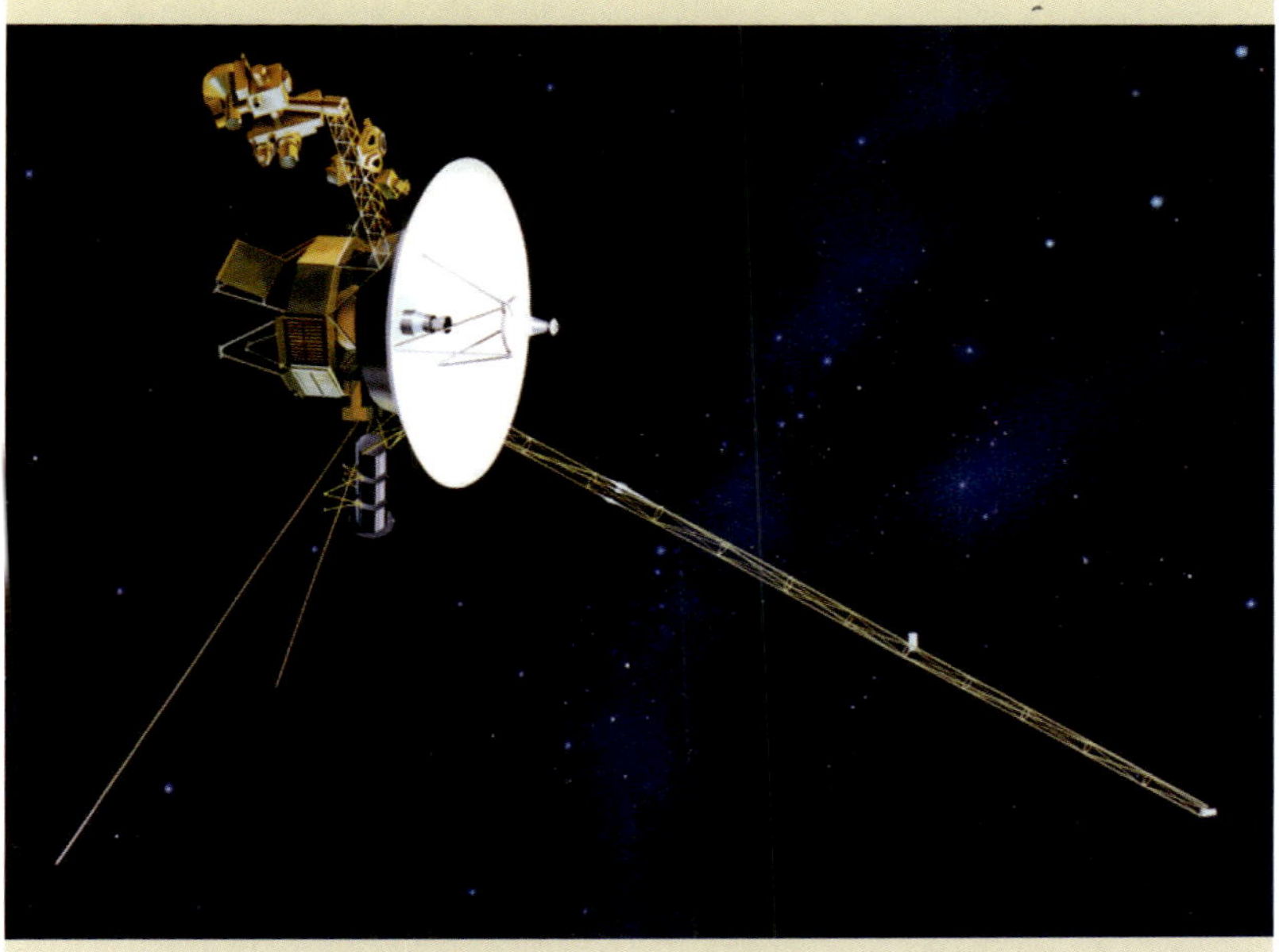

図1　途方もない旅。ボイジャー1号と2号は太陽系の外惑星を過ぎ去り、異なる軌道上を飛行している。そして、ボイジャー1号は太陽から85AUの距離にある末端衝撃波面に到達したかもしれないし[1]、到達しなかったかもしれない[2]。末端衝撃波面は太陽風の超音速プラズマが太陽系境界で星間物質と遭遇して減速し始めるところで形成される。太陽風と星間ガスは容易には混じり合わず、さらに外側の末端衝撃波面を越えたところに、太陽風と星間ガスの真の境界、ヘリオポーズがある。さらに遠くに、太陽系自身が星間ガスに対して超音速で移動しているなら、巨大なバウショックがあるかもしれない。
[NASA]

1号に搭載されているプラズマ検出器は太陽風の速度を直接計測できるが、数年間作動していなかった。Krimigisらは低エネルギー粒子について巧妙な解析を行ない、必要に応じてデータを補正した結果、太陽風の速度が低下していると結論を出した。また、末端衝撃波面付近で予想されているように、低エネルギー粒子数と軽イオン粒子数の増加も確認された。これとは反対に、McDonaldらによる高エネルギー領域の宇宙線異常成分の計測では、ボイジャー1号の現在位置から少し遠方で粒子が加速されていることが示唆される。McDonaldらは85AU付近でイオンと電子の強度が大きく増大していることを確認したが、まだ前方に存在する末端衝撃波面の前兆にすぎないと主張する。

実は、末端衝撃波面は静止しているとは予想されていない。末端衝撃波面の位置は太陽の状態の変化に応答して変わる太陽圏の状態によって変化していると思われる。実際Krimigisらは、ボイジャー1号は約200日間末端衝撃波面を越えていただけでなく、衝撃波面が再び外側に移動した後、探査機は超音速の太陽風の中に取り残されたと主張する。太陽系で最大の衝撃波面に遭遇しこれを研究するための追跡が再び始まっている場合、おそらく末端衝撃波面は今後数年間、外側に移動するだろう。

▼まだ続くボイジャー1号の旅

問題はもちろんどちらが正しいかだ。ボイジャー1号はすでに末端衝撃波面に遭遇したのだろうか。個人的には、末端衝撃波面を横断しているとすればデータをより容易に説明できる

Krimigisら[1]に同意したい。したがって、McDonaldら[2]のデータは末端衝撃波面の形状が予想よりも複雑であるか、ボイジャー1号の位置よりも遠いところに高エネルギー粒子を加速する何か別の方法があること示唆しているのではなかろうか。どちらの説明も確実ではなく、ボイジャー1号がさらに遠くへ飛行していく過程で、近いうちにこの興味深い領域に再び遭遇することを期待しよう。いったん末端衝撃波面を通過すれば、冒険は新しい段階にはいる。末端衝撃波面の向こう側にある亜音速の太陽風の領域は、乱流と粒子の加速、そして珍しいプラズマ現象を特徴とする魅力的なものだろう。ボイジャー探査機は1年に3AUから4AUの速度で移動しており、やがては太陽風プラズマと星間プラズマを隔てる境界であるヘリオポーズ（太陽から約150AUの距離にあると推定されている）に遭遇する（図1）。そして私たちは本当に星間物質の中に入り込むことになる。ボイジャーはやがて太陽圏自体が星間物質中を超音速で移動しているために起こる「バウショック」に到達するかもしれない。しかし両探査機ともそのはるか前2020年頃には電源が枯渇する。40年間のミッションの後、ボイジャーは汚れのない恒星間空間のかなたへ静かに漂っていくだろう。

Len A. Fisk はミシガン大学（米）大気海洋宇宙科学部に所属している。

＊訳注：NASAの正式な発表によると、ボイジャー1号は2004年12月に末端衝撃波面を通過してヘリオシースに入り、2012年8月にはヘリオポーズを越えて太陽圏を脱出して星間空間に入った。ボイジャー2号は2007年8月に末端衝撃波面を通過した。2015年1月時点で、ボイジャー1号は地球から196億km、ボイジャー2号は161億kmのところを航行中。

別の太陽系から見つかった塵

Dust in another solar system

Steve Desch　２００４年10月7日号　Vol.431 (636-637)

太陽系というシステムができるとき、周りを取り巻いていた塵《ちり》が大きな役割を果たしたとされる。塵の円盤を伴った若い恒星は、形成途上の新たな太陽系で観測できれば、周囲に彗星や微惑星、原始惑星が見つかるかもしれない。

岡本美子らのチームは、がか座β星という若い恒星を取り巻く塵の円盤からのスペクトルを分析することによって、岩石物質の帯が星を取り巻いていること、その円盤の組成があきらかになったことを示した。この成果は、太陽系や地球のような惑星がいかにしてできたかを知る新しい鍵となるだろう。この分野は宇宙鉱物学と呼ばれ、天文学と鉱物学が組み合わされた新たなジャンルだ。おもに中間赤外線の波長域（2～30㎛）による天体観測によって、原始星の周りにある宇宙微粒子の大きさ、結晶や化学的構造などを確定していった。塵粒子の大きさと化学組成から、彗星か微惑星を含んでいるかもしれない３つの帯が、がか座β星を取り巻いていると示唆している。

▼宇宙鉱物学が挑む、原始惑星系の塵の観測

宇宙鉱物学とは、天文学と鉱物学が組み合わさった新たな分野である。おもに中間赤外線（ＭＩＲ）の波長域（2～30μm）での天体観測によって、多くの場合は原始星の周りにある、宇宙の塵粒子の大きさ、結晶構造、化学的構造を確定することを目的とする。このような観測で、原始惑星系の円盤における塵の分布について多くのことがあきらかにされる。塵の構造と進化の過程、そして新たに形成されつつある太陽系の岩石物質、つまり最終的に地球のような惑星を形作る物質について、詳しく調べられるのだ。赤外線の検出におけるかなりの技術的進歩が必要であったため、宇宙鉱物学的な観測が可能になったのは比較的最近のことである。しかし、現在では十分に発達した分野となった。『Nature』２００４年10月7日号６６０ページで、岡本美子ら[1]は、がか座β星を取り巻く円盤の空間分解ＭＩＲスペクトルによって、岩石物質の帯が存在すること、さらにはその円盤の組成があきらかになったことを示した。これは太陽系や地球のような惑星がいかにして形成されるかというパズルの新しい一片となる。

▼がか座β星を取り巻く塵の分析

がか座β星系は若い恒星を取り巻く塵の円盤の典型的な例であり、その塵のすべてがより大きな天体から新たに供給されている。塵は微惑星（生まれつつある惑星）間の粉砕衝突によって供給されているか、蒸発しつつある彗星から流れ出しているものである可能性がある。がか座β星の円盤には十分な量のガスがないので、塵粒子の力学は放射圧と重力の間のバランスで

1. *Okamoto, Y. K. et al.* Nature 431*, 660-663 (2004).*

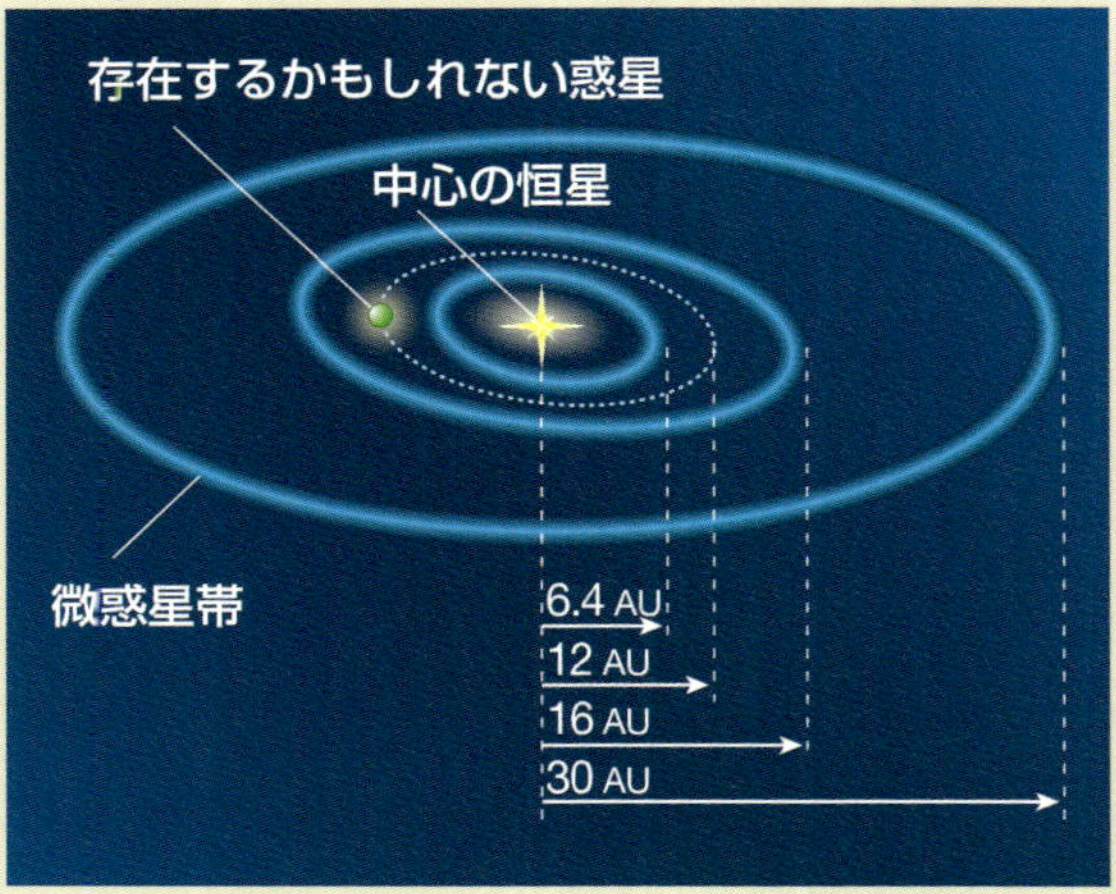

図1　がか座β星を取り巻くリング。岡本ら[1]は、がか座β星を取り巻く塵の円盤から放射される中間赤外線の波長域の光を解析し、塵粒子の大きさと化学組成をあきらかにした。著者らは、彗星か微惑星を含んでいるかもしれない3つの帯が、がか座β星を取り巻いていると示唆している。がか座β星をめぐる軌道には惑星さえ存在する可能性がある。

決まる。[2] 直径1・5㎛以下の小さな塵粒子は、がか座β星の放射によって数十年の内に吹き飛ばされる。[3] しかし、もっと大きな塵粒子はエネルギーを吸収・放射し、その結果、数千年をかけて恒星に向かっていく螺旋《らせん》運動をする（ポインティング－ロバートソン効果）。[4] がか座β星の年齢は誕生後1200万年であり、[5] この2つの過程のタイムスケールをはるかに超えているので、円盤中の塵は彗星か微惑星から新たに放出される破片で補給されているに違いない。

この塵の大きさ、結晶構造、化学組成はMIR波長域での観測によって測定できる。[6] 小さく暖かい（温度約300Kの）珪酸塩《けいさん》粒子は波長約10㎛の光を強く放射する。アモルファス（非晶質）の橄欖《かんらん》石、(Mg,Fe) $_2SiO_4$ は特に9・7㎛の光をもっとも強く放射する。また、結晶質の苦土《くど》橄欖石、Mg_2SiO_4 は11・

2. *Lecavelier des Etangs, A. et al.* Nature 412, *706-708 (2001).*
3. *Artymowicz, P.* Astrophys. J. 335, *L79-L82 (1988).*
4. *Mukai, T. & Giese, R. H.* Astron. Astrophys. 131, *355-363 (1984).*
5. *Zuckerman, B., Song, I., Bessell, M. S. & Webb, R. A.* Astrophys. J. 562, *L87-L90 (2001).*
6. *Molster, F. J. & Waters, L. B. F. M. in* Astromineralogy *(Lecture Notes in Physics no. 609) (ed.*

2㎛を含むいくつかの特定の波長の光を強く放射する。このような発光特性は、半径が$\lambda/2\pi$以下の小さな粒子でもっともはっきりと現われる。ここで、λは放射光の波長である。より大きな粒子は、波長域全体でより連続的な黒体からの放射に似た光を放射する傾向がある。岡本ら[1]は、さまざまな大きさや（アモルファスや結晶といった）鉱物学的特徴をもつ塵粒子について予測されるスペクトルが、がか座β星の円盤の塵から放射される光のスペクトルの観測結果と一致することを示した。

これに先立つ観測では、がか座β星の円盤中の塵が、恒星をまわる別個の帯に集まっていることが示唆されており[7]、これは塵を補給するより大きな天体がまったく異なる距離の軌道をまわっていることを暗示している。さらに前にWeinbergerら[8]によって観測された塵のMIRスペクトルから、がか座β星の周り、半径20天文単位（AU）以内に半径10㎛以下の小さな珪酸塩粒子からの放射が存在すると推測されていた（1天文単位は地球と太陽の平均距離）。岡本ら[1]はこのような観測の空間分解能を7・7AUから3・2AUへ改善し、さまざまな特定の鉱物のモデルを作成した。今回のデータでは、小さな非晶質珪酸塩粒子を示す9・7㎛の光が、約6・4、16、30AUという特定の半径の領域から過剰に強く放射されていることがあきらかになった。大きな非晶質珪酸塩粒子は（ポインティング－ロバートソン効果から予測されるように）、がか座β星の近くに集まっているようである。

結晶質珪酸塩粒子もまた、がか座β星の近くに集まっている[9]。これは約1100K以上で非晶質珪酸塩粒子は焼きなまされる（結晶の形に変わる）ことから、恒星の近くではより温度が

Henning, T. K.) 121-170 (Springer, Berlin, 2003).

7. *Wahhaj, Z. et al.* Astrophys. J. 584, *L27-L31 (2003).*
8. *Weinberger, A. J., Becklin, E. E. & Zuckerman, B.* Astrophys. J. 584, *L33-L37 (2003).*
9. *Hallenbeck, S. L., Nuth, J. A. III & Nelson, R. N.* Astrophys. J. 535, *247-255 (2000).*
10. *Li, A. & Greenberg, M.* Astron. Astrophys. 331, *291-313 (1998).*

高いためであると思われる。あるいは、これらの粒子はがか座β星の内太陽系に入ってきた彗星が放出したものかもしれない。[10] がか座β星から放射される紫外線によって容易に分解される一酸化炭素分子が、がか座β星の円盤中に検出されており、[3] 彗星の継続的な蒸発によって入れ替わっていることを強く示している。私たちの太陽系では、ヘール・ボップ彗星のような彗星から放出される珪酸塩粒子は、結晶である割合が高い（約30パーセント）。[11]

▼データが示唆する、未知の微惑星の存在

16AUおよび30AUという特定の半径に小さな非晶質粒子が存在することは興味深い。これらの半径は、がか座β星の円盤内に存在するとかねてから推測されていた塵の帯の位置と一致する。[7] 岡本ら[1]はこれらの半径にある塵粒子は非晶質珪酸塩であり、十分小さいために絶え間ない補給が必要であることを発見した。これらのデータは、がか座β星の円盤内のこのような半径に彗星か微惑星の帯が存在することを強く示唆している（図1）。しかしながら、岡本らが示した解像度の向上したデータによって、半径6・4AUにさらに別の塵の帯が発見されることとなった。著者らが言うように、半径16AUと同様に半径6・4AUにも微惑星か彗星の帯が存在する配置は、半径12AUの位置にある羊飼い惑星の重力の影響を示唆している。

これらの帯に非晶質珪酸塩が優占的に存在することについては、（私たちの太陽系の彗星から推測される状況とは異なり）この半径の領域には結晶質珪酸塩が存在しないのか、珪酸塩が微惑星内で結晶質から非晶質へ変質したのかもしれない。今後の研究によってこれらの仮説を

11. *Wooden, D. et al.* Astrophys. J. 517, *1034-1058 (1999).*

確認あるいは否定できるだろう。しかし、宇宙鉱物学的な観測によって、がか座β星系や他の太陽系における岩石惑星の形成に関するさらに進んだ刺激的な知見が得られることはあきらかである。

Steve Desch はアリゾナ州立大学（米）物理・天文学部に所属している。

見つからない物質を大追跡

Hot pursuit of missing matter

J. Michael Shull　2005年2月3日号　Vol.433 (465-466)

宇宙に〝普通に〟存在する物質は全体のたった5パーセントだが、その総量を知るための試行錯誤が続いた。そこで、回転する灯台の光のようにX線を放つクェーサーを用いて、銀河間にある温かいガスのスペクトルを分析した。

標準宇宙モデルによると、宇宙はおもにダークマター（暗黒物質）25パーセントと、ダークエネルギー70パーセントからなり、それに「バリオン」5パーセントがまばらに散らばっている。バリオンはクォーク3つが結びついた陽子や中性子のことをいうが、天文学では惑星や恒星、銀河、宇宙空間のガスを構成する通常の物質（水素、ヘリウム、重い元素など）のことを指す。ただ、バリオンは全体の40パーセントしか見つかっていない。だが最近、重力崩壊と超新星爆発により引き起こされた銀河からのガスの流出で衝撃を受け、加熱された約10^6Kの高温の星間ガスに、バリオンの30～40パーセントが存在することがわかった。クェーサーという「X線灯台」が照らし出す、一瞬のきらめきを利用して観測されたのだ。

▼宇宙の全物質・エネルギー量は測定可能か

宇宙論的な測定が可能に、そしてより精密になり、天文学者たちは宇宙のあらゆる形態の物質とエネルギーを網羅する、「宇宙目録」作成に着手している。自然はとてもずる賢く、いろいろな天体（恒星や惑星、銀河）中や、10^4K〜10^7Kの温度の銀河間ガス、さらにはいわゆるダークマターやダークエネルギーといったよりエキゾチックな形態で、物質を隠している。だが、最近の目録[1,2]からすると、通常の物質の少なくとも40パーセントがまだ見つかっていない。それが今回、Nicastroらによると、チャンドラX線望遠鏡に搭載された分光器を使って、温度約100万Kのガスに隠れて銀河間空間の膨大な体積全体に広がる、未検出だった物質を見つけたという[3]。

標準宇宙モデルによると、宇宙は主にダークマター（25パーセント）とダークエネルギー（70パーセント）からなり、これに加えて、まばらに散らばった少量（5パーセント）の「バリオン」と呼ばれる通常の物質がある。素粒子物理学者にとって、「バリオン」はクォーク3つからなる素粒子（陽子、中性子など）の総称だ。天文学者はより単純に、バリオンを、惑星、恒星と銀河、宇宙空間のガスを構成する通常の物質（水素、ヘリウム、そしてより重い元素）だと定義する。幸いなことに、物質の全量を求めるには名案がある。ビッグバンで形成された軽い元素についての研究[4]と宇宙マイクロ波背景輻射のゆらぎについての研究[5]から、宇宙にある全バリオン密度の精密な値が得られ、質量・エネルギーの全密度の4・6±0・2パーセントとなっている。

1. *Fukugita, M. & Peebles, P. J. E.* Astrophys. J. 616*, 643-668 (2004).*
2. *Shull, J. M. in* The IGM/Galaxy Connection *(eds Rosenberg, J. L. & Putman, M. E.) Vol. 281, 1-10 (Kluwer, Dordrecht, 2003).*
3. *Nicastro, F. et al.* Nature 433*, 495-498 (2005).*
4. *Kirkman, D., Tytler, D., Suzuki, N., O-Meara, J. M. & Lubin, D.* Astrophys. J. *Suppl. 149, 1-28 (2003).*

▼未知のバリオンはどこに存在するのか

私たちが探している物質量がどれだけなのかはわかっているのに、既知の形態ではこのようなバリオン物質の一部しかとらえられないとはやっかいな話である。[1,2] 意外にも、光を発する通常の物質（恒星と銀河）は全バリオンの10パーセント以下にしかならない。残りはバリオン的ダークマターに属しているか、あるいはおそらく、観測の困難な何らかの形態で隠れているに違いない。紫外線とX線の分光測定では、見つかっていないバリオンが、いまだに銀河に合体していない銀河間物質（ＩＧＭ）全体に分布している、密度の低いガス中に存在する可能性が見えてくる。このＩＧＭの平均密度は、銀河内の星間ガスの１００万分の１〜１０００万分の１ときわめて低いが、銀河間空間は途方もなく大きな貯蔵庫である。近傍宇宙の観測によると、バリオン中の5〜10パーセントだけが合体して銀河や銀河集団になっている。さらに40パーセント分の存在は、冷たい水素の吸収線[6]とO_{VI}（5回イオン化した酸素）の紫外吸収線に発見されたずっと高い温度のガスから[7]推測される。このような核種はＩＧＭの微量成分だが、宇宙物理学の補正によってこれに付随する電離水素の総量を把握できる。

にもかかわらず、バリオン物質の40〜45パーセントはまだ見つかっていないので、銀河間ガス（H_{I}およびO_{VI}）の貯蔵庫では謎が解けたことにならない。宇宙論的シミュレーション[8,9]では、重力によってＩＧＭの大規模な温度構造が作られることから、見つかっていない物質の隠れ場所がさらに他にあることが示唆される。このモデルは、重力崩壊と超新星爆発によって引き起こされた銀河からのガスの流出によって、衝撃加熱された約10^6 Ｋのガスにバリオンの30〜40パ

5. *Spergel, D. N. et al.* Astrophys. J. *Suppl. 148, 175-194 (2003).*
6. *Fenton, S.V., Stocke, J. T. & Shull, J. M.* Astrophys. J. *Suppl. 152, 29-62 (2004).*
7. *Savage, B. D., Sembach, K. R., Tripp, T. M. & Richter, P.* Astrophys. J. 564*, 631-649 (2002).*
8. *Cen, R. & Ostriker, J. P.* Astrophys. J. 514*, 1-6 (1999).*
9. *Dav, R. et al.* Astrophys. J. 552*, 473-483 (2001).*

ーセントが存在すると予測している（図1）。このような高温では、低密度のガスは可視光の波長ではほとんど見えない。しかし、酸素、窒素、ネオンといった重い元素は束縛電子をまだ少し持っている。このようなイオンは紫外領域の吸収線（$\mathrm{O_{VI}}$）あるいはX線領域の吸収線（$\mathrm{O_{VII}}$と$\mathrm{O_{VIII}}$）によって検出できる。

　チャンドラX線望遠鏡とXMMニュートンX線望遠鏡は、「銀河間高温物質（warm-hot intergalactic medium）」あるいはWHIMとして知られる[8]、銀河間ガスのもっとも温度の高い部分を探る機会を与えてくれる。Nicastroらは、WHIMを通して輝く「X線灯台」を見つける巧みな実験法を考え出した[3]。というのは、彼らは単に、活動銀河核が異常に明るい状態になるのを待ったのだ。とりわけ明るくて変光する活動銀河であるマルカリアン421が2度きらめいた。チャンドラの低エネルギー透過型回折格子分光計で20万秒の間に、この2回のきらめきを観測したのである。この間に観測された温度の高い銀河間ガスの精緻なスペクトルの中に、期待されていた高度にイオン化した酸素と窒素の吸収線が見つかった。赤方偏移Z＝0・011とZ＝0・027に対して通常のハッブル膨張則を仮定すれば1億5000万光年と3億8000万光年の距離にある、2つの遠く離れた吸収線系に特に関心が向けられた。

　この2つの$\mathrm{O_{VII}}$吸収線系は、予測されていた10^6Kの高温ガス（WHIM）フィラメントに関する興味深い証拠を示している。短い経路に沿った2つの吸収体だけでは、この領域が全宇宙で考えて典型的なのか否かがわかりにくい。統計的不確定性は大きいが、酸素の存在量が太陽中の10パーセントと同程度であると仮定すれば、この温度の高いIGMには見つかっていな

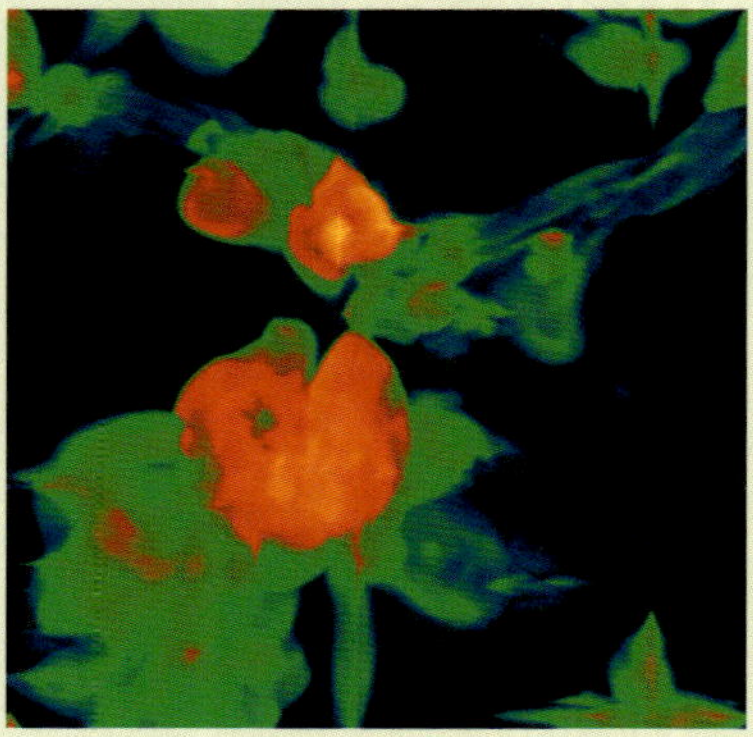

図１　もう少しで見つかる？
銀河から流れ出したガスの風は重力崩壊と合わさって、これらの数値流体力学シミュレーションによって示されるように、温度の高い銀河間物質の分布にめざましい影響を及ぼす。この「実」像の幅は約5000万光年である。紫外線観測[7]とＸ線観測[3]によって、銀河を取り巻く10^5Ｋ～10^6Ｋの高温ガス（赤い領域）と銀河系と銀河系を取り巻く銀河の近傍部分に対応する赤方偏移Ｚ＝０の位置にある銀河間高温物質（WHIM）フィラメントが今回発見されたかもしれない。もっとも暗い領域の温度は10^3Ｋで、緑の領域の温度は10^4Ｋから10^5Ｋである。
（画像提供：R. Cen & K.Nagamine）

いバリオンのうち残りの30～50パーセントが含まれていると著者らは推定している。これはＩＧＭに対する標準的な仮定だが、ＩＧＭ中の重元素存在量について、さらに研究を重ねて検証する必要がある。

▼宇宙目録完成への途

次は何を探索すべきなのだろうか。まず、マルカリアン４２１はＩＧＭの典型的とはいえない領域を調べている可能性があるので、銀河間の別の視線に沿ったX線観測を行なうのは有益だと思われる。残念ながら、他のほとんどのクェーサーはこのような品質の高いデータを得られるほど十分に明るくない。天文学者たちは遠紫外線分光探査機（Far Ultraviolet Spectroscopic Explorer; FUSE）を用いて、O_{VI}吸収線（$10^{5.5}$Ｋガス）に関する40以上の視線の探査を行ない、かなりの成功を収めてきた。しかし、現状のX線望遠鏡や紫外線望遠鏡ではバリオンの目録を正確に完成するには集光力が足りない。

このような課題には、X線分光用のNASAのコンステレーションX計画[10]やヨーロッパ宇宙機関（ESA）のXEUS計画を含む、新世代のより大きな宇宙望遠鏡が待たれる。また、ハッブル宇宙望遠鏡の分光能力に取って代わろうという、大型の紫外線光学宇宙望遠鏡が計画段階にある。新しい紫外線望遠鏡とX線望遠鏡は見つかっていないバリオンの目録を完成させるために必要である。これらの望遠鏡ではさらに多くのこと、つまり、最初の銀河と恒星が形成された、フィラメント状の銀河間物質からなる宇宙の「蜘蛛《くも》の巣」状態を精密に描くことも可能になるだろう。

J. Michael Shull はコロラド大学（米）に所属している。

10. NASA, Constellation-X Observatory website http://constellation.gsfc.nasa.gov
11. Space Ultraviolet Observatory Tracing the Cosmic Web http://xxx.lanl.gov/abs/astro-ph/9907101

ほんの一瞬輝くバーストの源

Short-burst sources

Luigi Piro　２００５年10月6日号　Vol.437 (822-823)

継続時間の長いγ線バーストについては、そのX線残光の測定により、突発的で爆発的な明るく激しい閃光放射の源が、ほぼあきらかになってきた。寿命が短いγ線バーストについても、その謎が解明されつつある。

γ線バースト（ＧＲＢ）として知られる謎の高エネルギー放射光のうち、継続時間の短いものについて、その距離・放射エネルギー量・発生源を探る試みは、今までうまくいっていなかった。今回初めて、γ線バーストの宇宙論的距離が明らかになり、有力な理論モデルに確証が得られた。このモデルによると、連星系の質量の大きな２つの親星が超新星爆発を起こして、高密度の中性子星かブラックホールになり、これら２つの極めて密度の高いコンパクト天体が相対論的な速度で宇宙に放たれ、やがてそこで合体し、γ線周波数のきわめて高い方向性を持った、継続時間の短い電磁波を、膨大に放出するという。コンパクト天体の合体は、銀河の低密度の領域で起こるため、継続時間の短いＧＲＢからの放出をとらえきれなかった。

▼初めてあきらかになったバーストの宇宙論的距離

γ線バースト（GRB）として知られる謎の高エネルギー放射光のうち、継続時間の短いものについて、その距離・放射エネルギー量・発生源を探る試みは、今までうまくいっていなかった。今回報告された観測[1〜4]によって、初めてこのバーストの宇宙論的距離があきらかになり、その起源に関する有力な理論モデルに関する確かな証拠が得られた。このモデルでは、継続時間の短いγ線バーストはコンパクト天体、つまり高密度の中性子星かブラックホールといった、爆発した星の残骸が合体するときに放出する膨大なエネルギーが現われたものである。

γ線バーストは、天空でもっとも華々しい現象としてよく知られ、30年以上にわたって科学者の興味をひいてきた。それは意表をついて出現し、ちょっとの間、他のいかなるγ線源天体も凌駕する明るさで激しく輝き、そして消え失せる。γ線バーストには2種類あり、継続時間によって区別される。すなわち、継続時間の長い（2秒以上の）ものと短いものである[5]。イタリアとオランダの宇宙機関が軌道投入したベッポサックス衛星の精密で迅速な位置測定能力のおかげで、継続時間の長いγ線バーストの発生源は1997年にあきらかにされた。その結果、初めのγ線放射よりも周波数の低いX線[6]および可視光[7]の周波数領域に、バーストの微弱で寿命の長い残光放射が発見された。観測によって、これらの事象と赤方偏移1〜2の明るくない星形成銀河の中に存在する、若くて重い星の核の爆発的崩壊との関連があきらかになった（宇宙論的な放射光の赤方変位は、母天体の距離の指標である。赤方偏移zは、放射光が放射されてから宇宙が1＋z倍に膨張していることを示している）。

1. *Gehrels, N. et al.* Nature 437, *851-854 (2005).*
2. *Villasenor, J. S. et al.* Nature 437, *855-858 (2005).*
3. *Fox, D. B. et al.* Nature 437, *845-850 (2005).*
4. *Hjorth, J. et al.* Nature 437, *859-861 (2005).*
5. *Kouveliotou, C. et al.* Astrophys. J. 413, *L101-L104 (1993).*

▼バーストが残すX線残光の発見

継続時間の短いGRBの波長の長い残光は、これまで検出されなかった。継続時間の短いGRBの残光は、継続時間の長いGRBの残光よりかなり暗いだけだという推論は、継続時間の短いGRBに説明を与える合体モデルと合致している。このモデルは、連星系の質量の大きな2つの親星の超新星爆発で始まる。2つの親星は自身の重さで崩壊し、極めて密度の高い中性子星になるか、親星がさらに重い場合はブラックホールになる。超新星爆発によって分け与えられた反発力で、これら2つのコンパクト天体は銀河の密度の低い空間に放たれ、やがてそこで合体して継続時間の短いγ線バーストを起こす（図1）。バーストの残光は、爆発によって相対論的な速度で放出された物質が、周囲の媒体と相互作用することによって発生する。よって、コンパクト天体の合体は銀河の密度の低い領域で起こるため、継続時間の短いGRBからの残光放射は少ないか、あるいはまったくないと思われる。

それにもかかわらず、ベッポサックス衛星とNASAのBATSE衛星によって独立して観測された、数十の継続時間の短いGRBの光度曲線を積み重ねると、硬い、つまり周波数の高いX線の数十秒間続く残光が発見された。[8,9] 統計的な有意性が乏しいにもかかわらず、これは何らかの寿命の長い放射が実際に存在することの証拠であり、暗いためではなく、単に正しい方向を向いたX線カメラを利用できなかったために継続時間の短いGRBのX線残光を見落としていたという可能性が出てきた。この可能性を排除するために、2004年11月に広視野硬X線撮像検出器を搭載したNASAの新しい衛星スウィフトが打ち上げられた。

6. *Costa, E. et al.* Nature 387, *783-785 (1997).*
7. *van Paradijs, J. et al.* Nature 368, *686-688 (1997).*
8. *Lazzati, D., Ramirez-Ruiz, E. & Ghisellini, G. Astron.* Astrophys. J. 379, *L39-L43 (2001).*
9. *Montanari, E., Frontera, F., Guidorzi, C. & Rapisarda, M.* Astrophys. J. 625, *L17-L21 (2005).*

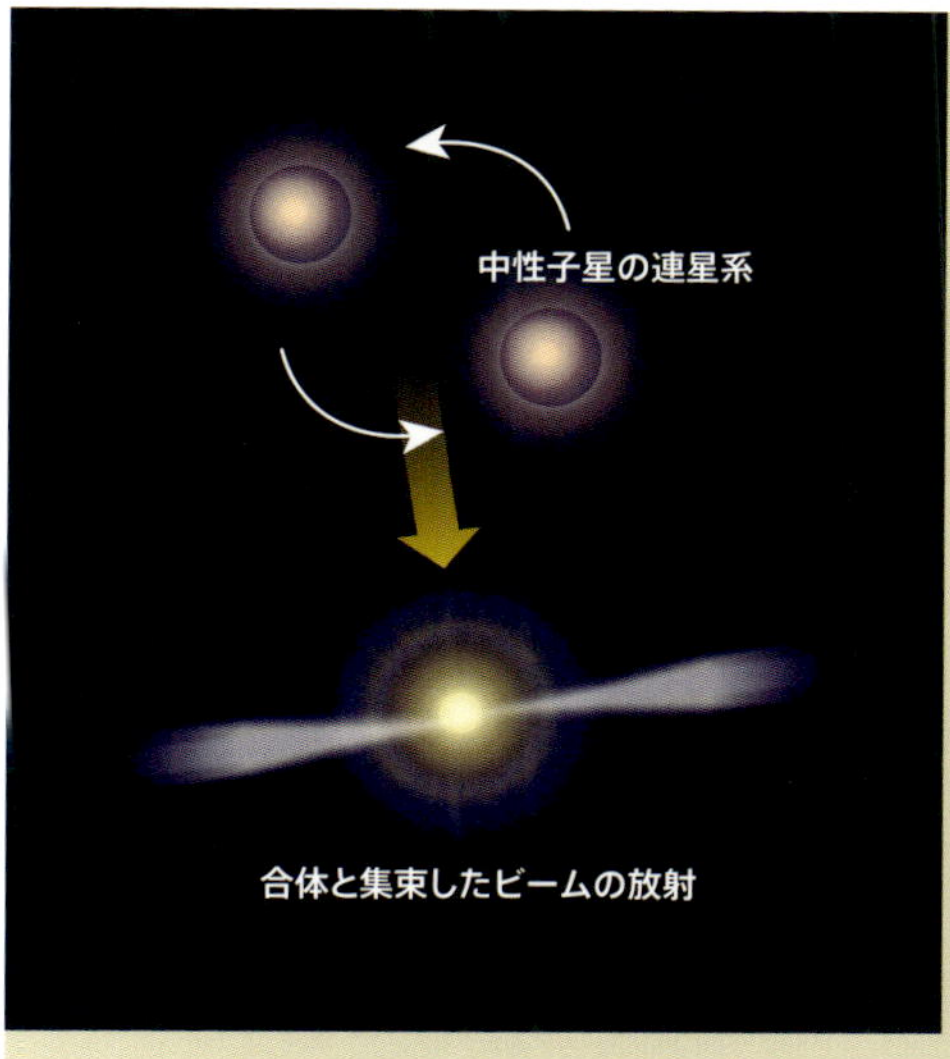

図１　バーストの現場。継続時間の短いγ線バーストの発生に対する、現時点でのもっとも有力なモデルが、最近の観測[1〜4]によって支持される。このモデルでは、２つの極めて密度の高いコンパクト天体、つまり中性子星やブラックホールといった爆発した星の残骸が合体し、γ線周波数の極めて高い方向性をもった電磁波を放出する。

『Nature』２００５年10月６日号の４つの論文で、２つの継続時間の短いＧＲＢの迅速、かつ精密な位置測定について報告されている。[1〜4] Gehrelsら[1]は、２００５年５月９日に起きた最初の継続時間の短いバースト（GRB 050509B）について、スウィフト衛星によって同定した結果を報告している。衛星はバーストの方向にすばやく向きを変え、バーストの１分後に、搭載された視野のせまいX線望遠鏡が10秒（３６０分の１度）以内の正確さで、暗いX線源の位置をとらえることができた。その結果、バーストの発生源として赤方偏移０・２２５にある、星形成のない明るい楕円銀河が有望であることが示された。

▼短いバーストはどこで起きている？

Villasenorら[2]は、２００５年７月９日にＮＡＳＡのＨＥＴＥ２衛星によって位置が特定された、２番目の継続時間の短いバーストGRB 050709の観測結果について報告している。Foxら[3]とHjorthら[4]は、このバーストに続く寿命の長いＸ線と可視光の残光を発見し、赤方偏移０・１６にある星形成銀河とのあきらかな関係を示すことができた。この２番目のバーストは一見したところでは、明確な残光や星形成銀河に発生源があるなどといった特性が、継続時間の長いＧＲＢと共通している。

しかしながら、発生源の距離を考慮に入れると、GRB 050709のＸ線残光の光度は継続時間の長いバーストの典型的な光度より３桁ほど小さい。コンパクト天体ができてから合体するまでの時間は、数百万年から数十億年のどれにもなりうるので、老いた星から成ることの多い楕円銀河でも、星形成中の若い銀河でも継続時間の短いＧＲＢが発生していると考えられるかもしれない。それでもやはり、最近の数カ月間にスウィフト衛星によって発生源が突き止められたほかの２つの継続時間の短いバースト（文献３とその中の参考文献を参照のこと）もまた、GRB 050509B（文献１）のように楕円銀河に発生源があるように思われる。楕円銀河のほうが優勢であることは、親星の数十億年にわたる平均的な進化を示しているようだ。

継続時間の短いＧＲＢのエネルギー放出量は、発生源までの距離が確定すれば、等方的に放射していると仮定して容易に導かれ、10^{48}〜10^{50}エルグの範囲にあることがわかった。やはり、これも継続時間の長いＧＲＢよりも約３桁小さい。それでもなお、バーストの説明として、軟γ

10. *Fryer, C. L., Woosley, S. E. & Hartmann, D. H.* Astrophys. J. 526, *152-177 (1999).*

線リピーター（ＳＧＲ）[11]として知られているきわめて強い磁場をもつ中性子星のフレアを除外できるだけの大きさはある。しかしながら、短いバーストの中には近くの系外銀河にあるＳＧＲで生じたものがある可能性は残る。

GRB 050709で観測される寿命の長い残光放射の特性は、集束した（方向性の高い）相対論的な爆風の衝撃を受けた低密度の周囲の物体から放射が生じた可能性と矛盾しない。同じプロセスが、継続時間の長いバーストでも働いていると考えられる。しかし、継続時間の短いバーストのエネルギーが小さく、さまざまな種類の銀河で地球により近いところで発生していることから、継続時間の短いＧＲＢと継続時間の長いＧＲＢは実際に別の種族であると思われる。観測された継続時間の短いＧＲＢの特徴は[1〜4]、２つの中性子星か、中性子星とブラックホールの合体モデルと矛盾しない。

▼残された未解明の問題

疑問がいくつか残る。第一に、バーストが近くの明るい楕円銀河と優先的に関連があるならば、継続時間の短いＧＲＢが明確に同定された場所に、そのような銀河があらかじめ見つかっていないのはなぜか[12]。これは、親星の種族が特別な特性をもっているためか、まだ識別されていない暗い銀河で発生する遠方の事象であるためかもしれない。第二に、GRB 050709の残光が、短いバーストの二週間後に派手なＸ線活動の証拠を示したのはなぜか[3]。これはバーストを駆動する主機関からエネルギーが永続的に注入されていることを示すため、とりわけ難問であ

11. *Hurley, K. et al.* Nature 434, *1098-1103 (2005).*

る。

継続時間の長いＧＲＢの場合と同様に、継続時間の短いＧＲＢの寿命の長い残光が発見されたことは、宇宙におけるこれらの風変わりな爆発現象を、電磁波放射を通して詳細に研究する下地となる。将来的には、第二世代のレーザー干渉型検出器ＬＩＧＯとＶＩＲＧＯを用いた、このような事象から発生する重力波の検出へ大きな期待が寄せられる。

Luigi Piro は国立天体物理学研究所（イタリア）に所属している。

12. *Hurley, K. et al.* Astrophys. J. 567*, 447-453 (2002).*

冥王星一家は増える一方だ

Pluto's expanding brood

Richard P. Binzel　２００６年２月23日号　Vol.439 (924-925)

冥王星は、広大な太陽系の外縁をたったひとりで寂しくまわっているわけではない。ともに行動する〝仲間〟が、３つもあることがわかった。冥王星に３つの衛星があるなら、はるかかなたのカイパーベルトにも衛星があるはずだ。

今では準惑星として知られる冥王星は、太陽系最外縁部の孤独な住人だと思われていたが、１９７８年に大きな惑星・カロンが発見された。カロンの直径は１２００㎞もあり、冥王星の直径の半分より少し大きいことから、両者は「二重惑星」であるとされた。そしてつい最近、ハッブル宇宙望遠鏡での観察で冥王星系は少なくとも〝四重星系〟であることがわかった。研究者らは本稿で「このような複雑さは、さらなる発見の〝予兆〟であるかもしれない」と述べているが、ここに登場するＰ１とＰ２（のちに「ヒドラ」と「ニクス」と命名された）に続いて、２０１１年には「ケルベロス」、２０１２年には「ステュクス」が発見されて、冥王星一家は大所帯になった。２０１５年にはニューホライズン探査機が冥王星近辺を通過するため、詳細な探査が可能だ。

▼カロンにつづく衛星の発見

冥王星は、かつては太陽系のもっとも外側の孤独な住人だと思われていたが、1978年に大きな衛星カロンが発見されると[1]私たちの好奇心をかき立てた。そしていま、これまで以上に興味深い天体になりつつある。実際、冥王星とカロンの相対的な大きさ（カロンの直径は約1200kmで、冥王星の直径の半分より少し大きい）から、冥王星とカロンは「二重惑星」であり、冥王星表面の外側にある共通重心の周りをまわっていることがわかっている。しかし、話はそこで終わらない。最近、Weaverら[2]はハッブル宇宙望遠鏡で撮影した画像の解析によって、冥王星系が少なくとも四重星系であることを報告した。また、Sternら[3]は、このような複雑さはさらなる発見の予兆であると指摘している。それは、たとえばさらに小さな衛星が外側に潜んでいたり、衛星にクレーターを作るような衝突で物質が放出されたことによって、リングやアークができていたりする可能性があるのだ。好都合にも、NASAのニューホライズン探査機[4,5]が先ごろ打ち上げに成功した（図1）。2015年に、冥王星とその衛星を短期間だが訪れる予定である。

1930年のクライド・トンボーによる冥王星の発見以降、衛星の探索はまさしく最優先事項であった。にもかかわらず、冥王星が太陽に再接近し、地上の望遠鏡のすぐれた光学特性によって、ようやくカロンが発見されたのは[1]かなりあとのことであった。そして現在まで、地上からの探査[6,7]では、カロンのほかに直径約160km以上の衛星が存在する証拠は得られていない。ニューホライズン探査機の打ち上げが目前に迫ったことに刺激を受けて、Weaverら[2]は

1. *Christy, J. W. & Harrington, R. S.* Astron. J. 83, *1005-1008 (1978).*
2. *Weaver, H. A. et al.* Nature 439*, 943-945 (2006).*
3. *Stern, S. A. et al.* Nature 439*, 946-948 (2006).*
4. *http://pluto.jhuapl.edu*
5. *http://www.nature.com/news/2006/060116/full/060116-2.html (2006).*

図1　目的地は冥王星。ニューホライズン探査機は冥王星行きのアトラスVロケットに乗って、2006年1月19日にケープカナベラルから飛び立った。すぐに結果が出ることは期待されていない。重量500kg、ピアノくらいの大きさの探査機は50億km強の距離を飛行しなければならず、冥王星へ約1万kmの最接近点に到達するのは、2015年7月14日の予定だ。[NASA]

6. *Stern, S. A. et al.* Icarus 94, *246-249 (1991).*
7. *Stern, S. A. et al.* Icarus 108, *234-242 (1994).*

２００５年５月にハッブル宇宙望遠鏡の観測時間を確保し、直径約25㎞程度の小さな衛星を探索した。[8] すると案にたがわず、冥王星とともに宇宙空間を移動する二つの天体が見つかったのだ。その動きは、冥王星とカロンの共通重心をめぐる軌道に一致していた（図２）。

この発見[2]によって、２００２年から冥王星の表面地図を作製するためにハッブル宇宙望遠鏡によって撮影されてきた画像が再解析された。これらの画像は衛星の同定に最適化されたものではなかったが、２００５年の画像に基づいてつきとめた予備的な軌道計算結果を加えると、新たに二つの衛星の存在が確認された。「Ｐ１」、「Ｐ２」と名づけられた（今年の後半には正式な名前がつけられる）。これらの衛星の直径は、表面の反射率がカロンと同程度であると仮定すると、それぞれ約60㎞と約50㎞である（反射率が低ければ、もっと大きくなる）。

▼共鳴関係にある３衛星の軌道

Ｐ１とＰ２の軌道は興味深いもので、発見が発見を生み、大きな科学的関心を集めた。現在あるデータは限られたものだが、Ｐ１とＰ２がカロンと同一平面上の円軌道に乗っていることを示している。さらにその軌道半径から、Ｐ１とＰ２がカロンと共鳴した運動をしていることもわかった。つまり、カロンが軌道を12回まわるたびに、Ｐ１はほぼ正確に２回まわり、より冥王星に近いＰ２はほぼ３回まわっているのだ。Ｐ１とＰ２が、あるときたまたま冥王星に近づきすぎてとらえられた天体なら、このような一致は起こりえない。冥王星とカロンの潮汐力は十分に大きくないため、太陽系の年齢程度の時間では、とらえられた天体は同一平面上の共

8. *Steffl, A. J. et al.* Astron. J. 132, *614-619 (2006).*

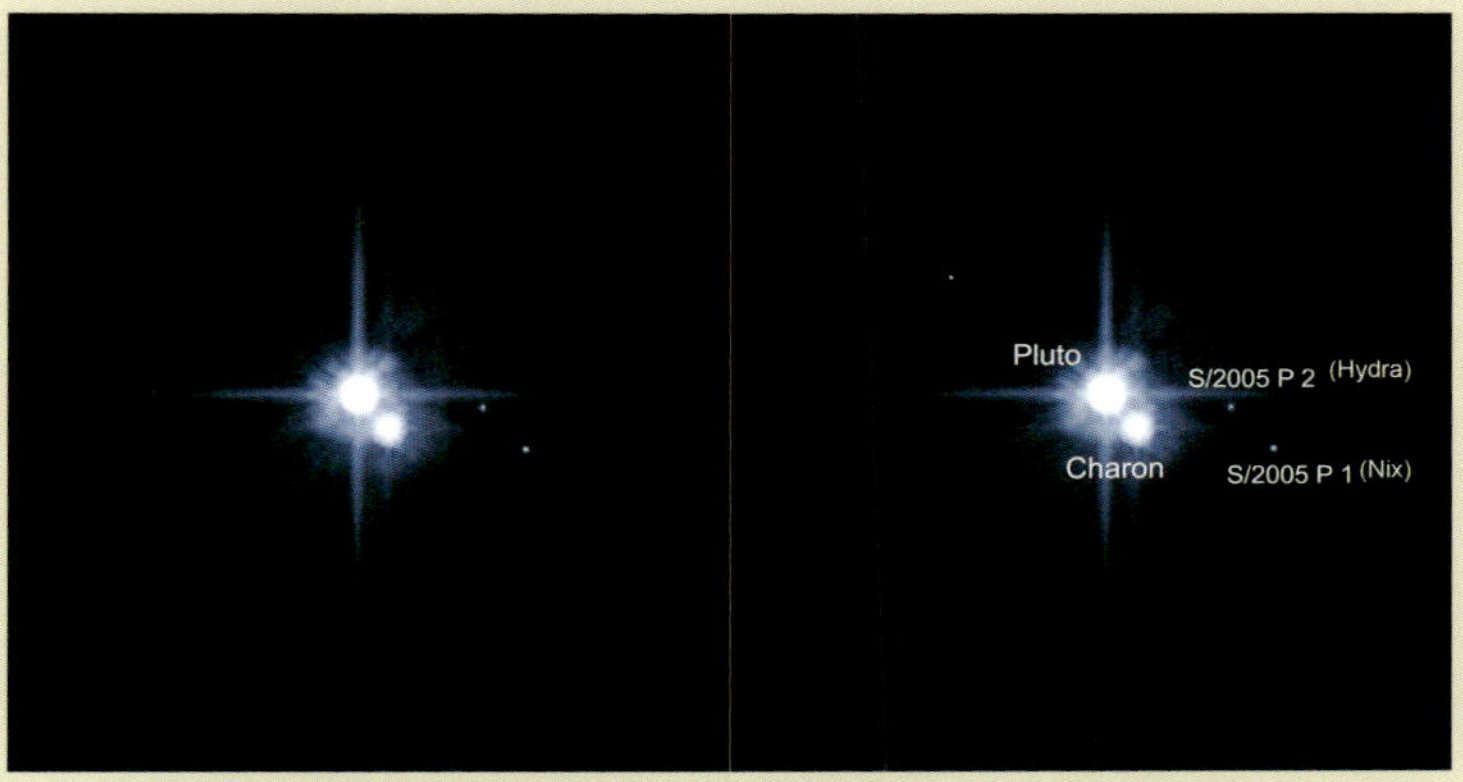

図２　遠く離れた四重星系。ハッブル宇宙望遠鏡による冥王星系の２枚の画像は、３日ずれて撮影され、1978年に発見されたカロンのほかに、より小さな２つの衛星P1とP2が存在することがあきらかになった。P1はカロンが６回軌道をまわるたびにちょうど１回まわり、P2は同じ時間で1.5回まわる。[NASA/ESA]

鳴軌道に入ることはできないからである。[3] もっとも妥当な説明は、カロン、P1、P2が冥王星の子供たちであり、巨大衝突によって冥王星から分離してできた[3,9]とするものである。この衝突で放出され冥王星をめぐる軌道に入った物質の円盤から、これらの衛星やおそらくまだ観測されていない天体が、同一平面上の円軌道に凝縮したと思われる。[3] P1とP2が占める共鳴に適した場所は、物質が合体し長期にわたる軌道の安定性を維持するうえで、特に恵まれた場所だったのかもしれない。

▼発見された衛星やリングは氷山の一角

Sternらが指摘するように[3]、カイパーベルト（海王星軌道の外側に見つかった、小さな氷でできた天体からなる円盤状の領域）天体と冥王星の仲間との関連性は大きい。現在の検知限界内では、カイパーベルトの全天体の

9. *Canup, R. M.* Science 307, *546-550 (2005).*

5分の1程度は衛星をもっているか、連星系の片割れであるようだ。[10] 冥王星は初めて見つかった四重星系であるが、太陽や巨大惑星の摂動力から遠く離れた小さな天体における重力作用の複雑さに関しては、複数の衛星は氷山の一角かもしれない。たとえば、P1とP2にクレーターを作った衝突で放出された破片のほとんどは、容易に衛星の表面から逃れられるが、冥王星系の重力の影響からは逃れられない。したがって、冥王星やカイパーベルト内の他の複数の天体の集合体にとって、薄いリングやリングアークは例外ではなく、むしろ通例である可能性がある。[3] 研究がさらに進むと、四重星系ですら時代遅れになるかもしれない。

現在、NASAのニューホライズン探査機は、2007年2月の木星による重力アシストに向かう途上にあり、2015年7月に冥王星に到達する予定だが、今回発見された衛星の高解像度撮影と分光測定が探査計画の「ToDoリスト」に加えられた。これから9年間のうちに、2衛星の大きさと軌道の位置をより正確に導き出すことも、今回の報告に続く観測の優先課題になるだろう。[2] 冥王星系に入り、そして出ていく過程で、ニューホライズン探査機の計測器はさらに多くの衛星やリング、そしてその他の動かぬ証拠を探して軌道面を調べることになり、この結びつきの強い家族の起源と進化があきらかになるかもしれない。冥王星は、もはや孤独な場所ではないのだ。

Richard P. Binzel はマサチューセッツ工科大学（米）に所属している。

10. *Stephens, D. C. & Knoll, K. S.* Astron. J. 131, *1142-1148 (2006).*

スウィフト衛星がとらえた衝撃の瞬間

Shock breakout caught on camera

Timothy R. Young　２００６年8月31日号　Vol.442 (992-994)

γ線バーストと超新星爆発が、１つの観測機器で同時に観測された。この快挙は、ＮＡＳＡのγ線バースト観測衛星「スウィフト」によって成し遂げられた。２つの現象はともに強い磁場をもつ中性子星が関与しているらしい。

星は、鉄の核融合反応が終わると自身の重力を支えるのに十分なエネルギーが得られなくなって収縮し始め、中心部に中性子過剰の芯（超新星コア）ができる。このコアの表面で発生した衝撃波はやがて星の表面に達し、爆発する。このとき、エネルギーが解放され、数日間から数カ月間にわたってあらゆる周波数の電磁波放射として、宇宙空間に放たれる。これが超新星爆発の典型的な特徴だ。比較的短くて急激に起こるγ線バースト（ＧＲＢ）から、超新星の特徴である〈あらゆる周波数の電磁放射〉へと発展する〝徴候〟はまだ、目撃されていない。２００６年2月18日に突然現われた爆発する天体（超新星SN2006ajともGRB060218とも呼ばれる）は、超新星に特徴的な衝撃波と、ＧＲＢの特徴であるジェット流の両方を放っていた。

▼示されたγ線バーストと超新星爆発の関係

宇宙で注目すべき現象が起き、その初めての観測結果が『Nature』２００６年8月31日号の4論文[1〜4]に報告されている。非常に活発なγ線バースト（ＧＲＢ）が、一人前の超新星爆発へと発展したのだ。γ線バーストと超新星爆発が1つの観測機器で観測されたのは今回が初めてで、ＮＡＳＡのγ線バースト観測衛星「スウィフト」によってもたらされた。そして、この2現象が共通の原因で起こるらしいと示唆されたことは、非常に興味深い。

通常、成熟した星が自身の重力を支えるのに十分なエネルギーを熱核融合で作れなくなったときに超新星が起こる。続いて壊滅的で爆発的な崩壊が起こり、星の上層物質が内側に落下する。これが外側へ跳ね返る衝撃波を生み、その衝撃波はおそらく内部の磁場や回転からエネルギーを供給される。そして、「衝撃波の突破」つまり崩壊する星の表面から衝撃波が現れるときにそのエネルギーが解放され、数日間から数カ月間にわたってあらゆる周波数の電磁波放射として宇宙空間に送り出される。これが超新星の典型的な特徴である。

比較的短くて急激なγ線バーストは、ある種の超新星の早期警戒信号だという考えがかなり前からあり、ここ7年でＧＲＢと超新星の組み合わせの候補が3つ見つかっていた。[5〜8] しかし、ＧＲＢと超新星の関係について、決着をつける証拠は得られていなかった。つまり、ＧＲＢから、超新星であることを示すあらゆる周波数の電磁波放射へと発展するようすはまだ目撃されていない。実際のところ、超新星の衝撃波の突破の瞬間を観測した例はこれまでなかった。

今回、２００６年2月18日に突然現れた天体（超新星 SN2006aj ともγ線バースト GRB

1. *Campana, S. et al.* Nature 442, *1008–1010 (2006).*
2. *Pian, E. et al.* Nature 442, *1011–1013 (2006).*
3. *Mazzali, P. A. et al.* Nature 442, *1018–1020 (2006).*
4. *Soderberg, A. M. et al.* Nature 442, *1014–1017 (2006).*
5. *Galama, T. J. et al.* Nature 395, *670–672 (1998).*

060218とも呼ばれている）がいくつかの波長で観測され、[1〜4]こうした状況が変化した。この爆発する天体が、超新星に典型的なわずかに球面からずれた衝撃波と、ＧＲＢの特徴であるジェットのような物質の流れの両方を出したことを、４編の論文すべてが述べている。Campanaら[1]はＸ線データを使って、Pianら[2]は可視光の光度曲線を使って、この星はコンパクトな状態で爆発した「ウォルフ・ライエ星」で、水素やヘリウムは含まれていなかったことを示した。この同定結果は、Mazzaliら[3]が報告したコンピュータ・モデルによって支持された。Ｘ線データに基づき、２００万度のガスの殻の広がり方を推定した結果、母天体の半径は１２００万kmに絞り込まれた。これは、典型的な爆発する星の半径よりもかなり小さい。[1]可視光の光度曲線とスペクトルは、炭素と酸素からなる裸の中心核の爆発に特有なものだった。[2]

▼ＧＲＢジェットのメカニズム

Campanaら[1]によると、今回の現象のＸ線スペクトルには２つの異なる成分があった。１つはわずかに球面からずれた熱的成分で、これは超新星の衝撃波が星の外部へ出るときの加熱効果によって説明できる可能性が高い。もう１つは、鋭い指向性をもつ非熱的Ｘ線ジェットだ。Campanaらは、このジェットはＧＲＢの標準的なメカニズムによるものとみなすことができると考えている。すなわち、ＧＲＢは、光速よりほんの１０００分の１パーセント遅い速度で運動する極めて光速に近いガスが発する電磁波放射である、というものだ。この放射は、爆発する星の回転軸に沿って起こる可能性が高い。

6. *Hjorth, J. et al.* Nature 423*, 847–850 (2003).*
7. *Stanek, K. Z. et al.* Astrophys. J. 591*, L17–L20 (2003).*
8. *Malesani, D. et al.* Astrophys. J. 609*, L5–L8 (2004).*

一方、Pianら[2]とSoderbergら[4]の観測によると、GRB 060218のX線フラックスのエネルギー・ピークは5keV（キロ電子ボルト）で、これはX線スペクトルの低エネルギー端であった。標準的で活発なGRBによる放射エネルギーのピークは、250keV付近である。だから、観測された事象は低エネルギーの「X線フラッシュ」と分類され、標準的なGRBモデルとは矛盾するかもしれない。

興味深いことにSoderbergら[4]も、観測した無線周波数のデータの中に、光速にきわめて近いジェットによるものではなく、光速の90パーセントというやや相対論的な速度で広がる残骸が原因と見られる特徴を見いだした。これもまた、おそらく超新星衝撃波の特徴である。X線データからわかるジェットのエネルギーは、GRB 060218が通常よりも全体としては弱かったことを示した[1]。しかし、衝撃波のエネルギー[4]は、超新星は通常よりも明るかったことを意味するようだ。もし、今回の現象が地球からもっと遠かったら気づかれないままだっただろう。実際、今回のGRBはこれまでに観測されたなかで2番目に地球に近いものだった。それゆえ、Soderbergら[4]とPianら[2]は両者とも、弱い超新星と関係している弱いGRBは、これまで考えられていたよりも頻繁に発生しているが、単に見落とされているだけなのだと推測している。

GRBと超新星は関連しているものの、いままで気づかれなかったという主張の別の証拠は、GRB 060218の可視光の光度である。現われてから約2日後、バーストの可視光の残光がおさまったころ、全体の光度が再び目を見張るほど上昇し始めた。この追加の発光は超新星に特有のもので、最初の爆発で作られた放射性のニッケル56原子核がコバルト56原子核に崩壊して起こる。このプロセスは物質を再加熱し、可視光の周波数で輝かせる。光度曲線におけるこうした一時的な増光は、ＧＲＢでもまれなことではない。距離がわかっている21個のＧＲＢの可視光残光の研究では、うち9個が大きく増光したことがわかっている。[9] おそらく、これらはＧＲＢに伴って起こる超新星が、ＧＲＢの残光をかろうじて上回った例なのだろう。

爆発で飛び散る星の残骸からは、残骸ができるメカニズムについて豊富な情報が得られるが、3日後、地上にある光学望遠鏡も超新星爆発の残骸を検出した。光のスペクトルに水素とヘリウムが存在する形跡がなかったことから、この超新星はIc型と分類され、標準的な爆発よりも飛び散った質量は少ないと分析された。[2,4,10]

このため今回の観測[1〜4]は、ＧＲＢを起こすことができる星のタイプを、より質量が少ない星へも広げることになりそうだ。そして、ＧＲＢジェットを作ることができる代わりのメカニズムも必要となるかもしれない。これまで、ＧＲＢジェットの原因は、ブラックホールへの降着とされてきた。しかし、初期質量がより小さな星はブラックホールを作らず、タイプの異なる極端に小さな天体、すなわち中性子星を作ると考えられている。

Soderbergら[4]は、「マグネター」と呼ばれる磁場の強い中性子星が今回観測された爆発の原因ではないかと提案している（図1）。マグネターによる説明は、非熱的X線の観測結果がＧＲＢの通常メカニズムでは説明できないという問題を解決するだろう。[2〜4] しかし実際、このX線フラックスは典型的なＧＲＢ残光に見られるのと似た2成分のべき乗則減衰に従うことが観測され[1,10,11]、特別なメカニズムの必要性には疑問も残る。非熱的成分にエネルギーを与えているの

9. *Zeh, A., Klose, S. & Hartman, D. H.* Astrophys. J. 609*, 952–961 (2004).*
10. *Tagliaferri, G. et al.* Nature 436*, 985–988 (2005).*

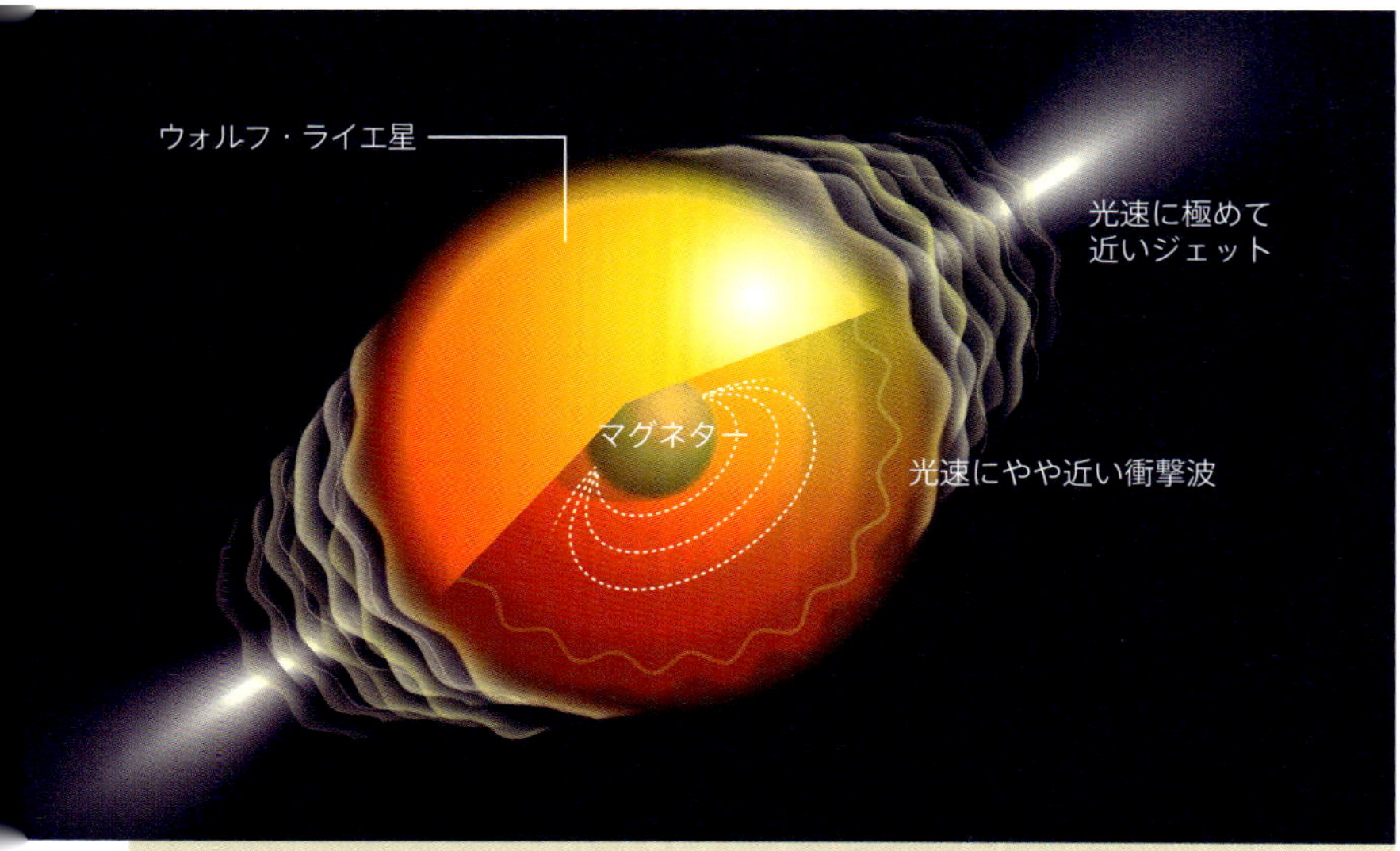

図1　γ線バーストと超新星の関係。SN2006ajあるいはGRB 060218と呼ばれる天体をNASAのγ線バースト観測衛星「スウィフト」と地上から追跡観測した結果、γ線バーストと超新星の原因は共通で、崩壊していくウォルフ・ライエ星と考えられる[1〜4]。この天体は、マグネターと呼ばれる強い磁場をもつコンパクトな天体がその中心部にあり、光速にきわめて近いジェット（GRB）と光速にやや近い速度で広がる衝撃波の両方を作る磁気的エネルギーを供給しているのかもしれない。より速く進展するγ線バーストのそのわずか後に、つぶれていく星の表面を衝撃波が突破するとき、超新星爆発の典型的な特徴である、あらゆる周波数の電磁波放射が生まれる。

[NASA]

はマグネターであるかもしれないが、それではいったいどんな方法なのだろうか。

GRB 060218の光度が小さいことから、ジェットが弱く細いものであることか、ジェットが相互作用する残骸がほとんどないこと、あるいはその両方であることが示唆される。であれば、より低エネルギーに規模を縮小した従来のGRBのジェットモデルで完全にうまく説明できる。

図2　γ線バースト観測衛星「スウィフト」のイメージイラスト。
[NASA]

11. O'Brien, P. T. et al. preprint available at www.arxiv.org/astro-ph/0603530 (2006).

▼警報としてのGRB

爆発する星の中で作られる衝撃波の詳細な形状や力学については、疑問がまだ残っている。GRB 060218の場合、ジェットが弱かったからこそ、隠れていた超新星があきらかになったようだ。[12] 一般的に言えば、光速に近いジェットが優勢なら、超新星はGRBの可視光残光の中に埋もれてしまうだろう。あるいは、この星の資源がジェットにエネルギーを与えるために使い果たされたら、超新星は起こらないのかもしれない。その場合、放出された物質のほとんどは、中心の動力源から2つの円錐形で噴き出すのが見られるだろう。これは標準的なGRBである。一方、(ほぼ) 球形の衝撃波が優勢なら、超新星が見られる。

いまはっきりしていることは、少なくともGRBの一部は、巨大な星の爆発が迫っていることを警告するために発せられた警報だということだ。それは、私たちが宇宙でもっとも大きな爆発についてさらに知るためには、望遠鏡をどちらに向ければよいかを教えてくれる。

Timothy R. Young はノースダコタ大学 (米) に所属している。

12. *Modjaz, M. et al.* Astrophys. J. 645*, L21–L24 (2006).*

ビーナス・エクスプレスからの第一報

Express dispatches

Andrew P. Ingersoll　２００７年11月29日号　Vol.450 (617-618)

ビーナス・エクスプレス・ミッションにより、地球の姉妹惑星・金星の過酷な大気についての第一報が届いた。金星の大気はなぜ、地球の穏やかな大気とは似ても似つかぬものになったのか、その原因の解明がまた一歩、進んだ。

金星は、距離だけでなく、質量・半径・密度・化学組成も地球にもっとも近い惑星である。しかし地球が温和な気候に恵まれ、生命をはぐくんできたのに対し、金星の表面は高温で乾燥している。さらに大気圧は極端に高く、その主成分は二酸化炭素で、硫酸の雲が立ち込めている〝地獄〟そのもの。金星はなぜ、このような状態になってしまったのか。欧州宇宙機関（ＥＳＡ）のビーナス・エクスプレス探査機は、それらの問題を解くためのデータをもたらしてくれた。同探査機のプラズマ分析器は、正に荷電した水素イオンと酸素イオンが水分子と同じく2対1という中性の原子よりも高い割合で、〝金星の軌道上〟に散逸していることを発見したのだ。

▼金星の大気をめぐる謎

金星は、距離だけでなく、質量・半径・密度・化学組成においても、地球にもっとも近い惑星である（図1）。しかしながら、地球が温和な気候に恵まれて生命をはぐくんできたのに対して、金星は地獄のような場所になっている。金星の表面は高温で乾燥している。大気圧は極端に高く、その主成分は二酸化炭素で、硫酸の雲が立ち込めている。金星はなぜ、こんな状態になってしまったのだろうか？

欧州宇宙機関（ESA）のビーナス・エクスプレス探査機は、この疑問に関連したいくつかの大きな問題を解くために、2005年11月に打ち上げられた。金星の水はどこにあるのだろうか？　金星にはどんな歴史があるのだろうか？　金星の気象はどんな感じなのだろうか？　地球の気象とは違うのだろうか？　金星の大気の組成を詳しく知ることができたら、その進化についてどんなことがわかるのだろうか？　今週号には、ビーナス・エクスプレスからの第一報が8本の論文として掲載されている[1〜8]。

▼〝水の惑星〟だった証拠としての、重水素の存在

まずは金星の水の問題について説明しよう。地球上では、水はもっとも大量に存在する揮発性化合物であり、海には大気中の300倍の重さの水がある。これに対して金星では、水は大気中の水蒸気か硫酸の雲に溶けた形で微量に存在しているだけであり、約200ppmにしかならない。金星には海がない。金星の表面は約730K（457℃）という高温なので、たと

1. *Bertaux, J.-L. et al.* Nature 450*, 646-649 (2007).*
2. *Zhang, T. L. et al.* Nature 450*, 654-656 (2007).*
3. *Barabash, S. et al.* Nature 450*, 650-653 (2007).*
4. *Patzold, M. et al.* Nature 450*, 657-660 (2007).*
5. *Markiewicz, W. J. et al.* Nature 450*, 633-636 (2007).*

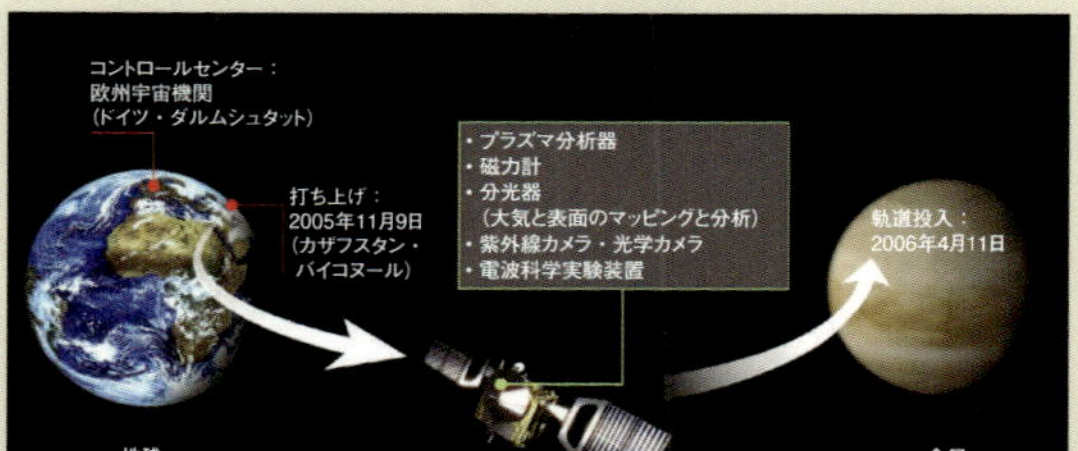

地球		金星
149.6	太陽からの距離（100万km）	108.2
365日	公転周期	225 日
6,371	平均半径（km）	6,051
5.98	質量（1024kg）	4.87
5,515	平均密度（kgm-3）	5,245
2.2	岩石-金属質量比	3.0
0.55	コア-マントル境界半径（半径に対する割合[%]）	~0.45
23時間56分	自転周期（恒星に対して）	243日
24時間	平均太陽日	117日

図１　金星への旅。欧州宇宙機関のビーナス・エクスプレス・ミッションに関する基本的なデータと数字。

え水が大量にあったとしても、液体として存在することはできないのである。水以外の重要な物質としては窒素と二酸化炭素の２つがあり、地球にも金星にもほぼ同じ量だけ存在している。ただし、二酸化炭素が存在している場所は異なっている。金星では、二酸化炭素は重い大気の96・5パーセントを占めていて、金星表面の気圧は地球の92倍にもなる。地球では、海水中に溶け込んでいた二酸化炭素が沈殿し、大量の石灰岩として存在している。

　金星と地球は多くの点で似通っているため、両者は同じようにして始まったと考えられる。かつては金星にも海ができるほどの水があったに違いないが、なんらかの機構により、その水は失われてしまった。水蒸気は熱をため込む温室効果ガスであり、大気中の水蒸気の量は、海から蒸発する水の量によりコントロ

6. *Piccioni, G. et al.* Nature 450, *637-640 (2007).*
7. *Drossart, P. et al.* Nature 450, *641-645 (2007).*
8. *Russell, C. T. et al.* Nature 450, *661-662 (2007).*

ールされている。地球が太陽に接近するようなことがあれば、海の温度が上昇し、より多くの水が蒸発し、さらに温度が上昇するだろう。ある点に達すると、温室効果はコントロール不能になり、海は沸騰して干上がり、水は大気中にしか存在できないようになる。[9]

金星では、まさにこうしたことが起きた可能性がある。金星は、現在と同じ軌道で、水蒸気からなる重い大気をもった惑星として誕生したが、この水蒸気は日光により水素と酸素に分解されてしまった。軽い水素は宇宙空間に逃げていったが、重い酸素は大気中にとどまり、地殻を酸化させて、高温で乾燥した表面を作った。通常の水素は、その重い同位元素である重水素よりも急速に失われる。実際、金星では水素に対する重水素の存在比が地球の１００～１５０倍も高く、莫大な量の水が失われたことの証拠になっている。この比が最初に測定されたのは１９７８年のことであり、[10]ＮＡＳＡが打ち上げたパイオニア探査機に搭載された質量分析計の試料導入部に詰まった硫酸の液滴から測定された。今回、ビーナス・エクスプレスに搭載された装置は、より正確な測定により、この高い値を確認した。[1]

▼高度により大きく異なる金星の大気

今日働いていると考えられる散逸機構には、おそらく太陽風が関係している。太陽風とは、太陽から放射されている荷電粒子の流れであり、これが金星の大気から原子やイオンを剥ぎ取っていると考えられている。しかし、その詳細については矛盾した報告がある。金星には内部磁場がほとんどないため、太陽風は金星の大気中で発生する磁場によってその向きを変えられ

9. *Ingersoll, A. P.* J. Atmos. Sci. 26, *1191-1198 (1969).*
10. *Donahue, T. M., Hoffman, J. H., Hodges, R. R. & Watson, A. J.* Science 216, *630-633 (1982).*

る。ところがここで、ビーナス・エクスプレスの磁力計を使った測定では、太陽風は大気中に侵入しておらず、その進化に影響を及ぼすことはできないという結果になったのに対して、[2] 同ミッションのプラズマ分析器を使った測定では、正に荷電した水素イオンと酸素イオンが中性の原子よりも高い割合で金星の軌道上に散逸しているという結果になったのである。[3] 正味の結果として、水素と酸素は水分子中と同じ2対1の比率で失われている。[3] 絶対比は、まだ測定されていない。金星の歴史という観点からは、この惑星に今日よりもはるかに大量の水が存在していた時代には、まったく異なる散逸機構があったと考えられる。

金星に残った二酸化炭素を主成分とする大気がもたらす過酷な気象は、いくつかの点で地球とは対照的である。金星の大気は重いため、地球の大気よりも効率よく熱を蓄積し、分配するはずである。ゆえに、金星の大気の温度差は、地球の大気よりもはるかに小さくなければならない。パイオニア探査機からは、この考察を裏づける結果が得られた。[11] 今回は、ビーナス・エクスプレスの電波掩蔽《えんぺい》プログラムが、さらなる検証を行なった。これは、探査機から金星の大気をかすめるような電波信号を出して、その温度を測定しようという実験である。実験の結果は、金星の高度55～60㎞の雲の中では昼と夜で30～40Ｋもの大きな温度差が生じているという驚くべきものになった[4]（図２）。

金星の大気中を高くのぼれば、風速は大きくなり、昼夜の温度差は小さくなる。風速は固体惑星に対して測定される。金星の自転速度は遅く、金星が恒星に対して1回転するには２４３地球日かかり、金星の表面から見た太陽は１１７地球日ごとに昇ったり沈んだりしている（金

11. *Seiff, A. et al.* J. Geophys. Res. 85, *7903-7933 (1980).*

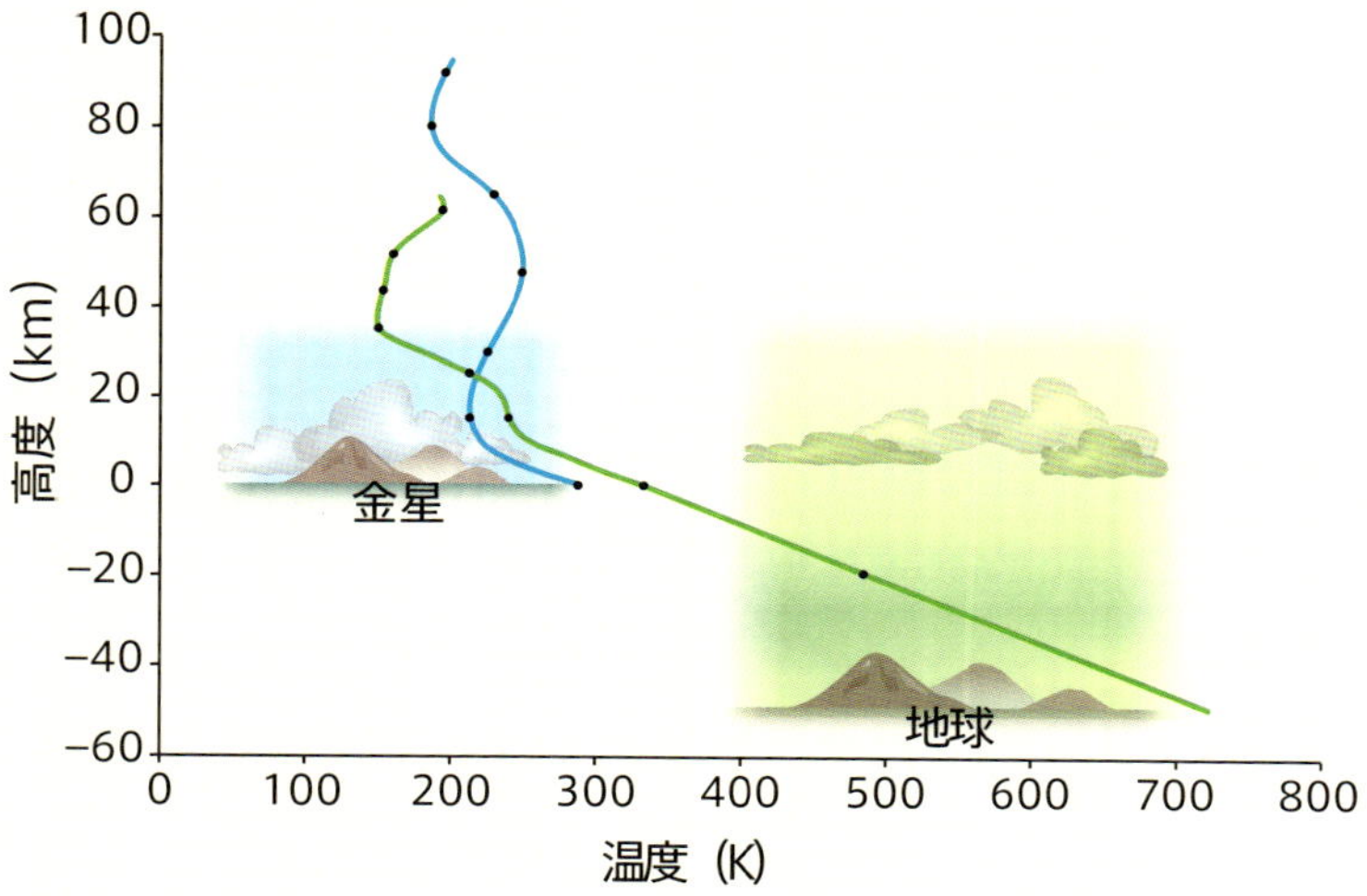

図２　大気の海。金星の大気は非常に重く、96.5パーセントの二酸化炭素と3.5パーセントの窒素からなっている。地球を包む穏やかな大気は、およそ79パーセントの窒素、20パーセントの酸素、１パーセントのアルゴンからなり（乾燥空気）、二酸化炭素をはじめとする多くの種類の微量ガスも含まれている（湿った空気には数パーセントの水蒸気が含まれている）。このグラフは、地球と金星の大気の垂直構造を比較したものである（地球は青い線、金星は緑色の線）。温度プロフィールにおける高度は、気圧が地球の海面での気圧（１気圧）に等しくなる高さをゼロとしてある。また、温度プロフィール上の黒い点は、気圧が10倍になったり、10分の１になったりするところを示している。金星の低層大気は１気圧の高さから50km近く下まで広がっており、表面気圧は92気圧に達している。また、地球の平均表面温度が288Ｋ（15℃）前後であるのに対して、金星の平均表面温度は730Ｋである。１気圧の高さに対しては、どちらの大気中の雲も（地球の雲は水から、金星の雲は硫酸からできているという違いはあるが）同程度の高度幅を占めており、金星の低層大気は相対的に雲が少ない。もっとも高い山は、金星では平均表面高度よりも12km高く、地球では海抜９kmである。

12. *Yoder, C. F. in* Venus II . Geology, Geophysics, Atmosphere, and Solar Wind Environment *(eds Bougher, S. W. et al.) 1087.1124 (Univ. Arizona Press, Tucson, 1997).*

星の太陽日がかなり長いのは、金星は太陽系で唯一、公転運動とは逆の向きにゆっくりと自転しているからである。金星がなぜこのような状態になったのか、なぜそのままなのかは、まだあきらかになっていない[12]。ひょっとすると、太陽が重い大気中に引き起こす潮汐が、これに関係しているのかもしれない)。

金星の雲は最高で高度70㎞近くに達し、そこでの風速は秒速100m（時速360㎞）近くになる。これは、地球の大気中に発生するハリケーンの風力の3倍、航空機の速度を時速11㎞分も速くしたり遅くしたりするジェット気流の速度の2・5倍に相当する。ビーナス・エクスプレスは、金星の雲を追跡することにより、これらの強風を確認した。金星には紫外線を吸収する未知の機構があり、日によって激しく変動しているが、これを利用して雲の動きを観測したのである[5]。

金星が地球やその他の惑星と共有している特徴の1つに、極付近の広い領域に見られる極渦と呼ばれる大気の循環がある。地球の極渦は、極付近の低温の空気を核として、それぞれの半球の冬に出現する。これに対して金星の極渦には低温の環があり[4,6]、その内部には、周囲よりも温度が約10K高い、双極子の形をした奇妙な特徴がある。この暖かい特徴も、太陽光による加熱だけでは説明することができない。その成因としては、強い下降気流による圧縮効果が考えられる。双極子の形をした特徴は、低緯度で暖められた空気が上昇し、上空を極地方まで移動し、そこで冷却されて下降し、地表付近を低緯度まで戻っていく「ハドレー循環」が拡大したものなのかもしれない。金星では、高度65㎞以上の高さでは、赤道は極付近よりも低温である（参

13.*Gierasch, P. J. et al. in* Venus II . Geology, Geophysics, Atmosphere, and Solar Wind Environment *(eds Bougher, S. W. et al.) 459-500 (Univ. Arizona Press, Tucson, 1997).*

考文献4)。ハドレー循環がこのような状態を保っている仕組みはまだ解明されていない。[13]

金星では、固体惑星が非常にゆっくり自転しているため、大気は独自に回転している。大気の回転方向は惑星の自転方向と同じであり、公転運動とは逆の向きに回転している。高度が上がり、大気が薄くなるにつれて太陽からの影響が大きくなるため、より少ないエネルギーを吸収して、より大きな温度変化を生じるようになる。高度90km以上では太陽からの影響が支配的になり、自転軸の周りを回転していた大気は、昼側から夜側へと流れるようになる。昼側から夜側への空気の流れは、昼側で生成して夜側へと運ばれる一酸化窒素、一酸化炭素、酸素などの化合物や、昼側で破壊されて夜側から別の化学反応の副産物として供給されるフッ化水素や塩化水素などの化合物の測定によって裏づけられている。[1,7]

▼金星にも雷が存在する?

地球と金星の大気の比較に関する興味深い現象として、最後に雷について説明したい。金星の雲は地球のスモッグのようなものであるため、雷が発生するはずがない。実際、金星の昼側でも夜側でも、はっきりした稲妻が確認されたことはない。しかし、ビーナス・エクスプレスはホイッスラーを検出した。[8] ホイッスラーとは、1秒足らずの間だけ持続する低周波の電磁波であり、放電により生じると考えられている。金星の昼側では対流する大気のセルが確認されたが、[5] セル中の雲物質の量は、地球で雷が起こる場合の100分の1にも満たない。これは、地球上では雲を帯電させるには不十分な量である。

このように、金星の雷をめぐる証拠には矛盾がある。雷が存在しているなら驚くべきことだが、私たちはまだ、惑星の大気中で電気を発生させるすべての方法を検討してみたわけではないのかもしれない。地球上での経験に基づく私たちの直観が外れることは、これまでに何度もあったのだから。

ビーナス・エクスプレスの燃料は２０１３年までもつ。ミッション・コントローラーがこの探査機の能力を把握してくるにつれて、観測シークエンスはより野心的なものになり、金星に関する私たちの知識も増大するだろう。２０１１年には、日本の金星気象衛星「あかつき」も金星にやってくることになっている。将来の金星ミッションとしては、バルーンを使って風速を測定したり、微量ガスやその同位体を採取したり、灼熱の惑星表面から岩石をつかみ取って涼しい高度までもっていき、そこで分析を行なったりすることが考えられている。いつの日か、地球の気象プロセスを調べるように金星の気候を研究できるようになったら、私たちは気候全般を理解できるようになるのかもしれない。

Andrew P. Ingersoll はカリフォルニア工科大学（米）に所属している。

＊訳注：ビーナス・エクスプレスは、その後も金星の大気や地殻運動につき数々の新しい知見をもたらし、２０１４年に運用を停止した。なお、日本の金星探査機「あかつき」は、２０１０年5月に打ち上げられたが、同年12月に金星周回軌道への投入に失敗した。その後の軌道制御により２０１５年に金星に再会合できる軌道に入り、軌道投入に再挑戦することになっている。

太陽系外惑星にメタンの気配

A whiff of methane

Adam P. Showman　２００８年３月20日号　Vol.452 (296-297)

太陽に似た主星の周りを公転する太陽系外惑星の大気中に、炭素を含む分子が存在することがわかった。この惑星大気のスペクトルから、メタンと水蒸気の吸収特性がはっきりと示されていた。

太陽系の惑星の多くは、大気中にメタンを含んでいる。地球、火星、土星の衛星・タイタン、巨大ガス惑星・木星など、いずれも微量のメタンを含んでいる。だが微量のメタンでも惑星の形成・進化・気象・光化学的性質（地球の場合は生命にも関与）を知る重要な手がかりになる。惑星HD189733bは、主星との距離が〈地球－太陽間距離〉のわずか０・０３倍しかなく、強烈な光を浴びるため大気の温度は１０００Ｋに達する。このような太陽系外惑星は「ホット・ジュピター（熱い木星）」と呼ばれている。炭素を含む分子が太陽系外惑星で見つかったのは、今回が初めて。地球から見たとき、主星の前を周期的に通過する「トランジット惑星」だったため、主星の光量の変化がわかり、ハッブル宇宙望遠鏡でも観測が可能だった。

▼太陽系外惑星「ホット・ジュピター」からメタンと水蒸気を検出

太陽系の天体の多くは、大気中にメタンを含んでいる。地球、火星、土星の衛星であるタイタン、巨大ガス惑星である木星、土星、天王星、海王星の大気は、いずれも微量のメタンを含んでいる。メタンの存在量は少ないが、その存在は、惑星の形成・進化・気象・光化学的性質につき（地球の場合は生命についても）、重要な手がかりとなる。これまでに270個以上の太陽系外惑星が見つかっているが、そのほとんどは、質量と軌道の特徴しかわかっていない。太陽系外惑星は地球から非常に遠いところにあり、主星に比べてはるかに弱い光しか発していないため、観測に基づいてその組成を推定するのは極めて困難である。けれども今回、Swainら[1]は、まさにそれを成し遂げた。彼らは『Nature』2008年3月20日号で、太陽系外惑星の大気中にあるメタン（CH_4）の検出に初めて成功したことを示した。この惑星はHD189733bと呼ばれており、すでに水蒸気が検出されていた。[2]今回の観測では、水蒸気の存在を改めて確認し、その存在量をより確実に推定することもできた。HD189733bは、主星との距離が地球－太陽間距離のわずか0・03倍しかなく、強烈な光を浴びるため、大気の温度は1000Kに達する。このような太陽系外惑星は、「ホット・ジュピター（熱い木星）」と呼ばれている。

炭素を含有する分子が太陽系外惑星で見つかったのは、今回が初めてである。それが可能になったのは、HD189733bが「トランジット惑星」だったからである。トランジット惑星とは、地球から見たときに、たまたま主星の前を周期的に通過（トランジット）するような位置関係にある惑星のことである。トランジット惑星は比較的検出しやすく、地上の小さな望遠鏡でも

1. *Swain, M. R., Vasisht, G. & Tinetti, G.* Nature 452*, 329-331 (2008).*
2. *Tinetti, G. et al.* Nature 448*, 169-171 (2007).*

探し出すことができる。[3] HD189733bが主星の前を通過するときには主星からの光の2パーセント以上をさえぎるため、惑星の半径を直接予想することもできる。ここで、主星からの光が惑星の大気中を通過する際に吸収される波長がわかれば、大気の組成の手がかりが得られるが、吸収量の微妙な変化を検出するのは非常にむずかしい。惑星の大気により吸収されにくい波長は地球に届きやすいが、吸収されやすい波長は地球に届きにくく、観測される全吸収量は大きくなる（図1）。Swainら[1]は、HD189733bの大気を透過してきた主星の光をハッブル宇宙望遠鏡に搭載されたNICMOSカメラを使って観測し、惑星の赤外線スペクトルを得た。そのスペクトルは、惑星の大気中でのメタンと水蒸気の吸収特性をはっきりと示していた。

▼ホット・ジュピターに炭素・水素はどの程度存在するのか

この測定から、惑星の挙動についてどんなことがわかるのだろうか？　木星、土星、天王星および海王星のメタンの存在量はそれぞれ、太陽大気中の炭素／水素比（太陽大気中に含まれる炭素はすべて原子の形で存在している）の3倍、7倍、約30～40倍に相当する。これらの値は、惑星が形成される際に、原始太陽系星雲のガス（その炭素／水素比は、太陽の炭素／水素比に近かったと考えられる）から炭素を受け取っただけでなく、炭素質の岩石や氷も大量に吸収していたことを示唆しており、惑星の形成について重要な手がかりを与えてくれる。太陽系外惑星についても、その炭素／水素比は、ほかの重い元素と水素の比と同様に、どれだけの量の固体材料がガスとともに集まっていったかを示す重要な手がかりとなる。

3. *www.transitsearch.org*

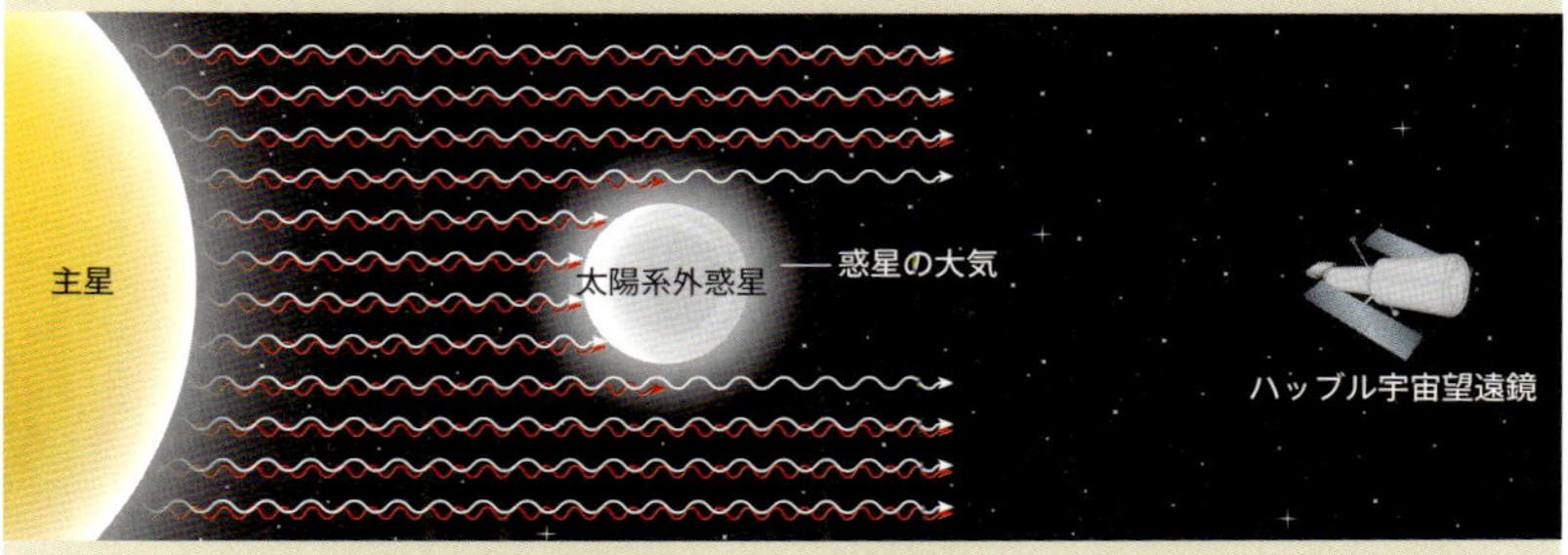

図１　メタンを検出する。地球から見た太陽系外惑星が主星の前を通過するとき、主星からの光のうち、惑星の大気に吸収されやすい波長（赤で示す）は、吸収されにくい波長（白で示す）に比べて地球に届きにくい。Swainら[1]は、ハッブル宇宙望遠鏡を使って「ホット・ジュピター」であるHD189733bの透過スペクトルを得て、惑星の大気にメタンが存在していることをあきらかにし、水蒸気の存在を確認した。

しかし、HD189733bについては、話はもっと複雑である。観測により推定されたメタンの存在量は、[1]モル分率（水素を豊富に含む背景ガスに対するメタンの比率）でいうとわずか５×10^{-5}未満であり、主星の炭素／水素比の10パーセント以下しかない。それでは、炭素はどこにあるのだろうか？　温度が１０００Ｋ以上になると、炭素がメタンを形成するのは熱力学的に不利になり、酸素と結合して一酸化炭素（CO）を形成したほうが有利になる。HD189733bの温度はこの転移温度に近いため、当初から、炭素は主として一酸化炭素の形で存在しており、微量のメタンも検出できるだろうと予測されていた。[4]ゆえに、HD189733bにおけるメタンの存在量が太陽系の天体に比べてはるかに少ないという発見は、理論的に説明がつく。実際、スピッツァー宇宙望遠鏡による最近の観測[6]データに基づいて構築された赤外線放出スペクトルのモデル[5]は、一酸化炭素の存在を間接的に示唆している。興味深いことに、Swainら[1]もTinettiら[2]も、HD189733bの水蒸気のモル分率は5×10^{-4}であると推定している。この値は、惑星の酸素／水素比と炭素／水素比に重大な影響を及ぼすため、HD189733bの形成と進化の過程を絞り込むことができる。どのようにして？ 太陽における元素存在比は、HD189733bの主星のそれに近いと考えられており、10^3個の水素分子に対して約1個の酸素原子が存在している。同様に、10^3個の水素分子に対して約2分の1個の炭素原子が存在している。HD189733bでは、炭素は主として一酸化炭素の形で存在していると推測されているが、この場合、酸素原子の半数は一酸化炭素を形成し、残りの半数は水を形成して、水のモル分率は約5×10^{-4}となる。この一連の論理によれば、HD189733bにおける水の存在量の推定値が示唆する炭素／水素比および酸素／水素比は、太陽（と、おそらくはHD189733bの主星）での値と整合性がある。HD189733bの炭素／酸素比が不明であるため断定することはできないが、これらの値は、HD189733bにおける炭素や酸素などの重い元素の存在量が主星に比べてあまり多くないことを示唆している。これは、太陽系の巨大惑星とは対照的である。

メタンの存在量は、この「ホット・ジュピター」の異常な気象の手がかりにもなる。大気の組成が化学平衡に達している場合、熱い昼側ではほとんどすべての炭素原子が一酸化炭素の形で存在しているのに対して、低温の夜側ではメタンの形が重要になってくる。この惑星の昼夜の温度地図[7]は、温度をすみやかに均等化する速い風の存在を示唆している。メタンと一酸化炭素との相互変換に必要とされる時間は有限であるため、メタンと一酸化炭素の存在量（およ

4. *Fortney, J. J., Saumon, D., Marley, M. S., Lodders, K. & Freedman, R. S.* Astrophys. J. 642, *495-504 (2006).*
5. *Barman, T. S. Astrophys. J. (in the press); preprint available at http://xxx.lanl.gov/abs/0802.0854*
6. *Charbonneau, D. et al.* Astrophys. J. *(submitted); preprint available at*

びその空間的なばらつき）は、大気の温度と輸送の時間的尺度に関する情報を含んでいるはずである。[8] ただし、この情報を取り出すためには、さらなる観測とモデルの構築が必要である。

▼太陽系外惑星研究の次なる段階

現在、太陽系外惑星の研究は、活気にあふれている。近年は、HD189733bをはじめとするトランジット惑星の高精度観測がさかんに行なわれるようになり、「ホット・ジュピター」の物理的特性があきらかになってきた。太陽に似た主星の周りを公転する太陽系外惑星が最初に発見されてから13年目を迎えたいま、私たちはついに、太陽系外惑星を見つけるだけの段階から、このような惑星がどのような性質の天体であるかを本当の意味であきらかにしていく段階に来たのである。現在、これらの発見の立役者であるハッブル宇宙望遠鏡とスピッツァー宇宙望遠鏡は老朽化しつつあり、NASAのジェームズ・ウェッブ宇宙望遠鏡などの次世代の研究基盤の開発が進められている。私たちが目にしている成果は、人類にとっての惑星の世界を、太陽系のはるかかなたにまで広げていく革命の狼煙《のろし》にすぎないのである。

Adam P. Showman はアリゾナ大学（米）に所属している。

http://xxx.lanl.gov/abs/0802.0845
7. Knutson, H. et al. Nature 447, 183-186 (2007).
8. Cooper, C. S. & Showman, A. P. Astrophys. J. 649, 1048-1063 (2006).

枝を広げる星形成

Star formation branches out
Ralph E. Pudritz　２００９年1月1日号　Vol.457 (37-39)

星はどのようにして誕生するのか？
乱流状態の高密度ガスからなる冷たい分子ガス雲を〝星の揺り籠〟に、
自己重力で生まれてくるプロセスを「葉」や「枝」や「幹」にたとえて
分析する手法が、威力を発揮しそうだ。

恒星は冷たい分子ガス雲の中で形成されるが、その過程の解明はなかなか困難だ。分子雲の観測では、ガスの二次元的な位置しか測定できず、通常は、不規則な形をしたガス雲を小さく分割してクランプと呼ばれる構造の集合体として扱うが、客観性に欠けるきらいがある。そこで研究者たちは、「デンドログラム」という手法を使い、データを「葉」「枝」、「幹」に分類し、データの各点は、地図の等値線と同じく〝等価面〟に対応するとし、ガスの運動エネルギー（その領域中のガスの速度に依存）と、重力エネルギー（その領域の質量とサイズ）の比の値を出した。この比が十分に小さいと、ガス領域中のガスは、自己重力で凝縮して恒星を形成しようとする……。

▼分子雲中のガスの運動を測定する

恒星は冷たい分子ガス雲の中で形成されるが、その過程の解明は進んでいない。これは、分子雲の複雑さのためである。星形成過程を解明するためには、さまざまなスケールにわたって重力の効果を追跡しなければならない。特に重要なのは、こうしたガス雲のような大きなスケールでの効果である。『Nature』２００９年1月1日号で、Goodmanら[1]は、階層的な樹形図（デンドログラム）を利用して、さまざまなスケールでガスをまとめている重力的な結びつきを解明する方法を示した。

分子雲の中でのガスの運動はスペクトル線のずれ（シフト）によって測定できる。あるガス塊が観測者に近づくように動いているか、遠ざかるように動いているかによって、一酸化炭素などの分子から放射されるミリ波の波長は、短波長側にシフト（青方偏移）したり、長波長側にシフト（赤方偏移）したりする。空の各点でこれらのドップラー偏移を測定することにより、分子雲の中のガス塊の視線方向の相対速度を決定することができる。その結果、分子雲の中のガスは主として超音速で運動していることがわかった。コンピュータ・シミュレーション[2]からも、分子雲の中に見られる高密度のフィラメント状構造のネットワークが、こうした超音速のガス流に直接由来しているらしいことが示されている（図１）。

▼ガス雲の三次元的観測は可能か

しかし、多くの天文観測と同様、地球から天体（この場合はガス）までの距離を知るために

1. Goodman, A. A. *et al.* Nature 457, *63-66 (2009).*
2. *Bate, M. R. Mon. Not. R.* Astron. Soc. *(in the press); preprint at http://arxiv.org/abs/0811.0163 (2008).*

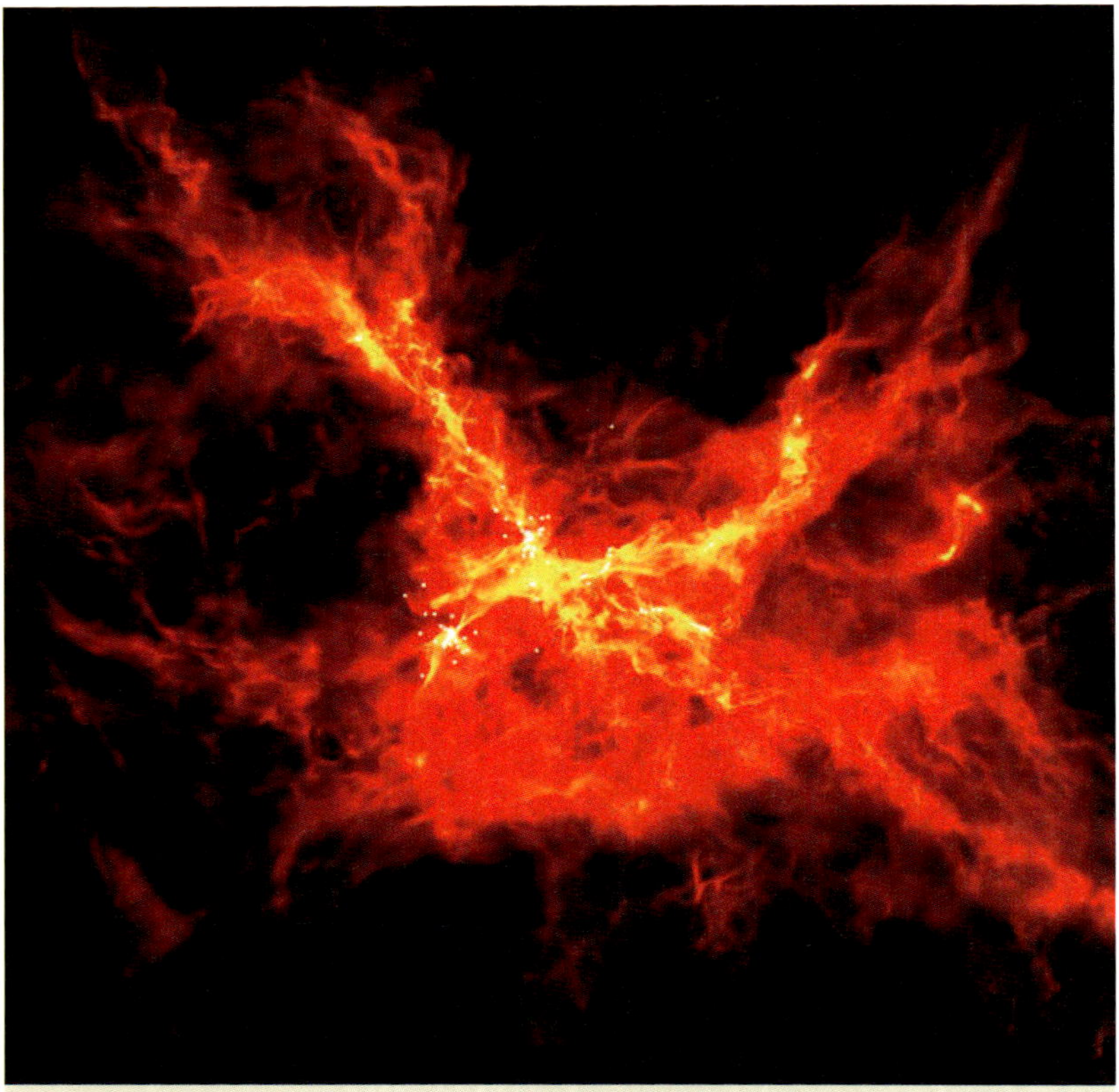

図1　星の揺り籠。画像は、乱流状態のガス雲が自己重力により凝縮している中で、恒星が形成される様子を示すコンピュータ・シミュレーション[2]。星団を生み出すこのガス雲の最初の重量は太陽質量の500倍である。ガス雲は一様密度の球体としてモデル化されており、その半径は８万3300天文単位（１天文単位は地球から太陽までの平均距離）、温度は10Ｋである。超音速乱流はガスを圧縮し、多くのフィラメントや、より小さい高密度領域を作り出す。シミュレーションは１自由落下時間（ガス塊が自由に落ち込んで、ガス雲の中心に到達するまでの時間）が経過した後の状態であり、このシミュレーションのパラメータでは1.9×10^5年に相当する。白い点は小さくて高密度のガスからなる「コア」であり、これが崩壊して個々の恒星を形成する。物理的には、Goodmanらの論文[1]の図（163ページ）で、ビリヤードの球として描かれているものに相当する。

は、さらに骨の折れる手法で観測を行なわなければならない。分子雲の観測では、空の各点で放射されているすべてのガスの二次元的な位置しか測定することができない。ここで具体的に測定されるのは、2つの座標（地球表面における緯度と経度のようなもの）と、その位置でのガスの相対速度である。したがって、分子雲の地図を作製する際には、分子雲の全体にわたってガスの位置－位置－速度（p－p－v）を測定していくことになる。しかし、ガス雲の全体を三次元的に観測することができないなら、その真の構造を推論するにはどうすればよいのだろうか？　さらには、恒星がいつ、どこで形成されるかを制御するさまざまな力の強さを推論するにはどうすればよいのだろうか？

この問題に取り組む際には、ＣＬＵＭＰＦＩＮＤというコンピュータ・プログラムを使って、不規則な形をしたガス雲を小さく分割してクランプと呼ばれる構造の集合体として扱うのが普通である。こうして得られるガス雲の地図は、山脈の起伏地図に似たものになる。典型的な地図には、尾根により結ばれた峰や単独でそびえる峰のほか、同じ高さの点を結ぶ等高線が記入されている。こうした「山脈」を離散的な「山」に分解するときには、峰を特定し、さまざまな高さの等高線を使って、小さな高まりがいずれかの山の一部であるか、独立の構造であるかを決めようとするだろう。分子雲のｐ－ｐ－ｖ地図で、この山脈の起伏地図に相当するのは、ガス柱密度（特定の視線方向に特定の速度で運動する、すべてのガス塊からの放射の和）の等高線とピークである。

ところが、この結果を利用して星形成過程について考えようとしたとたん、問題が生じてくる。たとえば、ガス柱密度からはクランプの質量が測定できる。そうすれば、特定の質量をもつクランプの数を数えることができる。こうして得られたクランプの質量の分布は、星形成の仕組みを考えるのに利用される[3,4]。CLUMPFINDに似たプログラムを使ってこのデータを解析すると、クランプの質量の分布が、恒星の質量の分布とよく似ていることがわかる。ここから、恒星の質量はクランプを作った乱流過程に直接由来しているのかもしれないと推測されるため、この点をめぐって議論になっている。

けれどもGoodmanら[1]は、この地図の等高線につき異なる閾値を採用すると、ガス柱密度の分布が変わってしまうことを示した（Supplementary Informationの図1を参照）。これは山脈の起伏地図の場合と同様である。すなわち、山々や、それよりも小さな高まりを記述するのにどのような閾値を選択するかで、山々とその性質のリストは変わってしまうのである。これでは落ち着かない。このアプローチは、ガス柱密度の実際の分布を測定するための完全に客観的な方法にはならないのである。

▼恒星形成における自己重力の重要な役割

ここで、Goodmanら[1]が提案するデンドログラムの手法の出番になる。彼らはp－p－vデータを主観的・直観的にあきらかな構造に分割する代わりに、構造に内在する階層（構造の中の構造）を敏感に検出する方法を利用したのである。データは「葉」「枝」および「幹」に分類される。「葉」はガス柱密度地図における十分に強いピークであり、「葉」どうしは「枝」（「葉」

3. *Motte, F., Andre, P. & Neri, R.* Astron. Astrophys. 336*, 150-172 (1998).*
4. *Johnstone, D. et al.* Astrophys. J. 545*, 327-339 (2000).*

を取り巻く環境）によって結ばれている。物理的に関連する「枝」の集まりが「幹」である。

デンドログラム上の各点は、地図上の閉じた〝等値面〟に対応しており、この等値面は１つ以上のガス柱密度ピークを内包している（『Nature』２００９年1月1日号64ページの図2を参照）。著者らはそこで、いかにして物理的性質の起源をこれらの等値面内の領域に帰することができるかを示した。特に重要な性質は、ガスの運動エネルギー（その領域中のガスの速度に依存）と重力エネルギー（その領域の質量とサイズに依存）の比、すなわちビリアル比である。この比が十分に小さければ、その領域中のガスは、自己重力により凝縮して恒星を形成しようとする。こうして、デンドログラムはガス雲の全体にわたる重力の相対的な強さをなぞることになるのだ。

デンドログラムの手法をガス雲L1448の観測に応用した結果と、乱流のみを考慮する（自己重力は考慮に入れない）コンピュータ・シミュレーションに応用した結果の間には矛盾がある。すなわち、シミュレーションでは、すべての空間スケールにおいてガスの大半が自己重力により凝縮していくという結果になったのに対して、観測では、大きなスケールではガスの大半が自己重力により凝縮するが、小さなスケールでは自己重力により収縮するガスはほとんどないという結果になったのである。

興味深いことに、Goodmanらのデンドログラムで見られるガス柱密度の局所的な強いピーク（これは、星形成が観察される高密度のガスの「コア」に相当する）は、ＣＬＵＭＰＦＩＮＤアルゴリズムで見られるものよりもまばらであり、自己重力により凝縮する大きなガス領域にあることがわかった。これは非常に興味深い。10年近くにわたり星形成理論をにぎわせてきたのは、恒星がいかにして質量を獲得したかという論争だった。[5] コアは比較的孤立して存在しており、そこにガスが降着していくのだろうか？　それとも、コアはより広い重力ポテンシャルの中を動き回りながら、同じように重力的に束縛された領域の中のほかの高密度領域と競争しながら質量を増やしていくのだろうか[6]（「競争的降着」理論）？　どちらの仮説も観測により決定的な証拠を得るのは困難であるが、Goodmanらが開発したデンドログラムの手法は、この質問に答えて、実際の星形成の条件を特定できる可能性がある。

Ralph E. Pudritzはマクマスター大学（カナダ）に所属している。

5. *McKee, C. F. & Ostriker, E. C.* Annu. Rev. Astron. Astrophys. 45, *565-687 (2007).*
6. *Bonnell, I. A. & Bate, M. R.* Mon. Not. R. Astron. Soc. 370, *488-494 (2006)*

ダークマターとダークエネルギー：Q&A

Dark matter and dark energy

Robert Caldwell & Marc Kamionkowski　２００９年４月２日号　Vol.458 (587-589)

宇宙の大部分は、私たちの目には見えないダークマター（暗黒物質）とダークエネルギー（暗黒エネルギー）で占められていることを、さまざまな観測結果が示す。これこそは、天文学者と物理学者にとって最大の課題である。

見えない物質95パーセントと通常の物質約５パーセントという値は、ビッグバンモデルやインフレーションモデル、一般相対論などが正しいという仮定のもとに得られた。では、いま行なわれている実験や観測は、どこまでこの値を実証できたのか。最新の実験や観測――、それはたとえば宇宙マイクロ波背景放射や、銀河や銀河団の中にダークマターのはっきりした痕跡が見つかるかどうかの観測、あるいは重力レンズ効果（遠方からくる光の屈折現象）による観測、地球に入射するダークマターの量の経年変化の観側などがある。一方、ダークマターの有力候補にＷＩＭＰ（弱い相互作用しかしない質量のある素粒子）とアクシオン（超対称性粒子）が挙げられるが、ＷＩＭＰはＣＥＲＮの大型ハドロン衝突型加速器（ＬＨＣ）の最重要ターゲットだ。

▼宇宙はどのような成分から成り立っているのか？

平均エネルギー密度への寄与という観点から見ると、宇宙は約75パーセントのダークエネルギー、約20パーセントのダークマター、約5パーセントの通常の（原子を作っている）物質、そしてほんのわずかの光子とニュートリノからできている。この値はビッグバンモデル、一般相対論、および宇宙はもっとも大きなスケールでは一様であるという「宇宙原理」が正しいという仮定のもとに得られたものである。これらの仮定の裏づけとなる実験と観測の広範さと緻密さは、この宇宙モデルが確固たる基礎の上に成り立っているという自信を与えてくれる。

▼ダークマターが存在するという証拠は何か？

私たちはダークマターを見ることはできないが、間接的な方法でその存在を推測することができる（図1）。ニュートンの法則によると、天体の質量はその衛星の運動によって求められる。計算の結果、銀河団の質量はその銀河団を構成する銀河の質量よりもずっと大きく、銀河の質量は銀河を構成する星と星間ガスの質量を合わせたものよりも大きいと推定された。このことを裏づける証拠はほかにも多数ある。そのうえ、この余分な「もの」が通常の物質ではないと信じるに足る理由があるのだ。通常の物質がそれほどたくさんあったとしたら、ダークマター探しにやっきになっている天文学者たちの目から逃れ続けることはむずかしい。また、ダークマターが通常の物質であったとしたら、ビッグバンの名残の宇宙マイクロ波背景放射や銀河や銀河団の性質中にはっきりした痕跡を残すはずだが、そうしたものも見つかっていない。

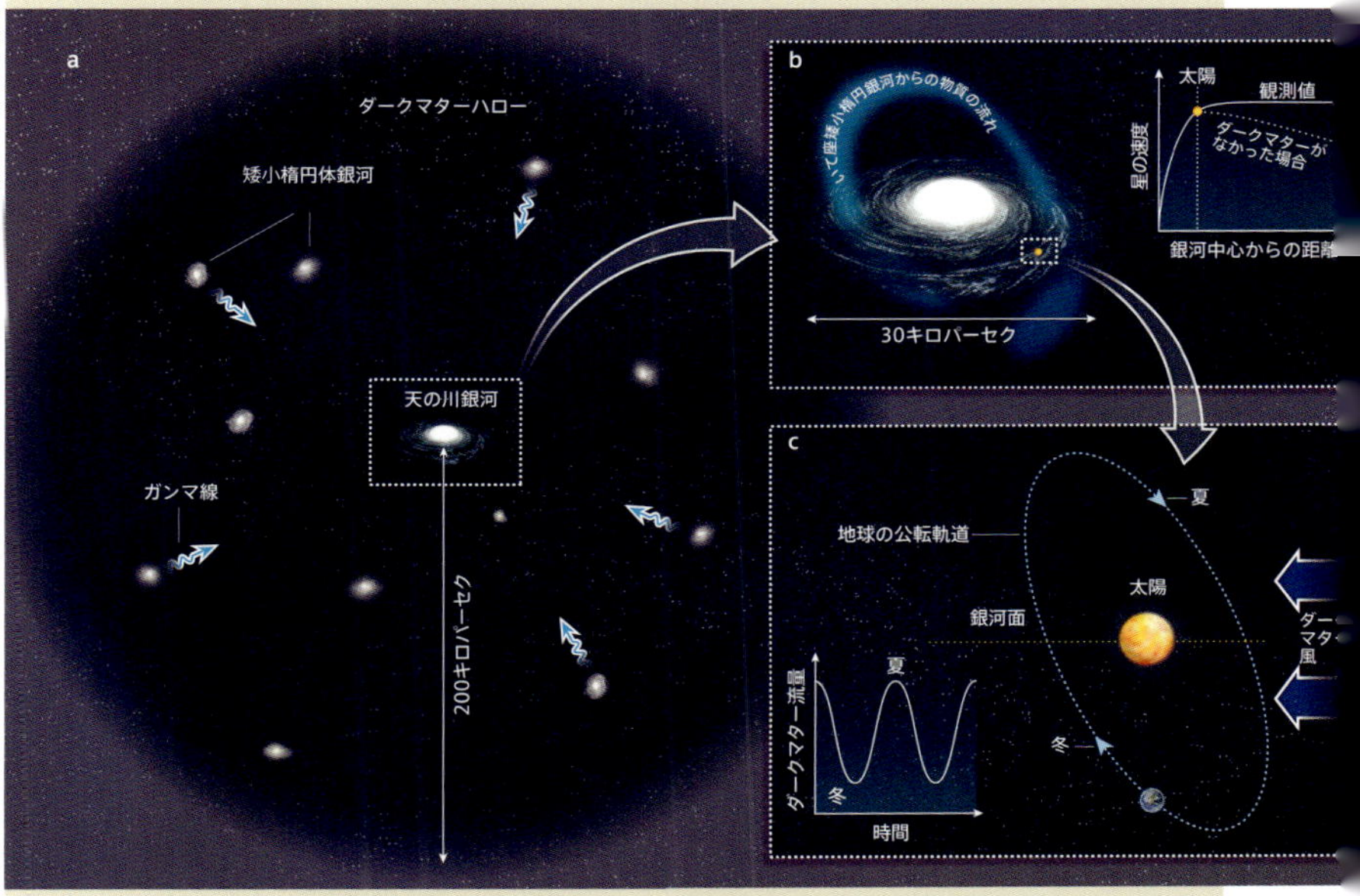

図1　ダークマターとその検出方法。a，b，私たちの天の川銀河を構成する星とガスの回転速度から、この銀河が半径約200キロパーセク（kpc。1パーセクは約3.26光年）のダークマターハローに包まれていることがわかる。近隣の矮小楕円体銀河や、ダークマター密度が高いと予想される銀河中心近くでのダークマター粒子の対消滅によって、高エネルギーのγ線が生まれている可能性がある。いて座矮小楕円銀河から引きずられ、天の川銀河にからまっている物質の流れの中でも、ダークマター密度は高くなっているかもしれない。c，地球は銀河のダークマターハローの中を通過している。ダークマターを直接検出しようとする実験で検出されるダークマター流は、地球が太陽の周りを公転しているために季節によって変化する可能性がある。ダークマター流は、地球が銀河ハローからのダークマター風と同じ方向に運動するとき（冬）のほうが、ダークマター風と逆向きに運動するとき（夏）よりも小さい（約10パーセント減）と予想される。

▼銀河や銀河団といった大きなスケールではニュートンの法則は破綻する、と結論することはできないのか？

数十年前なら悪くない仮説だったかもしれない。しかし、観測されている銀河や銀河団の運動を説明するためにニュートンの法則に代わって構築される新しい重力理論は、重力レンズ効果（遠方の光源からくる光の屈曲現象）、宇宙マイクロ波背景放射、および宇宙の大規模構造に関する膨大な量のデータも説明できなければならない。その理論はまた、太陽系内で得られた精密な観測結果によって課せられる制限も満たしていなければならない。

▼地球の近くにはどのくらいの量のダークマターがあるのか？

私たちの天の川銀河の星の軌道速度から、地球の近くのダークマターの平均質量密度は、1㎤当たり陽子1個の3分の1程度の質量であることが示唆される。この数字は宇宙の平均密度の10^6倍の大きさであるが、水の平均密度と比べると24桁も小さい。ダークマターが何からできているにしても、銀河の重力ポテンシャルの井戸の中を星と同様に運動しているため、その速度は毎秒200㎞程度であることがわかる。また、地球は太陽の周りをまわっているので、地球に入射するダークマターの量には夏と冬とで約10パーセントの差があるはずだ（図1）。さらに、銀河のダークマターの分布は滑らかではないかもしれない。銀河の形成は現在も進行中であり、計算機を使った研究からは、ダークマターの固まりや潮汐力による流れといった下部構造がかなりあるかもしれないことが示唆されている。

▼ダークマターの正体に関するもっとも有望な仮説は何か?

ダークマターの正体については無数の仮説が出されているが、もっとも有望なのは新しい素粒子を考えるものである。長年にわたる理論的検討に耐えてきた候補としては、ＷＩＭＰ（弱い相互作用しかしない質量のある素粒子）とアクシオンがある。ＷＩＭＰは、ニュートリノのように通常の物質とは弱くしか相互作用しない素粒子であり、素粒子物理学の標準模型への拡張（たとえば、超対称性理論や余剰次元モデル）の中で自然に現われてくる。ＷＩＭＰの検出は、スイスのジュネーブ近郊にある欧州原子核共同研究機関（ＣＥＲＮ）に建設された大型ハドロン衝突型加速器（ＬＨＣ）の最重要目標の1つである。もう1つのダークマター候補であるアクシオンは、陽子や中性子の中のクォークを結びつける強い相互作用の対称性の一部を説明するために仮定された素粒子である。ダークマターの正体についてはほかの可能性もあり、偏見のない心を保つことが必要である。しかし、ダークマター粒子と通常の物質との相互作用の強さ、ダークマター粒子の崩壊に対する安定性、その「冷たさ」（今日のダークマター粒子は、光速よりも遅い速度で運動しているはずである）などの制限によって、可能性を絞り込むことができる。

▼ダークマターの正体を知るには、どういった実験や観測が有効か?

ダークマター問題に対するもっとも説得力ある答えが、ダークマター粒子の直接検出であることはあきらかだ。銀河の周りにはダークマターが薄く広がったハローがあるが、このハローを構成するWIMPが地球に飛んできて検出器内に入り、これに衝突された原子核が反跳すると、検出器内に10～100keVのエネルギーが残ることになる。現在、こうした反跳原子核の観測によりWIMPを検出しようという実験計画が約20ある。一部の検出実験では金属結晶中に標的原子核があり、原子核の反跳は検出器内で集められた反跳エネルギーを通じて検出されるようになっている。このようなダークマター検出実験では、地球上の自然放射線のバックグラウンドからダークマターのサインを見つけ出すことが課題となる。しかし、今日の実験装置の感度は十分に高くなってきており、まもなく、ダークマターの主要な素粒子物理学モデルのいくつかにつき、その当否を調べることが可能になる予定である。LHCで未知の粒子が発見されればダークマター候補の範囲を大きく絞り込むことができ、私たちは正しい道筋にいることを確信できるようになるだろう。しかし、だからといって宇宙物理学的なダークマター検出の必要性が否定されるわけではない。

▼ダークマターを検出したという報告はすでにあったのでは？

確かに検出したという報告はあった。イタリアのグランサッソ国立研究所の地下深くで行なわれているDAMA実験は、地球がその公転軌道によって銀河のダークマターハローの中を運動していることに起因すると見られる、ダークマター流の年間変動を検出したと報告した。このシグナルは、まだほかの実験によって裏づけられていない。ほかの実験は異なる標的原子核を使っているため、さまざまな実験結果は特定のダークマター理論の文脈でしか比較できない。

ＤＡＭＡ実験の結果を説明するために、もっとも単純な超対称理論に現われるＷＩＭＰの質量および通常の物質との結合が提案されたが、これらはほかの実験によって否定されている。

▼ほかの方法でダークマターを検出できないのか？

個々のＷＩＭＰは理論的には安定だが、ＷＩＭＰの対は「対消滅《ついしょうめつ》」することがあり、高エネルギーの光子と、陽電子（反電子）、反陽子、ニュートリノの形の宇宙線が生成する。そうした粒子を検出できればダークマターの存在の間接的な証拠になるかもしれない。対消滅生成物が地球の近くからきているならば、対消滅が起きている場所は、ダークマター密度が高い銀河中心か、天の川銀河を取り囲み、主としてダークマターからなる、いくつかの矮小《わいしょう》銀河の中心である可能性が高い（図１）。１つの手がかりは単一エネルギーのγ線である。これらの手がかりを探すために、多数の地上実験、気球実験、衛星実験が行なわれている。

▼宇宙線実験の現状は？

２００８年、観測衛星ＰＡＭＥＬＡを使った宇宙線実験と気球を使ったＡＴＩＣ（高度薄型電離カロリメーター）実験から、高エネルギー宇宙線陽電子の流量の超過が報告された。この観測結果はＷＩＭＰ対消滅が原因である可能性があるが、観測された流量は単純なＷＩＭＰモデルが予測するよりも数桁大きい。１つの解釈は、ＷＩＭＰダークマターはこれまで考えられていたよりも複雑であるというものだ。しかし、この異常の原因がダークマターにあるとみなす前に、もっと平凡な宇宙物理学的説明（地球近傍のパルサーによる粒子加速など）の可能性を除外しなければならない。

▼ダークマターの今後の研究計画は？

ダークマターを直接検出する実験は、WIMPの「風」を利用して（図1）、地球起源のバックグラウンドシグナルからWIMP流の特徴的な年間変動を分離することをめざしている。一方、近い将来に打ち上げられる欧州宇宙機関（ESA）の天文衛星ガイアは、地球近傍の10^9個の星の位置と運動状態の地図を作製することになっている。この地図を使って天の川銀河の重力場を描けば、ダークマターハロー内のダークマター分布を推測することができるだろう。また、WIMP対消滅から生成したγ線を探す実験もいくつか計画されており、最近打ち上げられたフェルミγ線宇宙望遠鏡を使う実験もその1つである。南極のアイスキューブ・ニュートリノ天文台などの高エネルギーニュートリノ望遠鏡は、太陽や地球に蓄積したWIMPの対消滅から生成したニュートリノを探すことになる。

▼ダークエネルギーとは何か？

通常の物質どうしは重力によって引き合うため、宇宙の膨張は減速するように思われる。けれども、観測によると宇宙の膨張に加速しており（図2）、私たちの宇宙の理解がまだまだ不足していることを示唆している。この観測結果の解釈として有力なのは、宇宙は「反重力」

効果を及ぼす何かによって満たされているとする説であり、この「何か」はダークエネルギーと呼ばれている。

ニュートンの重力理論では重力が反発作用を及ぼす可能性はないが、一般相対論ではその可能性がある。物質とエネルギーの等価性から、分子の熱運動によるガス圧が重力場の源となりうるのである。十分な負の圧力をもつ流体の重力場は反発作用を及ぼす。分子運動が負の圧力をどうやって引き起こすのかイメージすることはむずかしいかもしれないが、素粒子理論に現われる量子場の一部は、負の圧力をもつ流体の存在を可能にすることがわかっている。つまり、ダークエネルギーとは単に、宇宙の膨張の加速を説明するために仮定された、負の圧力の流体のことなのだ。

▼ダークエネルギーの候補としてもっとも有望なものは何か？

ダークエネルギーの候補としてもっとも単純なものは、アインシュタインの宇宙定数である。宇宙定数は、負の圧力をもつ完全に一様な流体を表わしており、宇宙の最低エネルギー状態（真空状態）と関連づけられている。しかし、観測から要請される宇宙定数の値は、理論的な予想値の10^{120}分の1にしかならない。ダークエネルギーのもう1つの有力候補は、アクシオンに似ているが質量はもっと小さい、未知の粒子の流体である。量子理論は、そうした粒子は宇宙の膨張の加速に必要な負の圧力を供給できると予測している。

▼既知の重力の法則は宇宙スケールではどれほど信頼できるのか？

一般相対論はうまくいっている。一般相対論の正しさは太陽系内の事象で詳細に試された。さらに、膨大な量の天体物理学および宇宙論的観測結果が、この理論に基づいて理解されている。しかし、一般相対論がこれだけうまくいっていても、宇宙的な長さのスケールにおける重力理論に変種が存在しうる可能性は否定されない。宇宙膨張の加速を説明するために、重力理論というパンドラの箱が開かれ、多数の理論が提案されてきた。しかし、太陽系内の観測結果から課せられる精密な制約に反することなく重力理論に手を加えることは、驚くほどむずかしいことがわかりつつある。そして、今のところ説得力のある代替理論は出ていない。

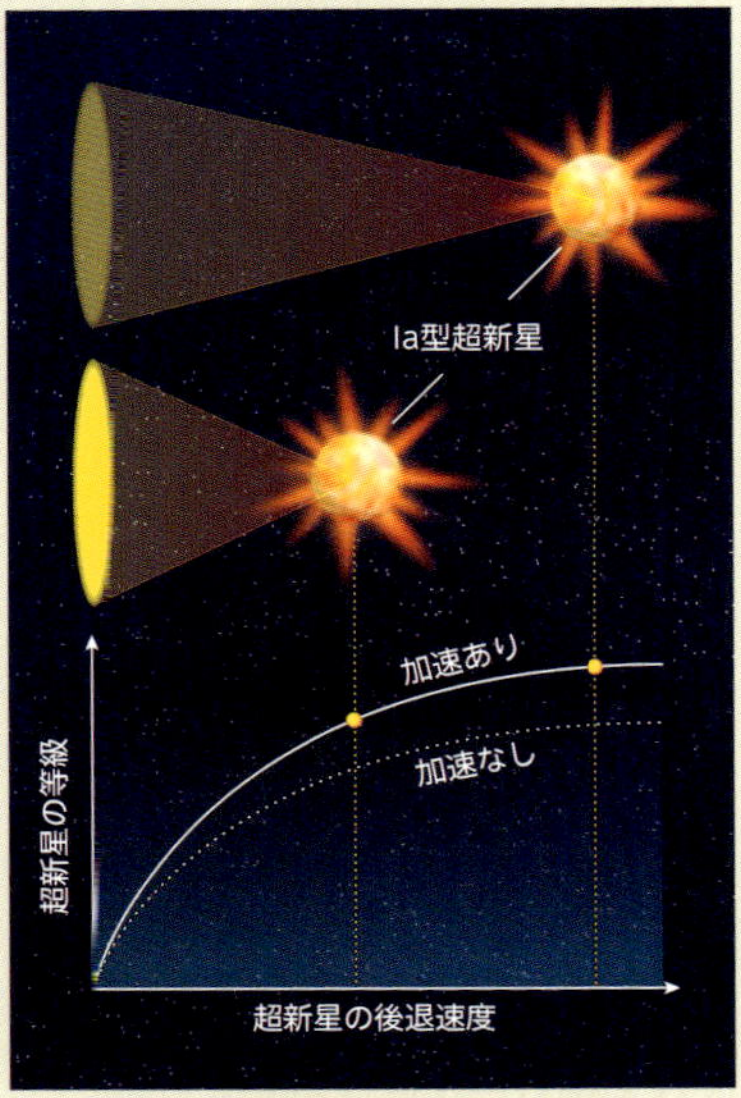

図２　宇宙の膨張の加速とダークエネルギー。白色矮星の爆発により生じるIa型超新星は、標準光源（明るさがわかっている天体）であると考えられている。この性質のため、地上から超新星を観測したときの見かけの明るさから、その距離を決めることができる。天体が暗く見えるほど、その等級は高く、遠くにある。ある後退速度をもつ超新星が予想よりも暗いという観測から、宇宙の膨張は約50億年前までは減速していたが、それ以降、加速に転じて今日に至っていると結論された。このように宇宙の膨張が加速する原因はダークエネルギーにあると広く考えられている。

▼ダークマターとダークエネルギーが関連している可能性はあるか？

素粒子物理学の標準模型を超えて、ダークマター粒子とダークエネルギー場を含めた「暗黒部門」が存在する可能性を考えてもおかしくないように思える。いずれも未知の重力場源の存在を要請しているようだが（1つは引力、もう1つは斥力作用を及ぼす）、いまのところ、2つの現象を統一的にうまく説明する提案はなされていない。

▼宇宙の加速がほかの現象に起因している可能性は？

新種の重力（通常の物質がダークエネルギーと同じ反重力効果を生み出すような重力）や新しい電磁気的効果（遠方の超新星を暗く見せるような効果。図2参照）が存在すると考える人や、私たちの基礎的な仮定（最大の長さのスケールでの宇宙の統計的な一様性や等方性）に何らかの欠陥があると考える人もいるかもしれない。現在までの観測結果は、こうした提案のどれかを特に支持しているわけではないが、私たちは偏見のない心を保たなければならない。

▼最近の観測でダークエネルギー問題の精密化に役立ったものは？

「バリオン音響振動」の観測は、宇宙の加速を裏づけ、精密化するのに使われた。バリオン音響振動は宇宙初期の音波によって作られたさざ波であり、宇宙マイクロ波背景放射と銀河分布に刻み込まれている。このさざ波の波長が地球からの距離とともにどう変化するかを測定することにより、宇宙の膨張の歴史を図で表わすことができる。

▼ダークエネルギーの正体を知るためにはどんな実験が役立つか？

今日、宇宙の加速膨張という現象を説明できる説得力のある理論があきらかに欠けている。だから、これまでの研究では、なんらかの手がかりがひょっこり現われるかもしれないと期待しつつ、同じようなデータが集められてきた。現在、超新星やバリオン音響振動を使う方法のほかに、加速膨張する宇宙において通常の物質とダークマターが重力の影響下で集まる速度を測定するという方法での研究も進められている。1つの有望な方法として、弱い重力レンズ効果を使ってダークエネルギーへの制限を設けるというものがある。強い重力レンズ効果では、遠方の光源からの光が前景の物質（レンズ）によって強く曲げられ、光源の像が強くゆがみ、弧の形に引き伸ばされる。一方、弱い重力レンズ効果では、光源の像はわずかに伸び、拡大されるだけである。もう1つの方法は、銀河団の高温ガスのX線放射を使い、その重力ポテンシャルの井戸の深さを決定するというものである。こうした方法は有望視されているものの、宇宙の加速膨張の基礎にある物理を決定することはむずかしいかもしれない。一方で、このように困難で基礎的な問題に取り組むためには、ほかに方法がないようにも思える。

Robert Caldwell はダートマス大学（米）、Marc Kamionkowski はカリフォルニア工科大学（米）に所属している。

楕円銀河の解剖学

Anatomy of elliptical galaxies

Luca Ciotti　２００９年7月16日号　Vol.460 (333-334)

楕円銀河の仲間は、一定のルールに従った規則正しい構造をしている。この規則正しさのなかに見られる「不規則性」を調べることによって、楕円銀河形成の謎を解いていく手がかりが得られるかもしれない。

宇宙の天体でもっとも古いものの1つが、楕円銀河である。現代の宇宙物理学でもっともさかんに議論されているのが、「楕円銀河がどのようにして形成されたのか」というテーマだ。「おとめ座銀河団」について研究チームは、その中の楕円銀河すべてを詳細に調べ、観測で見つかった規則性からの〝逸脱〟を基に、楕円銀河の形成を引き起こしたプロセスについて考察している。見た目は単純だが、中身は複雑。一見、単純な銀河が思いがけない複雑さを備え、その複雑さが楕円銀河を形成するメカニズムを解明する糸口になりそうだ。楕円銀河は「明るい楕円銀河」と「暗い楕円銀河」の2つに分類でき、後者のコアなし銀河どうしは、「湿った」合体を起こしスターバースト（爆発的星生成）を引き起こすだろうといわれている。

▼はっきりしない楕円銀河の形成過程

宇宙には多様な天体が見られるが、もっとも古いものの1つが楕円銀河である。この「楕円銀河がどのようにして形成されたのか」というテーマは、現代の宇宙物理学でもよく議論されてきた。有望な形成メカニズムが提案されているうち、いちばん人気の高いのが合体説である。この仮説によると、さまざまな形の親銀河どうしが衝突・合体して、多くの銀河ができたことになる。しかし、観測によれば、他のメカニズムでできた可能性も残っている。これまで、楕円銀河の構造に見られる規則性を理論モデルと調和させるべく、多大な努力が積み重ねられてきたが、楕円銀河がどのようにして形成されたかについては、なお合意は得られていない。テキサス大学オースティン校のKormendyらは、地球にもっとも近い銀河団の1つ「おとめ座銀河団」での、わかっている楕円銀河すべてを詳細に調べ、研究結果を『Astrophysical Journal Supplement Series』に報告した。[1] 彼らは、観測で見つかった規則性からの「逸脱」を基に、楕円銀河の形成を引き起こしたプロセスを調べている（図1）。

▼コアの性質が異なる「暗い楕円銀河」の存在

楕円銀河の最大の特徴は、その明るさの分布にある。銀河を構成する星が放つ光の合計光度は、中心からの距離とともに変化していく。そしてその変化の仕方は、銀河全体の全光度に基づいた一定のルールに従う。このルールをセルシックの法則と呼ぶ。要するに、楕円銀河の中心から周辺部に至る光度分布曲線は、セルシックの法則で決まっているのだ。楕円銀河の場合、

1. *Kormendy, J., Fisher, D. B., Cornell, M. E. & Bender, R.* Astrophys. J. Suppl. Ser. 182*, 216-309 (2009).*

図1　見た目は単純、中身は複雑な楕円銀河。ハッブル宇宙望遠鏡がとらえたAbell S0740銀河団の画像の中に、大型銀河ESO 325-G004（上左）などの楕円形をした銀河が写っている。これはかなり単純な天体に見える。Kormendyらは、こうした一見単純な銀河が思いがけない複雑さを備えていること、そして、その複雑さが楕円銀河の形成メカニズムを解明する糸口になりうることを示した[1]。[NASA]

全光度と関係するのは、銀河の大きさ、星の平均速度、金属含有量などである。楕円銀河のもう1つの共通点は、中心部に超大質量のブラックホールがあることで、その質量は、その銀河に含まれる星の質量の1000分の1のオーダーにも達する。[2]

Kormendyらはおとめ座銀河団の研究のなかで、楕円銀河の中心から遠い領域までの光度分布を報告し、楕円銀河は、全光度の違いに応じて性質が連続的に変化するような天体群とは見なせない、と主張している。[1] そうではなく、楕円銀河は全光度のある特定の閾《いき》値《ち》によって、はっきりと2つのグループに分かれるようだ。銀河中心部に近い領域におけるセルシックの法則からの逸脱には、実は2種類あり、それが「明るい楕円銀河」と「暗い楕円銀河」という2つのグループに分けている。第一の明るい楕円銀河では、光度分布

2. *Magorrian, J. et al.* Astron. J. 115, *2285-2305 (1998).*

曲線が銀河の中心部でとがった形（カスプ状）を示す。しかし、この中心部の光度は、中心から遠い部分ではセルシック法則の光度分布曲線より低いのだ。この「法則よりも暗い中心部分」をコアと呼ぶ。つまり、この明るい楕円銀河は中心に近いところで「光が少ない」のである。一方で、第二の暗い楕円銀河では、そうしたコアは見られない。コアなしなのだ。逆に、暗い銀河の中心部では、セルシック法則を上回る「余分な光」さえ見られるようだ（しかし、中心部の光度分布には別の解釈もある。Grahamらの論文[3]を参照）。

▼コアのない楕円銀河とブラックホールの関係

Kormendyらの研究結果により、楕円銀河が2種類に分かれることを暗示するその他の観測結果が、より重要性を増してきた。明るくてコアのある銀河は、ゆっくり回転し、どちらかといえば異方的、つまり星の速度分布が方向に依存するなどの性質があり、三軸の形状（銀河の直径が三方向で異なっている）をもっている。さらに、かなり急峻なセルシック分布を示し、ほとんどの星がとても古く、星の形成にかかった時間も比較的短かったと考えられる。一方、暗くてコアのない楕円銀河のほうは、速く回転し、より等方的で、大部分は扁球《へんきゅう》の形（楕円を短軸を軸に回転させた形）をしている。そして、かなりゆるやかなセルシック分布を示し、銀河を構成する星はもっと若く、星の形成にかかった時間はずっと長い。なお、コアのある楕円銀河は、X線を放出している高温ガスを含み、電波の放射が強い傾向があることもよく知られている。一方、コアのない銀河にはそうした傾向は見られない[4]。これまでは、楕円銀河という

3. *Graham, A. W., Erwin, P., Trujillo, I. & Asensio Ramos,* A. Astron. J. 125, *2951-2963 (2003).*

銀河のグループが規則性をもつことから、その規則性を基に有望な形成メカニズムが絞られてきた。[5,6] しかし今回の Kormendy らの分析は、規則性からの「逸脱」を調べる研究が、さらに魅力的な手がかりになるかもしれないことを示している。以前から、1つの可能性として、明るく大きな楕円銀河のコアは、自然なプロセスとして2個のブラックホールによって侵食されて作られた、というシナリオが考えられてきた。[7] それぞれが中心にブラックホールをもつ小さな楕円銀河が2つ合体すれば、新たな楕円銀河の中心には2個のブラックホールが位置することになる。そして、合体という仕組みが楕円銀河の仲間すべての主要形成メカニズムだとすれば、コアなしの楕円銀河にも2個のブラックホールが見つかってよいはずである。ではなぜ、コアなし楕円銀河では、2個のブラックホールによるコア形成が妨げられているのだろうか。

Kormendy らは、もしも合体中の相手から低温ガスが十分に供給され、それが形成中のコアなし銀河の中心部へと運ばれ、星に変わって余分な光を出すなら、2個のブラックホールによるコア形成の効果がかき消されてしまう、と提案している。[1] Kormendy らのこの新しい提案では、明るいコアのある楕円銀河は、多数の古い星をもち、低温ガスをほとんど、あるいはまったくもたない親どうしの合体（「乾いた」合体）の結果であり、一方、暗いコアなし銀河は、低温ガスに富んだ銀河どうしの合体（「湿った」合体）の結果だ、ということになる。[1] 湿った合体はスターバースト（爆発的星生成）を引き起こすであろう。2つの親のブラックホールが合体して最終的に1つのブラックホールができても、そこへのガス降着によって放出されるエネルギーは、このようなガスを熱し、星の形成を抑えるには十分ではないだろう。

4. *Pellegrini, S.* Mon. Not. R. Astron. Soc. 364*, 169-178 (2005).*
5. *Toomre, A. in* The Evolution of Galaxies and Stellar Populations *(eds Tinsley, B. M. & Larson, R. B.) 401-426 (New Haven Yale Univ. Observatory, 1977).*
6. *Ostriker, J. P.* Comments Astrophys. 8*, 177-180 (1980).*
7. *Merritt, D.* Rep. Prog. Phys. 69*, 2513-2579 (2006).*

▼銀河形成の謎に迫る、楕円銀河の研究

Kormendyらが提案した仮説は魅力的だが、楕円銀河の形成メカニズムの決定版というわけではない。楕円銀河のなかでは、大規模な進化メカニズムが働いていると考えられている。たとえば、楕円銀河の数十億年にわたる進化のなかでは、死んでいく星は、銀河の最初にあった星の質量の約20~30パーセントに相当する量のガスを放出する。しかし、現在のブラックホールと銀河の質量比の観測結果によれば、経験則として、せいぜいこのガスの1パーセントが中心のブラックホールへと降着するにすぎない。つまり、ガスのほとんどすべてはブラックホールへ降着するのではなく、なんらかの方法で銀河のなかでリサイクルされているのだ。ガスの一部が銀河の中心へ流れ、星に変わったのなら、暗い楕円銀河の中心部に見られる余分な光を生み出すのに十分かもしれない。[8] 一方、銀河の合体がもたらす効果とは、単純に、明るい楕円銀河のコアを形成するだけなのかもしれない。

銀河形成にはさまざまな物理過程が関与しているが、それぞれがどの程度寄与しているのだろうか。この問題を解明するため、高度なコンピュータ・シミュレーションが次々と実行されている。[9,10] Kormendyらの研究結果は、かつてはあまりおもしろくない天体と考えられていた楕円銀河の研究が、銀河形成の謎に迫る重要な鍵を握っていることを教えてくれる。

Luca Ciottiはボローニャ大学（イタリア）天文学科に所属している。

8. *Ciotti, L. & Ostriker, J. P.* Astrophys. J. 665, *1038-1056 (2007).*
9. *Hopkins, P. F., Lauer, T. R., Cox, T. J., Hernquist, L. & Kormendy, J.* Astrophys. J. Suppl. Ser. 181, *486-532 (2009).*
10. *Naab, T., Johansson, P. H., Ostriker, J. P. & Efstathiou, G.* Astrophys. J. 658, *710-720 (2007).*

アンドロメダ銀河に残された25億年前の記憶

Hidden chaos in cosmic order

Nickolay Y. Gnedin　２００９年９月３日号　Vol.461 (43)

「ゾウの鼻のように、銀河は長い記憶をもつ」と宇宙物理学者が論文に書き留めた〝本当の意味〟があきらかになった。このまさに「銀河の記憶」から、天の川銀河の隣人＝アンドロメダ銀河の意外な歴史が白日の下にさらされた。

私たちが本やインターネットで見る銀河の大部分は、完全な対称形の美しい姿をしている。Ｅ・ハッブルはそれらを完全な回転楕円体（楕円銀河）と渦巻き状の円盤（渦巻き銀河）の２つに大きく分け、それ以外を「不規則銀河」とした。不規則銀河は、他銀河と衝突・合体の過程にあるものが多く、衝突するとすべてがめちゃくちゃになる。巨大望遠鏡が完成しカメラの感度が向上した今、ウルトラディープ（超大深度）画像は、アンドロメダ銀河の美しいヴェールを剥ぎ取り、過去のすさまじい出来事と、そのもっとも有名な衛星銀河「さんかく座銀河」との関係をあらわにした。さんかく座銀河が広がった星のハローをもっていることは、25億年前、巨大な隣人に近づきすぎたことを示し、アンドロメダ銀河にも複雑で混乱した痕跡を残していた。

▼銀河の形状は完全な対称か

一般向けの文学作品や学部学生向けの教科書では、銀河は宇宙の基本的な構成要素だと説明されることが多い。その場合、銀河は完全で分割できない一枚岩の塊であり、宇宙のほかのすべての構造を作り上げるものであるとされている。天文学者の多くも、長い間この見方をとってきた。確かに、私たちが本やインターネットで見る銀河の大部分は、完全な対称形をしている。米国シカゴのオヘア国際空港は通路を宇宙の画像で飾って「世界天文年２００９」を祝ったが、その画像の銀河も完全に対称なものばかりだった。銀河の形の厳密な美しさが重視されているのは、かなりの程度は米国の天文学者エドウィン・ハッブルのせいである。ハッブルは銀河を形と構造の特徴に基づいて分類し、その分類は今日でも広く使われている。[1] しかし、それに完全に当てはまることは決してなく、ハッブルが考えた完全な回転楕円体（楕円銀河）と渦巻き状の円盤（渦巻き銀河）という2つの主要なグループに合わなかった例外の銀河は、すべて「不規則銀河」のグループに入れるしかなかった。不規則銀河は、ほかの銀河と衝突、つまり合体過程にあるものが多い。銀河は大きく、複雑なシステムで、それが衝突するとすべてがめちゃくちゃになってしまう。

▼アンドロメダ銀河の考古学

建築家は新しい建築物の厳密な美しさを称賛し、荒廃した醜さを嫌う。20世紀の多くの天文学者もまた、実際にはそれほど小さくないグループである不規則銀河を、「いくつもの病気も

1. *United Nations Population Division.* Replacement Migration: Is it a Solution to Declining and Ageing Populations? *(United Nations, 2002).*

ち」と呼んで軽んじてきた。しかし、望遠鏡が大型化し、天文学で使われるカメラがより高感度になるとともに、一部の天文学者は、自分たちが建築家というよりも考古学者の仕事をしていることに気づいた。そして、自分たちの研究に「考古学」という言葉を使うまでになった。カナダのヘルツベルグ宇宙物理学研究所の Alan McConnachie らは、「全アンドロメダ考古学サーベイ」（PAndAS）という研究の成果を発表し、『Nature』２００９年9月3日号66ページに掲載された。これは銀河考古学の非常に優れた例だ。この研究を進めたのは多くの天文学者からなる研究グループで、ハワイのマウナケア山頂にある口径３・６ｍのカナダ・フランス・ハワイ望遠鏡を用いて、私たちの天の川銀河の隣の姉妹銀河であるアンドロメダ銀河周辺の広い領域を、前例のない感度（天文学者が好む言い方では〝深さ〟）で、注意深く綿密に観測した。

天の川銀河とアンドロメダ銀河は、宇宙のかなり目立たない場所にあるが、ともに約１０００億個の星を含み、その周辺では2人しかいない「ファーストレディー」だ。20億個の星からなる小さい銀河から、たった１０００個の星でできている非常に小さい銀河に至るまで、約50個の衛星銀河を従えている。両銀河が互いを重力で大きく乱すことがないためには、本当のレディーのようにひじを自由に動かせるだけのゆとり（距離）が必要だが、実際、両銀河は十分に離れている。

あらためてアンドロメダ銀河をよく見てみよう。私は毎朝、オフィスに来るとき、スローンデジタルスカイサーベイが撮影した、壁いっぱいの大きさのアンドロメダ銀河の美しい画像の

2. *Lesthaeghe, R. & Willems, P.* Pop. Dev. Rev. 25*, 211-228 (1999).*
3. *Myrskylä, M., Kohler, H.-P. & Billari, F. C.* Nature 460*, 741-743 (2009).*

図1　アンドロメダ銀河　[NASA]

前を歩いて通りすぎる。[3] アンドロメダ銀河の壮大さと対称性は、しばしば私にゴシック様式の大聖堂を思い起こさせる。考古学者が探し求めるようなものがそこにあるのだろうか。「あらゆるものがある」とＰＡｎｄＡＳチームは主張している。[2] ゴシック様式の大聖堂が通常、考古学的に貴重な試料を含む地層の上に立っているように、宇宙の大聖堂もまた、その下に考古学的に貴重なものを隠しもっていた。ＰＡｎｄＡＳチームは、アンドロメダ銀河とその周辺のウルトラディープ（超大深度）画像から、アンドロメダ銀河が経験した過去のすさまじい出来事と、そのもっとも有名な衛星銀河であるさんかく座銀河との関係について多くの情報を得たのである。[2]

▼さんかく座銀河とアンドロメダ銀河の遭遇の証拠

彼らはどうやってその情報を得たのだろうか。そこから、銀河考古学が実際にどのように行なわれるかを知ることができる。まず超大深度画像から、星が密に集まった小さなさんかく座銀河を、星でできた巨大な雲が取り囲んでいることがあきらかになった。この星の雲はとてもまばらで、したがって、かすかに見える程度のものだった。この星の雲はあきらかにさんかく座銀河に伴うものだが、では、これら数百万個の星をさんかく座銀河の外へ放り出した力は、いったい何だったのか。答えはあきらかだ。近くで強い影響力を及ぼしているのは、アンドロメダ銀河だけ。その重力はあまりに強く、さんかく座銀河のように20億個の星からなる銀河さえもそれに耐えることはできない。

さんかく座銀河が広がった星のハローをもっていることは、過去にこの銀河が巨大な隣人に近づきすぎてしまったことを示す有力な証拠だ。ＰＡｎｄＡＳチームは、スーパーコンピュータによるシミュレーション結果をさんかく座銀河とアンドロメダ銀河の超大深度画像に調和させることにより、もっとも可能性の高いさんかく座銀河の過去の軌跡を再現することができた。[2] この計算によると、両銀河の接近は約25億年前に起こり、そのとき、さんかく座銀河はアンドロメダ銀河からわずか4万パーセク（約13万光年）以内を通過した。アンドロメダ銀河の強い重力は、さんかく座銀河に強い潮汐力を及ぼし、数百万個の星がさんかく座銀河の外へ放り出された。

しかし、20億個の星からなるさんかく座銀河が近距離を通過したのだから、アンドロメダ銀河にもその痕跡が残ったはずだ。実際、ＰＡｎｄＡＳチームの超大深度観測から、アンドロメダ銀河の星でできた円盤の中に軽いゆがみと小さな擾乱《じょうらん》があり、その位置は、さんかく座銀河の通過が起こしたならばあるであろう、まさにその場所であることがあきらかになった。[2] これらの証拠はどんな裁判でも勝てるほど強力なものだ。

　悲しいことに、宇宙の大聖堂の美しさが完璧に見えるのは近視眼的に見た場合だけなのだ。より深く見れば、つまりより高い解像度で観測すれば、完全に見えるヴェールの下に、過去のすさまじい事件の複雑で混乱した痕跡が見える。すべての銀河は十分に深く見れば不規則なのだ。天文学者たちは、こうした痕跡からどのように情報を読み取ればよいかを学びつつある。英国オックスフォード大学の宇宙物理学者James BinneyとAndrew Mayが1986年の論文に書いた「ゾウの鼻のように、銀河は長い記憶をもつ」ことを、さらに深く理解しようとしているわけだ。[4]

Nickolay Y. Gnedinはフェルミ国立加速器研究所（米）理論宇宙物理学グループに所属している。

4. *United Nations Development Programme.* Statistics of the Human Development Report *http.//hdr.undp.org/en/ statistics/indices (2008).*

地球より少し大きな「水の惑星」の発見

Water world larger than Earth

Geoffrey Marcy　２００９年12月17日号　Vol. 462 (853-854)

地球のわずか２・７倍の大きさの惑星が発見され、地球に似た世界の探索が前進した。この惑星の質量と大きさは「水の惑星」とも呼ばれる、〈水を大量に含んだ、仮説上のスーパーアース〉の理論的な予測値とほぼ一致している。

ハーバード・スミソニアン宇宙物理学センターの研究者たちは、地球によく似た太陽系外惑星を発見した。彼らは直径40㎝の反射望遠鏡を8基使い、それぞれに星の近赤外域の明るさを測定できるＣＣＤカメラを備え付けた。彼らは地球に近い大きさの惑星でも、親星の光の少なくとも1パーセントを遮ることができると考えられる「半径の小さな星」を、地球近傍の星のリストから２０００個選び出した。新しく見つかった太陽系外惑星GJ1214bは、鉄とニッケルでできたコアと、珪酸《けいさん》塩の岩でできたマントルの周囲に、莫大な量の水を含んでいると思われる。水素とヘリウムの薄い大気ももっているかもしれない。このスーパーアースの半径は地球の２・７倍しかなく、距離も地球から約13パーセク（42光年）しか離れていない。

▼斬新な方法による、地球に似た惑星の発見

科学における重大な発見は、数十年間にわたる忍耐を続けていくなかで、思いがけなく、偶然に起こることが多い。それまでの測定限界を間違いなく超える次世代装置を開発し、それによって限界を超えたとたん、長く探し求めてきた科学のフロンティアが見つかるかといえば、実はそういうケースはまれなのだ。ハーバード・スミソニアン宇宙物理学センター（米マサチューセッツ州ケンブリッジ）のDavid Charbonneauらは、このまれなケースの発見例を『Nature』2009年12月17日号に発表した。[1] 彼らは、これまででもっとも反論の余地のない証拠をもって地球によく似た太陽系外惑星を発見した。

Charbonneauらが開発したのは、シンプルで斬新な惑星探索方法である。彼らは、アマチュア天文家が使うような直径40cmの反射望遠鏡を8基使った。各望遠鏡には、星の近赤外域での明るさを測定する電荷結合素子（CCD）光検出器を備え付けた。たとえば、明るさが約1時間にわたって低下し、その現象が数日から数週間にわたって時計のように繰り返す星が見つかったとしよう。すると、その星はおそらく、軌道を回る惑星がその前を通過し、その星の光の一部を一時的に遮るために暗くなったと考えられる。このとき、明るさの減少量は、そのまま、星の大きさに対する惑星の相対的な大きさを示すことになる。彼らが求めたのは、地球に近い大きさの惑星の検出だ。この目的のために、Charbonneauらは、地球に近い大きさの惑星でも親星の光の少なくとも1パーセントを遮ることができると考えられる「半径の小さな星」を、地球近傍の星のリストから2000個選び出した。[2]

1. *Charbonneau, D.* Nature 462*, 891-894 (2009).*
2. *Lépine, S.* Astron. J. 130*, 1680-1692 (2005).*

▼質量の半分は水？

Charbonneau らのチームは、小さく、かすかな恒星 GJ 1214 が、1・6日ごとに52分にわたって明るさが1・3パーセント減少し、それを繰り返すことを発見した。この唯一の納得できる解釈は、惑星がこの恒星の周りを公転周期1・6日でまわり、その惑星の半径はこの恒星の半径の約12パーセントであるということだ。恒星の半径の信頼できる見積もり（太陽半径の21パーセント）から、惑星の半径は地球の半径のわずか2・7倍と見積もられた。太陽以外の星の周りをまわるこれほど小さな惑星が見つかったことは驚くべきことだ。ちなみに、地球に近い大きさの太陽系外惑星は、現在利用できる観測装置では、このほかに1個だけ報告されている。それは CoRoT-7b という惑星で、半径は地球の1・7倍だ。今回の新しい惑星は地球から約13パーセク（42光年）離れており、GJ 1214b と名づけられた。重要なのは、今回の惑星は親星を重力で引っ張っていて、最大で12m／秒の速さで動かしており、Charbonneau らの研究チームがそれを星の光の波長のずれ（ドップラー効果）の測定で検出したことだ。推測された惑星の質量は地球のわずか6・6倍で、その半径から密度を計算すると1・9g／㎤になる。地球の平均密度はずっと高く5・5g／㎤だ。水の密度は約1g／㎤と低いので、新しい惑星の化学的な構成は、おそらく岩と水の混合物であり、水素とヘリウムからなる少量の大気をもっている可能性もある。

この惑星に、有機物に富んだ池や湖をもつのに適した固い表面が存在する可能性はあるのだろうか。天文学的事実から信頼性の高い推測が可能だ。惑星が形成される場所は、若い星の周りを回転する、塵とガスでできた原始惑星系円盤である。原始惑星系円盤は、水素とヘリウムガス、炭素、窒素、酸素の化合物、金属の鉄とニッケルの混合物で、これらの成分の比率はどの原始惑星系円盤でもおおむね同じである。このことは、太陽を含む私たちの銀河系のほとんどすべての星についていえる。鉄、ニッケル、珪酸塩、氷で構成される固体の塵粒子は、互いに結合して大きな微惑星に成長し、すべての惑星の基礎となるコア（中心核）を形成する。

固体成分の相対的な比率は、どの原始惑星系円盤でもあまり変わらない。これには２つの理由がある。第一に、星の固体物質を作っているのはおもに炭素、窒素、酸素、ケイ素、マグネシウム、鉄だが、どの星でもこれらの元素の存在度はほとんど同じであり、違っても2倍以内だからだ。第二に、一酸化炭素と珪酸塩のギブズ自由エネルギーは負でその絶対値が大きいため、反応物（炭素とケイ素）の量が許すかぎり多くの酸素を封じ込める。それでも大量の酸素が残り、ギブズ自由エネルギーがもっと高い水の氷も形成される。こうして、珪酸塩と氷は、鉄とニッケルの塵粒子とともに、原子惑星系円盤の低温領域における固体物質質量の大部分を占めるわけだ。

これらの固体物質は、土星や海王星などの大きな惑星の基本構成要素になるし、今回の惑星のようなもっと小さな惑星においても基本構成要素かもしれない。[1]しかし、今回の惑星の密度は１・９g／㎤であり、各成分の相対量に制限を課す。惑星の密度をこれほど低く保つには大量の水を含んでいる必要がある。もしも新しい惑星が鉄と珪酸硅素塩のみでできていたら、その密度は地球の密度と同じくらいだっただろう。しかし、新惑星はその質量の約50パーセントに及ぶ大量の水を含んでいるに違いない。

一方、大気中の水素とヘリウムガスの量については予測がつかない。低密度である水素とヘリウムを惑星が含んでいれば、全体の密度は低くなる。それをコアの中の鉄の量を増やすことによって相殺し、全体の密度を測定値の1・9g／㎤にすることは可能だ。しかし、惑星ができる環境を考えれば、大部分が鉄と水素やヘリウムでできていて水がほとんどない、という惑星は生まれそうにない。鉄、岩、水素、ヘリウムを含むいかなる惑星も、同様に大量の水を含んでいるはずだ。だから、今回の新しい惑星は鉄やニッケルでできたコアと珪酸塩のマントルをもち、惑星質量の50パーセント近くを占める水がそれを取り囲んでいると考えられるのだ（図1）。こうした惑星はおそらく、異常に深い海をもっており、親星からの加熱によって平衡表面温度は190℃程度と考えると、海は液体になっているだろう。サウナのような水蒸気でできた大気をもっている可能性はあり、この大気は紫外線照射によるゆっくりとした光分解と流出で失われていく。水素あるいはヘリウムでできた薄い上層大気が存在する可能性も考えられる。

そうすると、人間中心的な見方からは重大な疑問が生じる。質量の50パーセントが水である惑星を、本当に地球の親類と呼べるのだろうか。土星や海王星と同じように、岩でできたコアが、大量の氷とガスを重力によって捕まえてこの惑星はできたのではないのか。地球が含んでいる水は、その質量のわずか0・06パーセントにすぎない。水素とヘリウムガスはほとんどなく、地球は乾燥した環境の中で生まれたのだ。今回の新しい惑星は、その大きさという点で

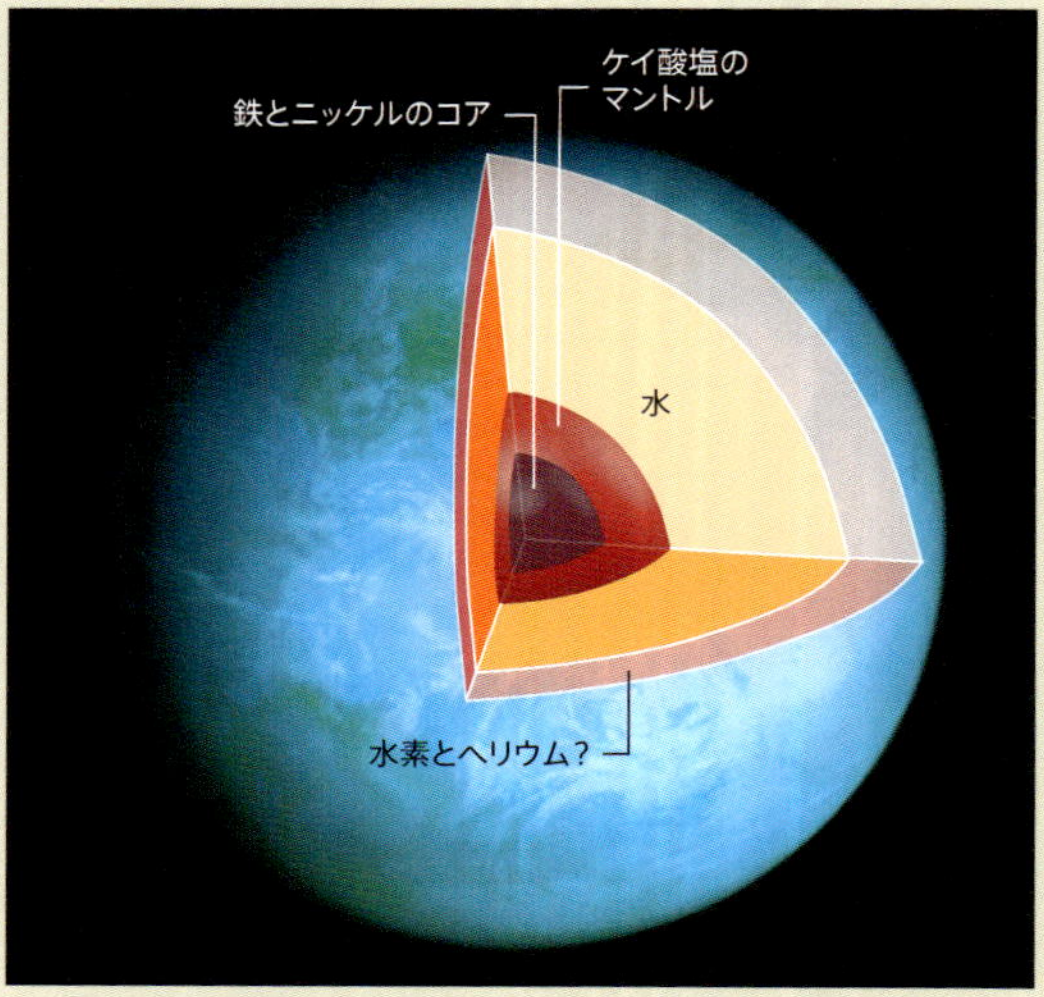

図1　水を大量に含んだスーパーアース？　新しく見つかった太陽系外惑星GJ 1214bは、鉄とニッケルでできたコアと珪酸塩の岩でできたマントルの周囲に、莫大な量の水を含んでいると思われる。また、水素とヘリウムの薄い大気をもっているかもしれない。このスーパーアースの半径は地球の2.7倍しかなく、距離も地球から約13パーセク（42光年、1パーセクは3.26光年）しか離れていない。地球によく似た惑星の発見がさらに近づいた。

は地球に近いが、近親者ではないかもしれない。

▼より精密な答えを求めて

とはいえ、Charbonneau のチームは、地球に似た惑星の発見が、将来、十分に可能であることを印象づけた。[1] 彼らの取り組みは始まったばかりであり、もっと小さく、岩石の多い惑星が今後見つかるだろう。一方、地球に似た惑星が、親星に近い軌道をまわるために親星が重力によって揺れる現象が、精密なドップラー測定によって検出されるかもしれない。もっとも有望なのは、米航空宇宙局（ＮＡＳＡ）の宇宙望遠鏡「ケプラー」だ。ケプラーは２００９年に打ち上げられ、10万個の星を監視している。ケプラーは星の明るさの1万分の1の変化を検出でき、地球の大きさに極めて近い惑星を容易に発見できる。そしていつの日か、ＮＡＳＡの宇宙干渉計画（ＳＩＭ）のような大きな宇宙干

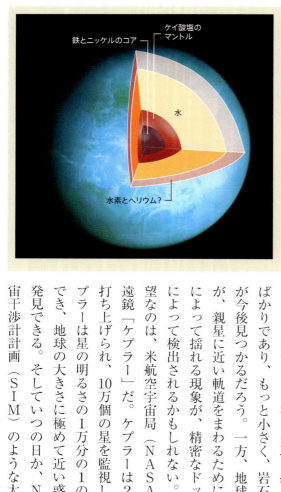

渉計と巨大なカメラが打ち上げられ、地球から近い、岩でできた惑星の地形、海洋、大気を見いだし、撮影し、分光器で分析できるだろう。約2400年前、古代ギリシヤの哲学者であるアリストテレス、エピクロス、デモクリトスらは「この宇宙に地球のような場所はほかにはない」と考えた。この説が正しいかどうか、答えはこうした新技術によって得られるはずだ。

Geoffrey Marcy はカリフォルニア大学バークレー校（米）天文学科に所属している。

新型の超新星を巡る謎

New explosions of old stars?
David Branch　2010年5月20日号　Vol.465 (303-304)

従来の分類に収まらないタイプの超新星が見つかった。けれども、超新星爆発を起こす星の正体と、爆発のメカニズムはまだほとんどわかっていない。ただ、超新星爆発は、恒星自身の質量によって〝将来〟が決まる。

超新星爆発のもっとも基本的な分類は、2つある。1つは大質量星の中心核が重力崩壊して、物質を放出するケース。もう1つは、白色矮星の核融合反応による爆発だ。ところが今回の2つの論文は、同じ特徴をもつ新種の超新星に対して、まったく異なるメカニズムを提起した。広島大学宇宙科学センターの川端弘治らのチームは、「2005年に見つかった異常な超新星は、中心核崩壊で起こった」と主張する。もう一方の研究チームは、「最近認知された超新星グループは、白色矮星が部分的に爆発して起こった」とし、この新しい超新星グループには、前者の超新星も含まれるという。前者の中心核崩壊による超新星として確実な証拠があるとされるのはSN1987Aで、小柴昌俊らのチームが、ニュートリノのバーストを検出している。

▼超新星の爆発メカニズムをめぐる新たな見解

星が爆発を起こす仕組みはいくつあるのだろうか。基本的な分類で言えば、おそらく2種類だ。1つは大質量星の中心核が重力崩壊し、物質を放出するケース。もう1つは白色矮星の核融合反応による爆発だ。この2つのメカニズムははっきりと異なっているので、超新星を観測すれば、どちらの仕組みで爆発したかがわかるはずだ、と思うかもしれない。大半の超新星については、それはほぼ正しい。しかし、『Nature』2010年5月20日号に発表された2本の論文では、同じ特徴をもつ新種の超新星に対して、まったく異なるメカニズムが提唱されている。

広島大学宇宙科学センターの川端弘治らは、同号に掲載された論文で、「2005年に見つかった異常な超新星は、中心核崩壊で起こった」と主張している。[1] 一方、ワイツマン科学研究所(イスラエル・レホヴォト)素粒子物理・宇宙物理学科のPeretsらは、同号に掲載された論文で、「最近認知された超新星グループは、白色矮星が部分的に爆発して起こった」という仮説を支持している。[2] この新しい超新星グループには、川端らが調べた超新星も含まれる。

太陽質量の約8倍以上の質量をもって生まれた大質量星は、重い元素(多くの場合は鉄)でできた中心核を作る。この中心核はやがて壊滅的な重力崩壊を起こし、通常は中性子星かブラックホールになる。その一方で、星の外層は爆発的に放出される。中心核崩壊のために起こったという確実な証拠がある唯一の超新星がII型超新星SN1987Aであり、崩壊に付随して発生するると考えられるニュートリノのバーストが検出された。[3]

II型(スペクトルに強い水素の吸収線が見られる)、Ib型(ヘリウムの吸収線が見られる)、

1. *Kawabata, K. S. et al.* Nature 465, *326-328 (2010).*
2. *Perets, H. B. et al.* Nature 465, *322-325 (2010).*
3. *Hasan, Y. & Beacom, J. F. Phys.* Rev. D 76, *083007 (2007).*

Ic型（水素の吸収線もヘリウムの吸収線も見られない）など、超新星のおもなタイプは、中心核崩壊の結果起こるという見方で大方の宇宙物理学者の意見は一致している。[4] 大質量星は、その核燃料を急速に消費するので寿命は短く（３０００万年よりも短い）、生まれた場所に近いところで死に、新しい星形成の徴候が見られる領域で爆発することが多い。

一方、Ia型超新星（一価電離したケイ素と硫黄の吸収線が特徴）は、新しい星形成の徴候が見られない銀河で現われるなどの理由から、白色矮星タイプの爆発メカニズムによると考えられている。太陽質量の約０・５～８倍の初期質量をもつ星は、爆発によらずに外層を徐々に失い、炭素と酸素からできた白色矮星になる。この白色矮星は、電子の縮退圧（パウリの排他原理で許されるだけ詰め込まれた電子による圧力）によって重力を支えている。

孤立した白色矮星は爆発しないが、連星系で生まれた白色矮星の場合、膨張する相手の恒星からガスが流れ込んで白色矮星に降り積もることがある。ガスが降り積もった白色矮星は縮み、密度が上がり、温度も上昇する。Ia型超新星の標準的なモデルでは、質量が太陽質量の１・４倍（縮退した電子が支えることのできる最大質量）に近づくと、炭素と酸素の核融合が起こり、核融合不安定性が生じて、白色矮星全体を爆発させるに至る。[5]

▼楕円銀河でなぜ超新星爆発が起こったのか

川端らは、SN2005czという名の超新星を研究した。その最大輝度のすぐ後のスペクトルがIb型超新星のスペクトルとよく似ていて、中心核が崩壊したことを示唆していた。しかし、通

4. *Smartt, S. J.* Annu. Rev. Astron. Astrophys. 47, *63-106 (2009).*
5. *Kasen, D., Röpke, F. K. & Woosley, S.E.* Nature 460, *869-872(2009).*

常のIb型超新星と比べると、この超新星は暗く、また、輝度が減少する速さはより速く、発見から6カ月後に観測したスペクトルでは、カルシウムの輝線が極端に強かった。

川端らは理論モデルによる検討に基づき、太陽質量の10～12倍の初期質量をもつ星の中心核崩壊を考えれば、SN2005czの放出質量が少ないこと、暗いこと、ヘリウムとカルシウムに富んだ組成を説明できると提案している。この星は、伴星と相互作用することによってその水素外層を失い、残りは太陽質量の1・5倍の鉄の中心核を作り、それが太陽質量の1倍にすぎない質量放出を伴って中性子星へ崩壊した、と川端らは推測する。

残る問題は、SN2005czが楕円銀河で起こったことだ。楕円銀河は星形成のほとんどを数十億年前に終えているので、一般的には、中心核が崩壊するタイプの超新星は起こらない。しかし、この楕円銀河は例外的で、「比較的最近、かなりの量の星形成が起こっている」という研究結果を川端らは引用している。

Peretsらが検討したのは別の超新星SN2005Eで、これも暗くて急速に減光した。[2] SN2005Eの付近では、新しい星形成の証拠は皆無であり、中心核崩壊によるとは考えられない。Peretsらは、SN2005czを含め、最近報告された「SN2005E類似超新星」は、Ia型超新星を含めたどんなタイプの超新星よりも、「古い星が多い銀河で起こる傾向」が強く、少なくともグループ全体としては、「中心核崩壊が原因とする仮説が正しい可能性は低い」ことを示した。

しかし、SN2005E類似超新星の特徴はIa型超新星とも異なっている。Peretsらは、SN2005Eは太陽質量の約0・3倍分の質量（おもにヘリウムとカルシウムからなる）だけを

図1　すばる望遠鏡による超新星SN2005czの画像。（国立天文台）

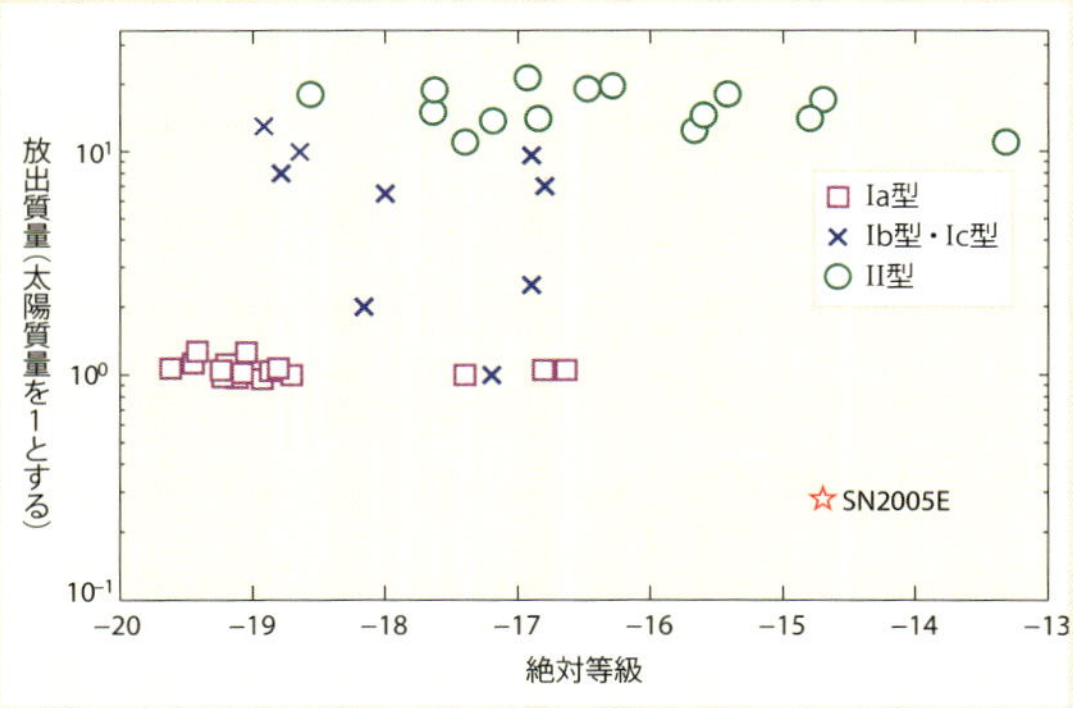

図2　超新星の放出質量と絶対等級。Peretsらが調べた超新星SN2005Eはこの図では右下にあり、従来のタイプの超新星（Ia型、Ib型、Ic型、II型）の位置とは異なっている。ほかのSN2005E類似超新星の値はさらに不確かだが、それらも右下の領域にある。絶対等級は天体の光度の対数をとったもので、この図では明るい天体は左に、暗い天体は右に位置する（図はPeretsらの補足情報[2]の図S3をもとに作製した）。

放出したと推測し（図1）、ガスが降着する白色矮星が、不安定な核燃焼と表面近くの薄いヘリウム層を爆発的に放出し、部分的な崩壊を起こしたものがSN2005Eだとする解釈を支持している。ガスが降着する白色矮星の部分的な崩壊を説明する理論モデルは、すでに存在する。しかし、SN2005E類似超新星のすべての特徴を説明するものはまだない。

▼「明るくない」超新星の探索へ

川端らとPeretsらが提案した2つの解釈が非常に異なっている事実は、こうした超新星爆発の原因に関する私たちの知識が、現時点では限られていることを物語る。彼らが主張しているように、SN2005E類似超新星の放出物の組成が異常であることは、宇宙物理学のいくつかの領域で重要な意味をもつだろう。[1,2]

こうした暗い超新星のサンプルはいまのところ少ないが、これまでの超新星探索は、もっと明るい超新星に著しく偏っていた。明るい超新星に偏らない探索計画が最近いくつか開始し、[6〜9]これから始まるものもある。SN2005E類似超新星をさらに詳しく観測した研究や、別の種類の標準的でない超新星の発見例が、今後増えていくことは間違いない。そうなれば、そうした超新星爆発のこれまで以上に詳細な数値シミュレーションの進展と合わせ、星が爆発する多様なメカニズムの解明が、よりいっそう進むはずだ。

David Branchはオクラホマ大学（米）ホーマー・L・ドッジ記念物理・天文学科に所属している。

6. *Law, N. M. et al.* Publ. Astron. Soc. Pacif. 121, *1395-1408 (2009).*
7. *Drake, A. J. et al.* Astrophys. J. 696, *870-884 (2009).*
8. *Young, D. R. et al.* Astron. Astrophys. 489, *359-375 (2008).*
9. *Lien, A. & Fields, B. D.* J. Cosmol. Astroparticle Phys.1, *047(2009).*

超新星は2つの顔をもつ

The supernova has two faces

Daniel Kasen　２０１０年7月1日号　Vol. 466 (37-38)

星の死に方は、これまで考えられていたよりも種類が少ないことがわかった。以前は異なるタイプと考えられていた２種類の超新星は、新たな観測データと既存データの分析から、実際には１種類の裏表だったことが判明した。

超新星爆発で私たちが目にするのは爆発の一瞬ではなく、その直後、星の破片が散らばって作る光り輝く雲である。この光る雲は秒速１万㎞を超えて広がり、宇宙の果てまでの半分超の距離にあっても観測可能だ。今回、前田啓一らのチームは、こうした超新星の残骸の分布を調べ、星の最期の瞬間が不均等で球対称ではないことを示した。彼らの研究はIa型超新星に関し、恒星と白色矮星でできた連星系の、矮星が核融合で起こす超新星爆発を探る。そして、高速で物質を放出する超新星と低速でのそれとの違いは、同じ超新星の２つの側面にすぎない、と結論した。超新星の爆発は、点火の場所が星の中心からずれているため、星の一方の側はより高速で吹き飛ばされるということだ。

▼一様でないIa型超新星？

一部の星は10億年あるいはそれ以上生きたのち、超新星爆発を起こしてわずか数秒間でばらばらになる。私たちが目にするのは、最期のすさまじい一瞬ではなく、その直後のようすだ。つまり、星の破片が作る光り輝く雲であり、これは秒速1万㎞を超える速度で吐き出され、観測可能な宇宙の果てまでの半分を超える距離にあっても、私たちはそれを見ることができる。東京大学数物連携宇宙研究機構（ＩＰＭＵ）の前田啓一らは、今回、こうした超新星の残骸の分布を調べ、星の最期の瞬間が不均等で球対称ではないことを示し、『Nature』２０１０年7月1日号に報告した。[1]

前田らの研究はIa型超新星に関するものだ。Ia型超新星は、高密度の炭素と酸素からなる白色矮星《わいせい》が核融合反応で起こす爆発と考えられており、伴星からの質量降着によって臨界質量に達する。[2] Ia型超新星のピーク時の光度はほぼ一定しており（約10^{36}W〔ワット〕）、超新星の見かけの明るさを測定すれば、超新星までの距離を推定できる。宇宙論研究者はIa型超新星を利用して、宇宙の大きさやビッグバン以降の宇宙の拡大の様子を求めてきた。Ia型超新星は、きちんと較正されれば約10パーセントの誤差で信頼できる距離指標として使える。しかし、宇宙論パラメータの範囲を限定するには、さらに高い精度が欲しい。Ia型超新星でそれができるかどうかについては、一部の宇宙物理学者は疑問視している。Ia型超新星となる星は、銀河のさまざまな場所で生まれ、すさまじい嵐のような大爆発の中で死ぬ。そうした超新星がすべてよく似ていると考えることは可能なのだろうか。

1. *Maeda, K. et al.* Nature 466, *82-85 (2010).*
2. *Hoyle, F. & Fowler, W. A.* Astrophys. J. 132, *565-590 (1960).*

▼超新星の不均等な爆発

実際のところ、すべてがよく似ているとは言えない。最近の観測から、Ia型超新星にもさまざまなものがあることがあきらかになった。宇宙物理学者にとっては興味深く、気になる研究結果だ。特に、一部の超新星は異常な高速で物質を放出する。これは、爆発から1週間ほど後のスペクトル線のドップラー偏移で測定されたものだ。これらの星の破片の外層は、典型的な超新星よりも50パーセントも速い速度で運動していた。[3,4] これらはIa型超新星のよりエネルギーの高い特殊型のように思える。こうした超新星は、低速で物質を放出する超新星よりも非常に明るいと思うかもしれないが、そういうわけではない。しかし、Ia型超新星の光度に系統的な違いがあれば、その違いがたとえ小さくても、正確な距離指標としては役に立たなくなってしまう可能性がある。

今回、前田らは、高速で物質を放出する超新星と低速で物質を放出する超新星の違いは同じ超新星の2つの側面にすぎないと結論した。[1] 前田らのデータは、超新星の爆発メカニズムは不均等であり、星の片側はもう片側よりも高速で吹き飛ばされるという仮説を支持している。Ia型超新星が高速のタイプか低速のタイプであるかは、その2つの面のどちらがたまたま私たちに向いていたかにすぎないというわけだ。

この描像は、白色矮星はどのようにして爆発するかを説明する特定の理論モデルと一致しているように思える。その理論モデルによると、爆発直前の白色矮星はゆっくりと燃焼しつつ、熱核反応の暴走を引き起こす臨界温度に少しずつ近づいていくと考えられる。[5] 星の中心核の中

3. *Branch, D., Drucker, W. & Jeffery, D. J.* Astrophys. J. 330, *L117-L118 (1988).*
4. *Benetti, S. et al.* Astrophys. J. 623, *1011-1016 (2005).*
5. *Höflich, P. & Stein, J.* Astrophys. J. 568, *779-790 (2002).*

では対流は双極子的になる。熱いガスの泡は流れによって少しずつ表面へ向かって上昇した後、星を半周し、再び中心部へ沈み込む。[6,7] 爆発を点火する最初のスパークはこの上昇流の中にとらえられており、核融合反応は星の中心からわずかに離れて始まる。

点火場所のこの小さなずれが不均等な爆発をもたらす。核融合反応が野火のように広がると き、炎と灰は浮力によってキノコ雲のように上昇する[8〜10]（図1）。浮力を得た火の玉は星の表面に近づいたところで爆轟《ばくごう》を起こすかもしれない。[11〜13] あるいは星から飛び出て表面のすぐ上で爆轟を起こすかもしれない。[14] どちらにしても、その結果は似ている。星の片側はもう片側よりも、より完全に燃焼して灰になり、より高速で放出される。

こうした不均等な爆発は、数年前から計算機シミュレーションで予測され始めていたが、それが現実世界で実際に起こっているのかどうか、確かめるのがむずかしかった。私たちが観測する超新星は、少数の例外を除いて、その詳細を分解して観測するにはあまりにも遠く、地球からは構造のない光の点のように見えるからだ。超新星からの光は偏光していることが多く、[15] これは爆発が球対称ではないことを意味するが、破片の雲の正確な形状を推定するのはむずかしかった。

今回、前田らの研究チームの巧みな分析により、破片の雲の形状のあらましを知ることができた。[1] 成功の鍵は忍耐強さにあったようだ。天文学者はパパラッチと似ていて、ピークを過ぎて燃え尽きた星には急速に興味を失ってしまい、カメラの向きを変えて新しい現象を追いかけがちだ。しかし、今回の新しい研究結果は、超新星をその最盛期の数年後に追跡調査すること

6. *Kuhlen, M., Woosley, S. E. & Glatzmaier, G. A.* Astrophys. J.640*, 407-416 (2006).*
7. *Zingale, M. et al.* Astrophys. J. 704*, 196-210 (2009).*
8. *Niemeyer, J. C., Hillebrandt, W. & Woosley, S. E.* Astrophys.J. 471*, 903-914 (1996).*
9. *Livne, E., Asida, S. M. & Höeflich, P.* Astrophys. J. 632*, 443-449 (2005).*
10. *Jordan, G. C. iV et al.* Astrophys. J. 681*, 1448-1457 (2008).*

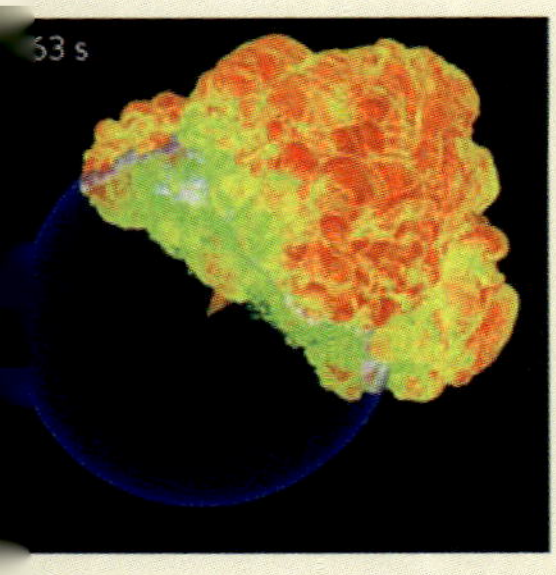

図1　不均等な超新星爆発。前田らのIa 型超新星の観測結果の分析は、超新星爆発に不均等をもたらすメカニズムがあることを示唆している[1]。ここに示したシミュレーション結果によると、白色矮星は中心からわずかに離れた場所で最初に点火し、熱核反応の炎が白色矮星を消滅させ始める。燃えた物質は熱く、浮力があるので炎と灰はすばやく上昇する。その結果、星の片側はもう１つの側よりもより完全に燃え、より高速で放出される。（スケールバーは1000km）
[UNIV. CHICAGO FLASH CENTER]

で得られた。数年後の超新星の明るさは１００分の１以下に衰え、すでに破片は広がってその密度は低くなり、半透明になっていた。だから、星の灰の雲の中をのぞき込み、物質の完全な分布を測定することができた。年老いた超新星はもはやその第２の顔を隠すことができなかったのだ。

前田らは、超新星爆発のこの種のデータを新たな観測や既存の観測記録からたくさん集め、その結果、Ia型超新星の本当の姿が見えてきた[1]。放出した物質の速度が高速だった超新星の場合は、破片のなかでも高速なものが地球に向かって運動していたらしい。放出した物質の速度が低速に見えた超新星の場合はその逆だ。破片のなかでも高速なものが地球から見て向こう側へ運動していたため、爆発初期には、それが破片の雲に隠れて地球から見えなかったらしい。違いは超新星の種類の違いではなく、観測する視点の違いだった。おそらく、これら超新星を地球から見たときの角度はランダムであるはずだ。観測から推定された非対称性は、中心からずれた爆発から予想される非対称性とおおむね一致しており、これは、理論モデルの優劣を決める手立てともなるかもしれない。

11. *Khokhlov, A. M.* Astron. Astrophys. 245, *114-128 (1991).*
12. *Livne, E.* Astrophys. J. 527, *L97-L100 (1999).*
13. *Hillebrandt, W., Sim, S. A. & Ropke, F. K.* Astron. Astrophys.465, *L17-L20 (2007).*
14. *Plewa, T., Calder, A. C. & Lamb, D. Q.* Astrophys. J. 612, *L37-L40 (2004).*
15. *Wang, L. & Wheeler, J. C.* Annu. Rev. Astron. Astrophys. 46, *433-474 (2008).*

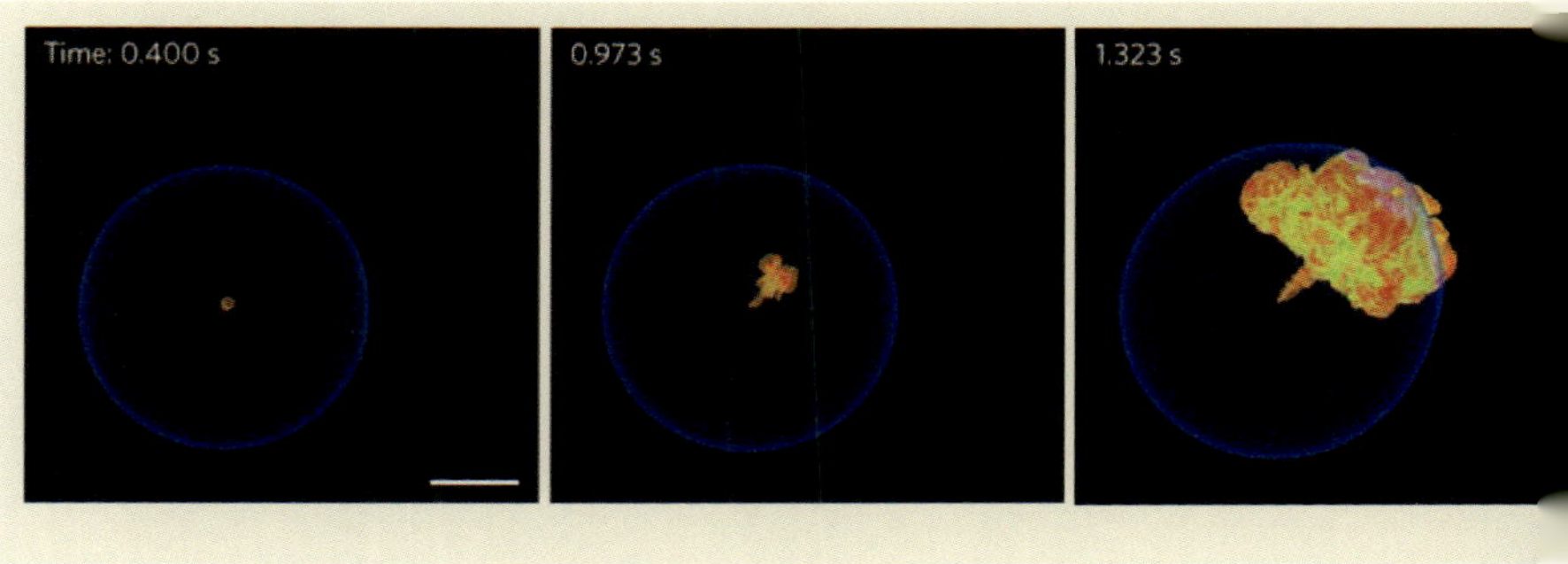

▼多様性は観測にどう影響するか

Ia型超新星爆発に見られる多様性のすべてが、不均等な爆発で説明できるわけではない。少数の超新星の特色はこの描像では簡単には説明できない。それを説明するには、まったく異なる爆発プロセスが必要になるかもしれないし、通常とは異なる星が元になっているのかもしれない。[16] しかし、少なくとも現在、超新星によく見られる違いの多くは、非対称性のためであることを観測も理論も示唆している。[17] 超新星は地球から見てランダムな方向を向いているので、この効果が超新星の輝度にもたらすずれは、系統的ではなく、統計的なもののはずだ。これは宇宙論研究者にとってうれしいニュースだ。多くの超新星を観測しさえすれば、さまざまな角度からまんべんなく観測したことになる。つまり、拡大する宇宙を測る私たちの物差しは、超新星がさまざまな顔をもっていることによって狂うことはない、ということだ。

Daniel Kasen はカリフォルニア大学バークレー校（米）物理学科およびローレンスバークレー国立研究所原子核科学研究部門（米）に所属している。

16. *Howell, D. A. et al.* Nature 443, *308-311 (2006).*
17. *Kasen, D., Ropke, F. K. & Woosley, S. E.* Nature 460, *869-872 (2009).*

１３０億光年を超える「もっとも遠い銀河」を発見

Galaxy sets distance mark

Michele Trenti
２０１０年10月21日号　Vol. 467 (924-925)

観測史上〝最遠〟だとされた天体の記録を、UDFy-38135539 銀河が塗り替えた。この銀河は、宇宙の再電離時代に水素原子から電子を取り去ったものが何だったのかという問題に対して、大きな手がかりとなるはずだ。

パリ天文台の研究チームは、深宇宙にある１つの銀河について分光観測を行ない、これまでに知られるもっとも遠い天体であることを発見。この銀河は地球から40億パーセク（約１３０億光年）以上離れたところにあり、およそ10億個の星からなり、ビッグバンから６億年以内にでき、UDFy-38135539 銀河と呼ばれている。そのころに起こった〝宇宙の再電離時代〟に確かに存在していることがわかった、初めての銀河である。電子とイオンが結びつき原子ができた〝宇宙の晴れ上がり〟のあと、〝暗黒時代〟が訪れ、この時代に、宇宙で初めて生まれたファースト・スターからの紫外線放射などが、ビッグバンで作られた水素原子から、電子を再度取り去って電離させた〝再電離時代〟の出来事だ。

▼ハッブルがとらえた、ビッグバン6億年後の銀河

パリ天文台のMatthew Lehnertらは、空のハッブル・ウルトラ・ディープ・フィールドと呼ばれる領域にある1つの銀河について分光観測を行ない、これまでに知られているもっとも遠い天体であることを発見した。彼らはこの結果を『Nature』2010年10月21日号に報告した。[1]

この銀河は地球から40億パーセク（約130億光年）以上離れたところにあり、赤方偏移量zは8・56に達する。この赤方偏移量は、これまでγ線バーストがもっていたz＝8・2という記録を破った（γ線バーストは宇宙空間で起こる1回限りの強烈な爆発現象で、光度のピークから数時間以内に減光する）。[2,3] 今回の銀河はおそらく約10億個の星からなり、[4] ビッグバンから6億年以内にできたもので、今後数千万年にわたって現在私たちに見えている明るさで輝き続けるだろう。

この銀河はUDFy-38135539と名づけられている。ハッブル宇宙望遠鏡の広視野カメラ3を使って可視光と近赤外線波長で行なわれた撮像観測によって、8よりも大きな赤方偏移をもつ銀河の候補とされていたものの1つだ（図1）。[5,6] ここで、赤方偏移量zの銀河の場合、赤方偏移した水素ライマンα輝線の波長は0・1216（1＋z）μmであり、それよりも波長の短いスペクトルは、光源と観測者の間にある銀河間物質中の中性水素原子による光子吸収のために観測されない。

ライマンα輝線の検出によって赤方偏移の大きい銀河の候補を見つけるには、通常はスペク

1. *Lehnert, M. D. et al.* Nature 467, *940-942 (2010).*
2. *Tanvir, N. R. et al.* Nature 461, *1254-1257 (2009).*
3. *Salvaterra, R. et al.* Nature 461, *1258-1260 (2009).*
4. *Stark, D. P. et al.* Astrophys. J. 697, *1493-1511 (2009).*
5. *Bouwens, R. J. et al.* Astrophys. J. 709, *L133-L137 (2010).*

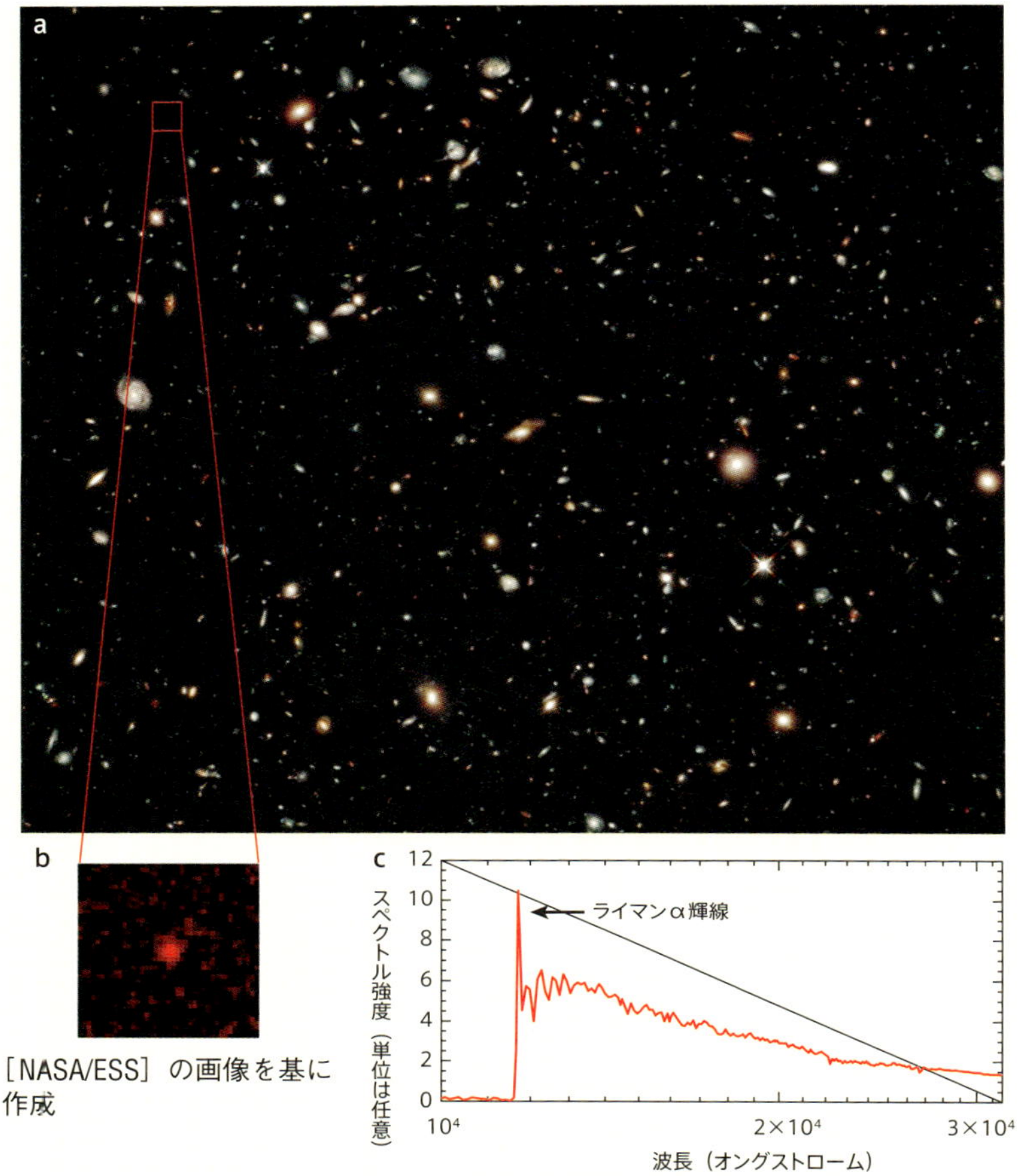

［NASA/ESS］の画像を基に作成

図1　もっとも遠い銀河。a．近赤外線で撮影されたハッブル・ウルトラ・ディープ・フィールドの画像。いままでに撮影されたなかでもっとも遠い宇宙の画像である。b．銀河UDFy-38135539の合成近赤外線ハッブル画像[5]。この銀河は、Lehnertらの分光観測により、これまでに観測されたなかでもっとも遠い天体とわかった[1]。c　銀河UDFy-38135539からの光のスペクトルのシミュレーション。銀河の星の年齢は1億年と仮定している。Lehnertらは、観測されたスペクトルにおける水素ライマンα輝線の正確な位置から、この銀河の赤方偏移量を8.56と結論した。

トルの複数の周波数帯で画像撮影を行なう。しかし、一般的に使用されるフィルターは広い周波数通過帯域をもつので、ライマンα輝線の場所ははっきりせず、赤方偏移の見積もりは近似的なものだ（一般的には赤方偏移の見積もりの誤差は約0・5である）。

さらに、高赤方偏移天体からの光の周波数は広い範囲にわたるのが特徴だが、褐色矮星や異常な性質をもった低赤方偏移銀河なども同じような特徴をもち、こうしたほかの天体である可能性もある。だから、画像撮影から得られた赤方偏移の推定値を確かめるためには分光観測が必要だ。

▼分光器SINFONIによる観測

Lehnertらは、チリの超大型望遠鏡VLTの近赤外線インテグラルフィールド分光写真装置「SINFONI」を使って、UDFy-38135539を計16時間にわたって観測した。[1] 彼らは得られたスペクトルから、高い統計的信頼性（6σ）で1・1616㎛の輝線を検出し、この輝線はこの銀河の水素ライマンα輝線だと結論した。輝線の波長から、銀河の赤方偏移はz＝8・56とわかった。

輝線のスペクトル強度はSINFONIの検出限界に近いので、輝線が宇宙由来であることを証明するため、彼らはいくつかの統計的テストを行なった。それでも、この輝線が水素のライマンα輝線ではない可能性はごくわずかながら残っている。Lehnertらは、この輝線が0・3727㎛の分離できていない酸素Ⅱ二重項であるという可能性を99・9パーセントの信頼性

6. *McLure, R. J. et al.* Mon. Not. R. Astron. Soc. 403*, 960-983 (2010).*
7. *Iye, M. et al.* Nature 443*, 186-188 (2006).*

でしか除外できていない。もし酸素Ⅱ二重項であれば、この銀河の赤方偏移はz＝2・12ということになる。

Lehnertらの結果は、観測的宇宙論において重要かつ大きな進展だ。UDFy-38135539はいままで見つかったなかでもっとも高い赤方偏移をもつ銀河であり天体だが、それだけではない。ビッグバンから6億年以内に起こった宇宙の再電離時代に確かに存在していることがわかった、初めての銀河なのだ。

この時代に、宇宙に初めて生まれた天体からの放射が、ビッグバンで作られた水素原子から電子を取り去って電離させたと考えられている。Lehnertらは、UDFy-38135539の周囲に少なくとも1Mpc（メガパーセク）の半径をもつ電離した水素ガスの泡が存在していると推測している。そのような泡があれば、ライマンα輝線の光子は中性の銀河間物質に達するまでに赤方偏移して吸収周波数から逃れることができる。

泡の半径は、銀河が自身の放射によって作り出すことができると見られる半径よりも大きい。これは、再電離時代の電離を起こす源は、第一には、UDFy-38135539のような大きな銀河の周りに群れをなして集まっていると見られる小質量銀河だという説を間接的に裏づけるものだ[8,9]。しかし、電離を起こす源に関するこの推論は間接的な証拠に基づいたものであり、電離を起こす源も1つしか考慮していない。これとは別に、視線方向に引き延ばされた球形ではない形の泡が存在しているのだとする説もある。ライマンα放射が中性銀河間物質から逃れる仕組みには、最大で500㎞／秒に達する大規模銀河ガス流出の存在も寄与しているのかもしれない。

8. *Zahn, O. et al.* Astrophys. J. 654, *12-26 (2007).*
9. *Trenti, M. et al.* Astrophys. J. 714, *L202-L207 (2010).*
10. *Steidel, C. C.* Astrophys. J. 717, *289-322 (2010).*
11. *Dijkstra, M. & Wyithe, J. S. B.* Mon. Not. R. Astron. *Soc.doi:10.1111/j.1365-2966.2010.17112.x (2010).*

こうした流出があれば、放出時のライマンα光子の周波数は変化する。[10,11]

Lehnertらの研究[1]の成功は、高赤方偏移天体の分光が可能であることを示したものであり、まさに刺激的だ。UDFy-38135539はこの時代ではかなり典型的な銀河であり、ハッブル・ウルトラ・ディープ・フィールドの小領域のなかで8よりも大きな赤方偏移量をもつ可能性のある5つの天体のなかで3番目に明るかったにすぎない。[5] もっと明るく、分光観測をしやすい、8程度の赤方偏移量をもつ天体はおそらく、ハッブル宇宙望遠鏡を使って始まったばかりの深宇宙観測計画「ＣＡＮＤＥＬＳ」で見つかるだろう。[12]

しかし、今後の観測は必ずしも簡単ではないはずだ。第1に、UDFy-38135539と同じくらい明るく、約8の赤方偏移量をもつすべての銀河が、同じくらい強いライマンα放射をもつわけではないからだ。第2に、Lehnertらは、地上からの観測では、UDFy-38135539と似たライマンα輝線を見つける可能性は50パーセントしかない、と見積もっている。観測時の雑音レベルは、大気中の原子や分子の輝線のために波長によって大きく異なるからだ。

▼宇宙の再電離という謎

2010年代の後半に、30ｍクラスの次世代地上望遠鏡とジェームズ・ウェッブ宇宙望遠鏡が登場し、こうした観測上の問題の多くを克服するだろう。たとえば、ジェームズ・ウェッブ宇宙望遠鏡の近赤外線分光写真器「ＮＩＲＳｐｅｃ」は、地球大気による雑音に影響されず、ＳＩＮＦＯＮＩよりも高い信号対雑音比で観測でき、1万秒以下の観測時間でz＝8〜9の銀

12. *www.stsci.edu/cgi-bin/get-proposal-info?12060*

河からのライマンα放射を検出できるだろう。
しかし、宇宙の再電離を引き起こした源のトポロジーとその正体を突き止めるためには、新しい望遠鏡の完成を待たなければならないということはないはずだ。Lehnertらが示したように、現在の地上の観測機器で高い赤方偏移量をもつ天体の分光観測を行なうことは、とても意味のあることだ。

Michele Trentiはコロラド大学宇宙物理学・宇宙天文学センター（米）に所属している。

＊訳注：２０１３年10月、ハッブル宇宙望遠鏡がもっとも遠い銀河の候補に挙げていた複数の銀河のうち、z8_GND_5296という銀河が地球から１３１億光年の距離にあることがケック天文台での分光観測により確認され、もっとも遠い銀河となった。

赤色巨星の内なる鼓動

The inner lives of red giants

Travis S. Metcalfe　２０１1年3月31日号　Vol. 471 (580-581)

赤色巨星を輝かせているエネルギー源は何か、その重要な手がかりは、赤色巨星の明るさの脈動から得ることができ、ＮＡＳＡのケプラー宇宙望遠鏡による観測で、星の進化を記述する理論の予測が正しいのか、調べることが可能になってきた。

恒星の大きさと明るさは、その一生のある段階では一定している。この大半は水素をヘリウムに変える核融合反応で輝いている。しかしやがて、中心核のヘリウムを燃やし切り、炭素や酸素などの重い元素を合成し始める。国際研究チームは、変化がもっとも顕著に起こっている恒星の最深部を、連続した「星震」（星で起こっている振動）を使って探り、恒星がその生涯のどの段階にあるかを知る、新たな方法を見いだした。恒星の主要なエネルギー源の中心近くの水素の核融合で水素を使い果たして膨張した赤色巨星は、対流によって内部から熱が運び上げられる〝乱流運動〟が連続した星震として作用し、音波を作り出す。音波は内部へ向かい、再び表面に戻ってくる。音波は浮力波と相互作用し、「混合振動モード」を作り上げる……。

▼恒星の年齢を探る新たな方法

ハリウッドスターと同様、星の年齢もその表面を見ているだけではよくわからない。恒星の大きさと明るさは、その一生のある段階では極めて一定しているが、内部の奥深くでは変化が進行している。恒星はその一生の大半の期間、水素をヘリウムに変える核融合反応が出すエネルギーで輝く。しかし、やがて中心核のヘリウムを燃やして炭素や酸素などのより重い元素を合成し始める。オーストラリアのシドニー大学・天文学研究所のTimothy Beddingをはじめとする国際共同研究チームは、変化がもっとも顕著に起こっている恒星の最深部を、連続した「星震」で探り、恒星がその生涯のどの段階にあるかを知る新たな方法が実際に実行可能であることを示した。その研究成果は『Nature』2011年3月31日号に発表された。[1]

Beddingらが調べた天体は赤色巨星と呼ばれる。私たちの太陽など、星の主要なエネルギー源は、中心近くの水素の核融合だ。こうした星が中心近くの水素を使い果たして膨張したのが、赤色巨星だ。水素の核融合の結果できるヘリウムは中心核に蓄積し、水素はヘリウムを取り囲む殻に押しやられる。水素はそこで前よりももっと激しく燃焼する。こうしたプロセスにより、いまから約50億年後、私たちの太陽は徐々に現在の大きさの100倍以上に膨れ上がって赤色巨星になり、太陽系の内側の惑星の一部を飲み込む。[2] 太陽よりも前に生まれた星や、太陽よりも重く、より速く進化する星はすでに進化のこの段階に達している。

▼振動分析による赤色巨星の進化の検証

1. *Bedding, T. R. et al.* Nature 471, *608-611 (2011).*
2. *Silvotti, R. et al.* Nature 449, *189-191 (2007).*

赤色巨星では、太陽同様に対流によって内部から熱が運び上げられ、宇宙空間に放射されるので、その表面は沸き立っていると考えられている。この乱流運動は連続した星震として作用し、音波を作り出す。それは星の内部へ伝わり、再び表面に戻ってくる。音波の一部は、星全体の明るさを星の大きさに応じた数時間から数日の周期で変える定在波（太陽類似振動と呼ばれる）を起こす周波数（人間の耳に聞こえる音の周波数の100万分の1）をもつ。この周期的な明るさの変化から星の性質を推測するのが、星震学と呼ばれる研究分野だ。[3]

　赤色巨星の表面近くで作られた音波は、ヘリウムでできた中心核のなかに閉じ込められている浮力波（海の波と似た波）と相互作用することがある。ある条件のもとでは、この2種類の波は互いに結合（相互作用）することが可能で、表面の明るさの変化の周期を変える。この「混合振動モード」は、星の外層のみを通過する結合していない音波よりも、中心核の構造に大きく依存する（図1）。

　Beddingらが進化の異なる段階にある赤色巨星を見分けることができたのは、2009年3月に打ち上げられたケプラー宇宙望遠鏡の正確な観測のおかげだ。[1] ケプラー宇宙望遠鏡の目標の1つは、地球に似た惑星の発見だ。ケプラーは、はくちょう座の近くの空の大きな区画を見つめ、15万6000個を超える星の明るさを監視している。ケプラーは、宇宙人が住んでいるかもしれない世界を見つけるという任務に関しては大きな成功を収めてきたが、[4] 数千個の星の明るさの何カ月も連続したデータが得られるため、星の振動の研究にも革命を起こしている。[5,6] これまでの研究では地上の望遠鏡で赤色巨星を調べていたが、昼間は太陽の光が邪魔になるこ

3. *Aerts, C., Christensen-Dalsgaard, J., Cunha, M. & Kurtz, D. W.* Sol. Phys. 251*, 3-20 (2008).*
4. *Borucki, W. J. et al.* Astrophys. J. 728*, 117-137 (2011).*

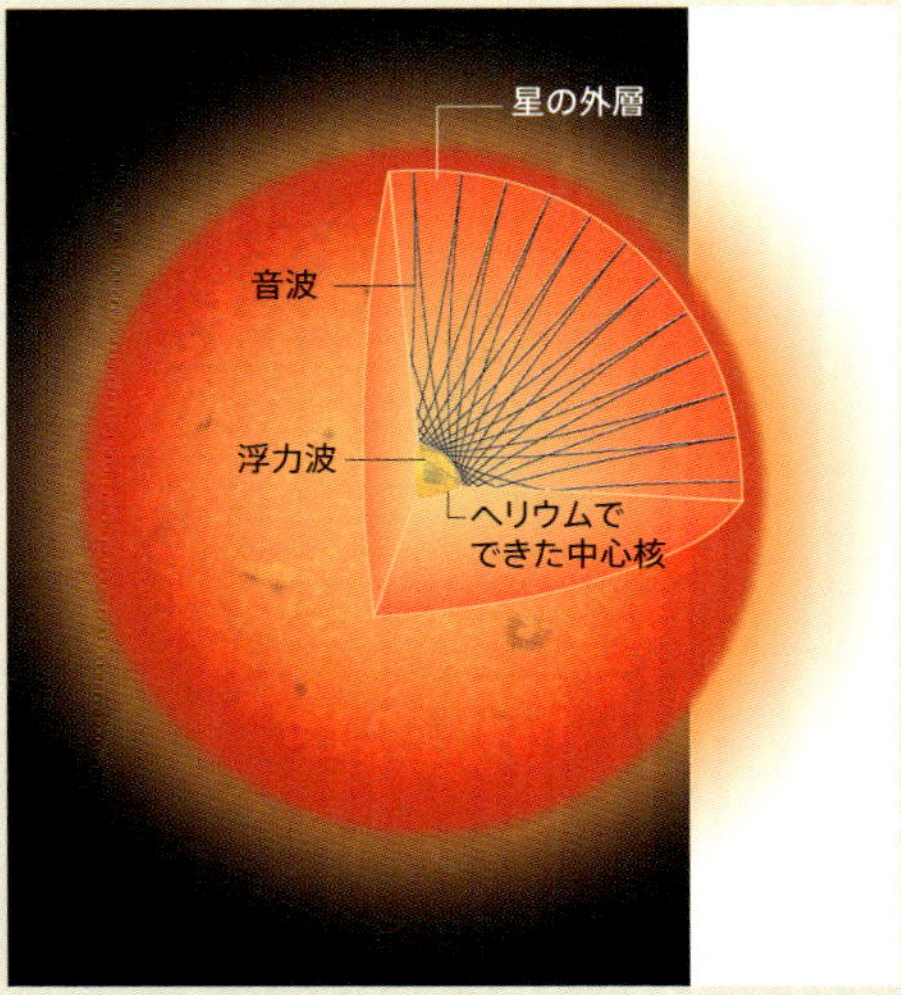

図1　赤色巨星の振動
赤色巨星内部の乱流運動は連続した星震として作用し、音波を作り出す。音波は内部へ伝播し、再び表面に戻ってくる。こうした音波は、ある条件下ではヘリウムでできた中心核内部に閉じ込められた浮力波と結合することがある。Beddingらはケプラー宇宙望遠鏡で観測された数百個の赤色巨星でこの「混合振動モード」を見いだし、星の進化の理論をこれまでにない方法で検証する道を開いた[1]。

と、連続して観測できる時間は限られていることが障害になっていた。

冒頭でも述べたように、赤色巨星のやっかいな点はその質量や年齢に関係なく、外側からはほとんど同じように見えるということだ。Beddingらは、ある質量の星が殻の水素を燃やす段階から中心核のヘリウムを燃やす段階へいつ移るのかを正確に測定するため、ケプラー宇宙望遠鏡が観測した数百個の赤色巨星の特性を決定しようと試みた。[1] 定在波の規則的なパターンだけでは、特定の赤色巨星がどのエネルギー源で輝いているかを正確に知るには不十分だが、混合振動モードは星のエネルギー源に応じて特有のパターンを示す。[7] Beddingらは、星震学でこのパターンを解読することにより、赤色巨星の進化の2つの段階を見分けることができることを示した。[1]

5. *Gilliland, R. et al.* Publ. Astron. Soc. Pacif. 122, *131-143 (2010).*
6. *Chaplin, W. J. et al.* Science *(in the press).*
7. *Beck, P. G. et al.* Science *doi:10.1126/science.1201939 (2011).*

▼星震学が切り開く、星の内部構造の研究

赤色巨星の状態や一生は、理論的にはその年齢だけではなく質量にも依存する。太陽の質量の約2倍よりも小さな星では、ヘリウムフラッシュと呼ばれる突然の点火現象が起こる。ヘリウムの核融合を起こすのに必要な温度は、水素の核融合に必要な温度よりも著しく高い。質量の小さな星では、中心核のヘリウムは非常に高い密度になるまで蓄積し続け、臨界質量に達すると、ほとんど瞬間的に点火する。一方、大きな星では中心核でのヘリウム燃焼への移行はゆるやかで、星の中心核の大きさのばらつきは大きく、ヘリウムフラッシュは起こらない。Beddingらは、それぞれの振動モードを観測で調べて、これら2つのタイプの星を区別する方法をあきらかにするとともに、これまで検証できなかった、星の進化に関する理論の予測の正しさを確かめることができる新たなデータをもたらした。

Beddingらは赤色巨星の内部で起こっている現象を特殊な方法でのぞき見たわけだが、この研究はケプラー計画の最初の年の観測結果だけで可能だった。ケプラー宇宙望遠鏡は少なくとも3年半は運用される計画で、NASAは計画をさらに2年半延長するかもしれない。観測の継続とともに星震学でわかることは着実に増えていくだろう。Beddingらが調べた星のより詳しい結果や、近い将来にはほかの赤色巨星に関する同様の測定結果も得られるだろう。

1 Travis S. Metcalfe は米コロラド州ボールダーの米国立大気研究センター（NCAR）高高度天文台（HAO）に所属している。

宇宙のモンスターの目覚め

The awakening of a cosmic monster

Davide Lazzati　２０１１年８月25日号　Vol. 476 (405-406)

銀河の中心部にある巨大なブラックホールは、静かなものと大量に放射線を出すものがある。今回、「ブラックホールの目覚め」ともいえる現象が初めて観測された。静かなブラックホールが突然、大量の放射線を出し始めたのだ。

ＮＡＳＡの宇宙望遠鏡スウィフトにより、新しいγ線源が天球の北半球に現われたことがわかった。スウィフトは、γ線バースト、つまり高速で自転する大質量星が死を迎えるときに起こす、すさまじい一時的放射現象を探査するため設計された。普通、γ線バーストは明るい時期は長続きせず、なだらかに減衰する。だが今回の放射源は、極めて高い光度を１カ月以上も保ち、変動も大きかった。大質量ブラックホールの潮汐力によって星が破壊される現象が、まさに始まる瞬間が初めて観測された。ブラックホールに近づきすぎた星は引き伸ばされて破壊され、大きな角運動量をもっている構成物質は、ブラックホール上にゆっくり降着する円盤を作る。これが大量の電磁放射を引き起こす。「ブラックホールの目覚め」が起きたのだ。

▼ブラックホールからの猛烈な放射線

２０１１年3月28日、米国航空宇宙局（ＮＡＳＡ）の宇宙望遠鏡スウィフトを使って観測を進めていた天文学者チームは、警戒態勢に入った。新しいγ線源が天球の北半球に現われたからだ。スウィフトは、γ線バースト、つまり、高速で自転する大質量星が死を迎えるときに起こす、すさまじい一時的放射現象を探査するために、設計されていた。今回の現象は当初、スウィフトにとってはさほど大きなニュースではなかった。しかし、観測を続けるうちに、何かまったく新しいことが起こっていることがあきらかになった。

γ線バーストは普通、明るい時期が長続きせず、なだらかに減衰していく。ところが、ペンシルベニア州立大学（米ユニバーシティパーク）天文・宇宙物理学科のD. N. Burrowsらが観察した放射源は、極めて高い光度を1カ月以上にもわたって維持し、変動も大きかった。Burrowsらは観測結果を『Nature』２０１１年8月25日号に報告した。[1]

さらに、ハーバード・スミソニアン宇宙物理学センター（米マサチューセッツ州）のB. A. Zaudererらは、電波波長帯で追跡観測を行ない、この新たな放射源が、自然界で許される最高速度である光速に近い速度で拡大していたことを見つけ、同号に報告した。[2] また、光学望遠鏡による観測で、この放射源が遠方の銀河の中心にあることがわかり、γ線バーストであるという当初の見方とはまったく異なる現象であることがあきらかになった。[3]

この新しい放射源は「Swift J164449.3+573451」と名づけられた。現在、これは銀河の中心にある大質量ブラックホールが星の潮汐破壊を引き起こし、そこで起こった現象から出る電磁

1. *Burrows, D. N. et al.* Nature 476, *421-424 (2011).*
2. *Zauderer, B. A. et al.* Nature 476, *425-428 (2011).*
3. *Levan, A. J. et al.* Science 333, *199-202 (2011).*

波が見えているのだ、と考えられている。その解釈が正しければ、このブラックホールは太陽の約100万倍の質量をもっていることになる。[1,2] この質量は、私たちの天の川銀河の中心にあるブラックホールの質量に匹敵する。[4] しかし、太陽の10億倍以上の質量を持つブラックホールもあり、そうしたものに比べれば比較的軽い。

▼確認された「ブラックホールの目覚め」

大質量ブラックホールの潮汐力によって星が破壊される現象は、理論的に予言されている。[5〜7] また、その現象が起こった結果とみられるものも、過去にいくつか観測されている。[8〜10] しかし、この現象がまさに始まるところが観測されたことは、これまでなかった。今回の観測では、予測よりも1万倍も明るいX線と、予想よりずっと高い振動数の光子が観測され、観測者も理論研究者も驚いた。予想外の現象がもたらされた原因は、星破壊プロセスの動力学と、星を作っていた物質のブラックホールへの降着にある。

ある星が大質量ブラックホールに接近すると、星のブラックホールに近い側に働く力は、遠い側に働く力よりもずっと大きくなる。その結果、地球における海の潮汐とよく似たプロセスによって、星が引き伸ばされる。そして、星がブラックホールに近づきすぎると、この作用は非常に強くなり、星自身が破壊されてしまうのだ。星を構成していた物質は大きな角運動量をもっているので、ブラックホールに雨のように降り注ぐことはできず、ブラックホールの上にゆっくりと降着する円盤ができる。このゆっくりした降着が大量の電磁放射を引き起こす。こ

4. *Ghez, A. M., Klein, B. L., Morris, M. & Becklin, E. E.* Astrophys. J. 509, *678-686 (1998).*
5. *Rees, M. J.* Nature 333, *523-528 (1988).*
6. *Evans, C. R. & Kochanek, C. S.* Astrophys. J. 346, *L13-L16 (1989).*
7. *Strubbe, L. E. & Quataert, E.* Mon. Not. R. Astron. Soc. 400, *2070-2084 (2009).*
8. *Esquej, P. et al.* Astron. Astrophys. 462, *L49-L52 (2007).*

れが「ブラックホールの目覚め」なのだ。

この降着プロセスにより、高速の（相対論的な）ジェットができることがBurrowsら[1]とZaudererら[2]の観測であきらかになったが、ブラックホールによる星の潮汐破壊に関する理論モデルでは、それが考慮されていなかったのだ。[5〜7] 相対論的ジェットは、宇宙物理学においてはきわめてありふれた現象である。[11,12] それは、粒子や電磁場、あるいはその両方の噴出現象で、ブラックホールの回転軸に沿う方向に集中している（図1）。

Swift J164449.3+573451の場合、幸運なことに、地球にいる私たちはジェットの軸方向から系を観測することができた。地球方向を向いている相対論的ジェットは、光子の相対論的コリメーション（平行化）のために、視線方向に垂直なジェットよりずっと明るく見える。さらに、ドップラー効果のために、地球に向いているジェットは向いていないジェットよりも高い振動数で輝く。Swift J164449.3+573451の場合、ジェットは光速の99・5パーセントの速度で運動していると見積もられた。[2] だから、予測されていたのは可視光波長での比較的低光度の一時的現象だったが、[5〜7] 実際に観測されたのは、電波波長からγ線光子までにわたる、すべての波長域での極端に明るい電磁放射だったのだ。

▼放射線観測からの新たな知見

しかし、BurrowsらとZaudererらの観測結果は、宇宙物理学者たちを単に驚かせているだけではない。今回の観測結果は、銀河の中心の様子とそこで活動している物理プロセスの解

9. *Gezari, S. et al.* Astrophys. J. 676, *944-969 (2008).*
10. *Maksym, W. P., Ulmer, M. P. & Eracleous, M. A.* Astrophys.J. 722, *1035-1050 (2010).*
11. *Bridle, A. H. & Perley, R. A.* Annu. Rev. Astron. Astrophys. 22, *319-358 (1984).*
12. *Mirabel, I. F. & Rodriguez, L. F.* Nature 371, *46-48 (1994).*

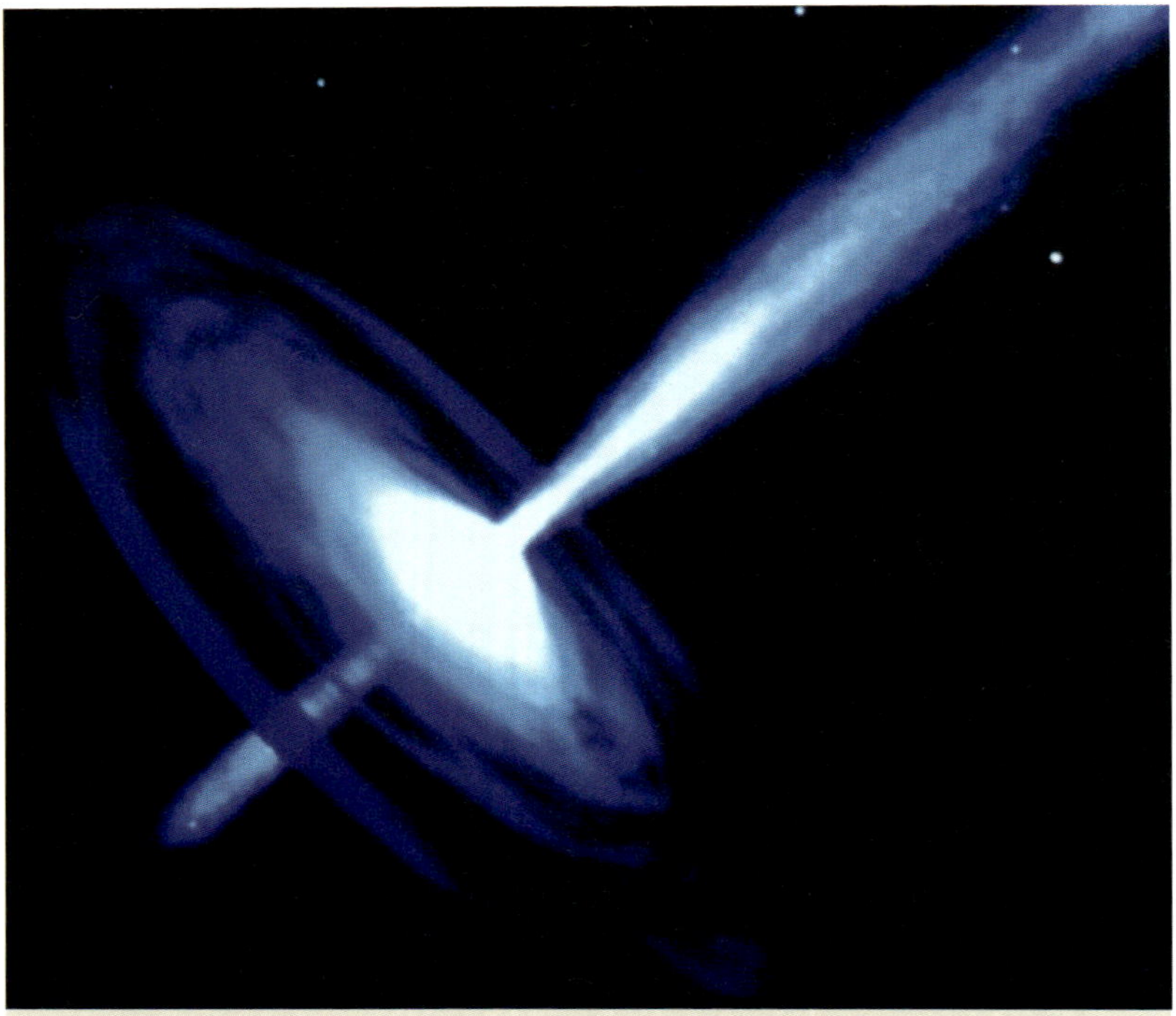

図1　相対論的ジェットの想像図
相対論的ジェットは粒子と電磁放射の噴出現象で、回転するブラックホールにガスや星が落ち込むときに形成される。Burrowsら[1]とZaudererら[2]は、超大質量ブラックホールを擁する銀河の中心での相対論的ジェットの誕生を観測した。

明にも役立つかもしれない。すでに述べたように、軌道を回る人工衛星と地球上の望遠鏡が、Swift J164449.3+573451を複数の波長で観測し、スペクトルの変化や時間的変化を追っている。今回のγ線の噴出が潮汐力で破壊された星によって生じたのなら、星を作っていた物質のすべてがブラックホールに飲み込まれれば、放射源はやがて衰えるはずだ。

さらに、今後の観測でこの種の噴出現象がさらに見つかる可能性が高い。それが起こる比率がわかれば、大質量ブラックホールを持っている銀河の比率、ブラックホールの性質、銀河の中心部にある星の密度について知ることができるだろう。相対論的ジェットの誕生と初期の進化を観測することで、ジェット形成プロセスそのものについて、また、ジェットが銀河の星間物質中に噴き出す際に周囲の物質とどのような相互作用をするのかについて、たくさんの情報がもたらされるはずだ。

Davide Lazzatiはノースカロライナ州立大学（米）物理学科に所属している。

太陽の１００万倍のスーパーフレア

Startling superflares

Bradley E. Schaefer　２０１２年5月24日号　Vol. 485 (456-457)

太陽での過去最大のフレアの実に１００万倍以上ものエネルギーをもつフレアが、太陽とよく似た星で起こっている。ケプラー宇宙望遠鏡の観測データでスーパーフレア現象を調べたところ、通説が成り立たないことがわかった。

スーパーフレアは太陽に似たG型主系列星で見られる突発的な増光現象で、そのエネルギーは10^{33}〜10^{39}エルグ以上に達し、数分から数日続く。我が太陽でもフレアは頻繁に起こっていて、黒点上の磁場によって起きる。これまで最大のフレアの総エネルギーは約10^{32}エルグで、それと比べて１００万倍、10^{39}ものエネルギーをもったスーパーフレアが起こるとは、驚くべきことだ。京都大学大学院理学研究科附属天文台花山天文台の前原裕之らのチームは、ケプラー宇宙望遠鏡が得た約８万３０００個のG型主系列星のデータから、１４８個の星の３６５例のスーパーフレアの光度曲線（ある天体の明るさの時間的変化を示すグラフ）を得た。観測されたスーパーフレアはすべて、表面に大きな黒点をもつ恒星で起こっていた。

▼整い始めたスーパーフレアの分析

スーパーフレアは太陽に似た星で見られる増光現象で、そのエネルギーは10^{33}から10^{39}エルグ以上に達し、数分から数日続く。太陽でもフレアは頻繁に起こっていて、黒点（太陽表面の平均よりも温度の低い領域）上の磁場によって起きる。しかし、太陽で観測されたこれまでで最大のフレア（１８５９年に英国の天文学者リチャード・キャリントンが観測したイベント）の総エネルギーは、約10^{32}エルグにすぎない。[1] 太陽に似た星はきわめて安定した天体であり、そこで太陽のケースの１００万倍、10^{39}エルグものエネルギーを持ったスーパーフレアが起こるとは、まさに驚くべきこと、エキサイティングなことだ。京都大学大学院理学研究科附属天文台花山天文台（京都市）の前原裕之らは、ケプラー宇宙望遠鏡の観測結果から３６５例のスーパーフレアを見いだし、『Nature』２０１２年5月24日号で報告した。[2]

スーパーフレアの文献報告は、過去１２０年で約50件ある。[3〜5] しかし、これらのイベントは常に特異な例外として無視されてきた。１９８９年になって、ようやくこれらの報告が集約され、このイベントは「あらゆるタイプの通常の星で見られる同種の現象を表わしている」と見なされるようになった。[3〜5] そして、太陽表面で起こる通常のフレアと区別するため、スーパーフレアという名前が付けられた。[5]

スーパーフレアを起こす星は、伴星を伴わない中高年の星たちで、自転速度が遅く、中心核での水素の核融合によってエネルギーを得ている。そうした星は、専門的にはスペクトル型がＦ８型からＧ８型までの主系列星といい、私たちの太陽に非常によく似た「ソーラーツイン」

1. *Tsurutani, B. T., Gonzalez, W. D., Lakhina, G. S. & Alex, S.* J.Geophys. Res. 108, *1268 (2003).*
2. *Maehara, H. et al.* Nature 485, *478-481 (2012).*
3. *Schaefer, B. E.* Astrophys. J. 337, *927-933 (1989).*
4. *Schaefer, B. E.* Astrophys. J. 366, *L39-L42 (1991).*
5. *Schaefer, B. E., King, J. R. & Deliyannis, C. P.* Astrophys. J. 529, *1026-1030 (2000).*

と呼ばれる星たちも含まれている。スーパーフレアが太陽のフレアに似ていることは、スーパーフレアは磁気的効果が原因で起こることを示唆している。スーパーフレアの現在の標準的なモデルは、星とその周囲を回る「ホット・ジュピター」をつなぐ磁場が原因だとしている。[6~9] ホット・ジュピターは、木星に匹敵するかそれ以上の質量を持ち、親星との距離が太陽－木星間よりもはるかに近い惑星だ（図1）。

　ケプラー宇宙望遠鏡が打ち上げられるまで、スーパーフレアの観測データは、質がばらばらだった。X線観測衛星のデータもあれば、分光観測、多色測光、目視観測データさえあった。そうした雑多なデータの集まりだったために、スーパーフレアの発生率を計算することや、観測された特徴の相関を調べること、統計的分析を行なうことは不可能だった。もっとも明るいイベントの場合、再び起こるまでの期間の尺度は、平均して10年よりずっと長い。そのため、スーパーフレア観測の現実的な計画を立てるのは困難で、この分野の研究は行き詰まっていた。

　前原らは今回、ケプラーの観測データを分析することによってこの行き詰まりを打開した。[2] ケプラーのデータは、10万個以上の星の明るさを、10万分の1の精度で数年間連続して測定したものである。前原らは、約８万３０００個のG型主系列星を調べ、１４８個の星の３６５例のスーパーフレアの光度曲線（ある天体の明るさの時間的変化を示すグラフ）を得た。こうして、以前にはなかった豊富なデータが得られ、統計的分析も可能になり、どの星を観測すべきかが正確にわかったのだ。

　ケプラーで見つかったスーパーフレアは、持続時間は1時間から12時間、明るさの増加は

6. *Rubenstein, E. P. & Schaefer, B. E.* Astrophys. J. 529, *1031-1033 (2000).*
7. *Cuntz, M., Saar, S. H. & Musielak, Z. E.* Astrophys. J. 533, *L151-L154 (2000).*
8. *Ip, W.-H., Kopp, A. & Hu, J.-H.* Astrophys. J. 602, *L53-L56 (2004).*
9. *Lanza, A. F.* Astron. Astrophys. 487, *1163-1170 (2008).*

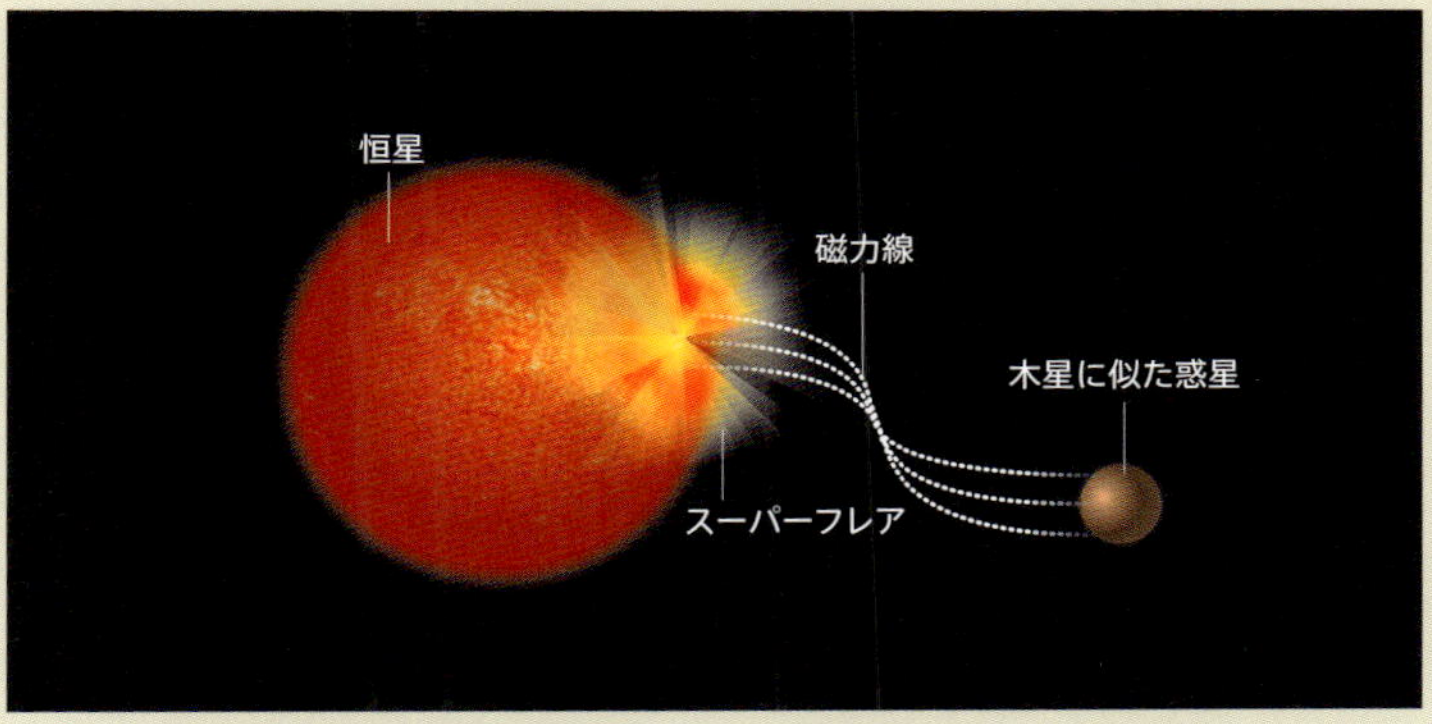

図１　磁場による接続
前原らが見つけたスーパーフレアを説明する１つの仮説は、強い磁場が原因というものだ[2]。磁場は、星とその星に非常に近い軌道にある木星に似た惑星をつないでいる。磁力線は惑星の軌道運動によってねじられ、強められる[6]。やがて磁力線は引き伸ばされ、ねじられてちぎれるだろう。ちぎれた磁力線は粒子を非常に高いエネルギーに加速し、通常の太陽フレアに似た爆発的なイベントを起こしてエネルギーを放出するだろう。

０・１パーセントから30パーセント、総エネルギーは10^{33}エルグから10^{36}エルグだった。ある典型的な星は、１００日ごとに10^{35}エルグのフレアを起こしていた。興味深いことに、前原らは、観測されたスーパーフレアはすべて、表面に大きな黒点をもつ恒星で起こっていることを見いだした。黒点があることは、その星の明るさが準周期的に変化することからわかる。この発見は、スーパーフレアが星の黒点に、ひいては磁場に関係していることを強く示唆している。もう１つの発見は、スーパーフレアを起こす星では惑星の前面通過がないらしいことだ。もしもすべてのスーパーフレアがホット・ジュピターと関係しているなら、約10パーセントで惑星の前面通過が見られるはずなのに、である。したがって、スーパーフレアが起きるメカニズムは、まだはっきりしないままだ。

▼太陽にもスーパーフレアは起こるのか

前原らの研究結果を得て、理論家たちが調べるテーマは山積み状態だ。一方、観測家にとっても、新たな研究テーマがたくさんあると私は考えている。スーパーフレアを起こす星の視線速度を測定すれば、木星に似た惑星があることがわかるかもしれない。スーパーフレアを起こす星のうち、もっとも明るいものは、その星の磁場を決定できるほど明るい。9日ごとにスーパーフレアが起こっているもっとも活発な星の高分解能スペクトルを測定すれば、ケプラーによるスーパーフレアの観測と同時に、カルシウムのスペクトル線（H線とK線）の形状変化を検出できるかもしれない。スペクトル線の形の変化から、スーパーフレアの速度、温度、エネルギーに関する情報が得られるだろう。

フレアは星の明るさの変化のある特定の段階で起こるのか、引き続いて起こるフレアのエネルギーと時間間隔は相関するのか、といった問題も、ケプラーのデータをさらに詳細に分析して調べることができるだろう。前原らの研究は、すべてのタイプの星にも広げることができる。データからフレアを探す仕事は、「ズーニバース」プロジェクト[10]（一般市民を対象にした科学研究参加プロジェクト）の一部である惑星ハンター計画のように、市民向けプロジェクトにうってつけだ。

一方で、私たちの太陽はスーパーフレアを起こしていない。歴史的な記録と地球物理学的な

10. www.zooniverse.org.

記録から、太陽は過去2000年間にスーパーフレアを起こさなかったこと、約10^{36}エルグよりも大きなスーパーフレアはおそらくこの10億年間なかったらしいことがわかっている。[5] 前原らは、太陽に似た星でスーパーフレアが起こっているのは0・2パーセントだけなので、太陽でスーパーフレアが起こる可能性は低いことを示した。スーパーフレアの平均的な発生率（10^{35}エルグのフレアが100日に1度）と、観測で得られたフレアの大きさの分布（べき乗則指数が約−《マイナス》2・0）を考慮すると、スーパーフレアが起こる星では10^{32}エルグ規模のフレアはきわめて頻繁に起こっているはずだ。これに対して、太陽では10^{32}エルグ規模のフレアが起きる頻度は約450年に1度で、[1,11] 太陽はスーパーフレアを起こす星とはまったく異なっている。このことは標準的モデルでも容易に理解できる。太陽系にはホット・ジュピターはないからだ。

▼スーパーフレアが及ぼす甚大な影響

スーパーフレアは恒星物理学にとって解明すべき重要な現象だが、それにとどまらない意味を持っている。スーパーフレアのエネルギーが、もしもホット・ジュピターが軌道を回る運動エネルギーに由来しているなら、1年に3回のスーパーフレアが起これば、ホット・ジュピターは10億年のタイムスケールで親星に向かって螺旋状に落下していくことになる。また、スーパーフレアが放つエネルギーは莫大なので、その星の周囲のすべての惑星は、遠い未来に人間が移り住むには適さないだろう。一方で、もしそこに生命がいるならば、宇宙生物学者はスーパーフレアの及ぼす影響を考慮しなければならないだろう。スーパーフレアは有機分子を作る

11. *Shea, M. A., Smart, D. F., McCracken, K. G., Dreschhoff, G.A. M. & Spence, H. E.* Adv. Space Res. *38, 232-238 (2006).*

のに必要な高エネルギー放射として作用する可能性がある。だから、スーパーフレアがある恒星系には、巨大フレアの影響を避けるように進化した宇宙生命が存在するかもしれないのだ。

Bradley E. Schaefer は米ルイジアナ州バトンルージュのルイジアナ州立大学物理・天文学科に所属している。

約120億年前のもっとも遠い超新星を発見

Cosmic explosions in the young Universe

Stephen J. Smartt　2012年11月8日号　Vol. 491 (205-206)

地球から非常に遠い距離にある2つの「超光度超新星」が発見された。この超新星の1つは、ビッグバンからわずか15億年後に誕生したもの。約120億年前の幼年期宇宙は、「超光度超新星」はありふれた存在だったのかもしれない。

星空を見上げることは「遠い過去の宇宙」を見ていることになる。遠くの天体ほど光の地球到達に時間がかかり、そのぶん過去の世界をさかのぼって見ることになる。もっとも遠い銀河は、ビッグバンからわずか5億年後の宇宙のようすを教えてくれる。一方、明るい天体ほど遠くにあっても見つけやすい。今回、非常に遠くにあるけれども異様に明るい、超光度超新星と呼ばれる新しいタイプの超新星が2つ見つかった。この超光度超新星は、Ia型超新星より10倍明るく、通常のコア崩壊型超新星よりも100倍明るい。研究者たちは、CFHT「レガシーサーベイ」の画像を一定期間分ずつ足し合わせ、信号対雑音比を改善し、高赤方偏移の宇宙を探索して、ビッグバンの30億年後と15億年後という、もっとも遠い超新星を見つけたのだ。

▼通常の超新星爆発と異なる「超光度超新星」とは

天文学者たちの研究対象は未知の領域で、それは、私たちの銀河の宇宙塵雲《じんうん》の奥深い場所だったり、ブラックホールのすぐそばの環境であったり、宇宙のもっとも遠い場所であったりする。ここ数十年、天文学者たちは地上と宇宙の最大規模の望遠鏡を使い、宇宙のもっとも遠い光源を見つけようとしてきた。遠くの天体ほど光が地球に届くまで時間がかかり、そのぶん私たちは過去の世界をさかのぼって見ることになる。たとえばもっとも遠い銀河は、ビッグバンからわずか5億年後の宇宙がどんなようすだったかを教えてくれる。[1,2]

当然のことだが、明るい天体ほど遠い距離でも見つけやすくなる。今回、「超光度超新星」と呼ぶ新しいタイプの星の爆発現象で、非常に遠くにあるものが2つ発見され、遠い宇宙への新しい扉が開かれた。発見したのはオーストラリアのビクトリア州ホーソンにあるスウィンバーン工科大学宇宙物理学・スーパーコンピューティングセンターのJeff Cookeらで、論文は『Nature』２０１２年11月8日号に発表された。[3]

超新星は星の爆発現象であり、最近まで、Ia型超新星とコア（中心核）崩壊型超新星の2種類に分類できると考えられていた。Ia型超新星になるのは連星系を作っている白色矮星で、白色矮星が伴星から質量を得て臨界質量に達して、超新星爆発が起こる。一方、コア崩壊型超新星になるのは大質量星だ。大質量星は、核融合により中心核内でどんどん重い元素を作り出し、水素とヘリウムから出発してついには鉄ができる。鉄でできた中心核はやがて、重力に対して自身を支えきれなくなってつぶれ、約10^{46}J（ジュール）のエネルギーを放出する。このエネル

---

1. *Zheng, W. et al.* Nature 489*, 406-408 (2012).*
2. *Tanvir, N. R. et al.* Nature 461*, 1254-1257(2009).*
3. *Cooke, J. et al.* Nature 491*, 228-231 (2012).*

ギーの大半はニュートリノの形で放出され、このニュートリノが星の外層部にぶつかって衝撃波を生み、それが目に見える超新星爆発を作り出す。こうしてできた超新星は、数カ月にわたって太陽の10億倍の強さでエネルギーを放射する。

遠い宇宙のIa型超新星はよく調べられており、Ia型超新星を標準光源として使い、ダークエネルギーの存在を発見した研究は、2011年のノーベル物理学賞を受賞した。ダークエネルギーの存在を発見できたのは、遠く、赤方偏移が約0・7に達するIa型超新星を見つけることができたためだった。この超新星爆発が起こったのは、宇宙が70億歳で現在の半分の年齢だったときに相当する。Ia型超新星のもっとも最近の調査はハッブル宇宙望遠鏡で行なわれ、赤方偏移1・5のものが見つかっている。[4] 一方、コア崩壊型超新星は、ガンマ線バーストを伴ったものが赤方偏移約1で見つかっている。[5]

Cookeらは、赤方偏移が高く、Ia型とコア崩壊型よりもずっと明るい超新星を見つけるため、ハワイのカナダ・フランス・ハワイ望遠鏡（CFHT）における観測プロジェクト「レガシーサーベイ」のデータを新しいやり方で使った。この数年の間に、広い視野をカバーする地球に近い宇宙の調査から、新しいタイプの超新星グループが見つかり、「超光度超新星」と命名されていた（図1）。[6〜8]

▼「超光度超新星」の起源

「超光度超新星」は一般的に、Ia型超新星よりも10倍明るく、通常のコア崩壊型超新星よりも

---

4. *Rodney, S. A. et al.* Astrophys. J. 746, *5 (2012).*
5. *Hjorth, J. & Bloom, J. S. in* Gamma-Ray Bursts *(eds Kouveliotou, C., Wijers, R. A. M. J. & Woosley, S. E.) Ch. 9 (Cambridge Univ. Press, 2011).*
6. *Quimby, R. M. et al.* Nature 474, *487-489 (2011).*
7. *Pastorello, A. et al. Astrophys.* J. Lett. 724, *L16 (2010).*

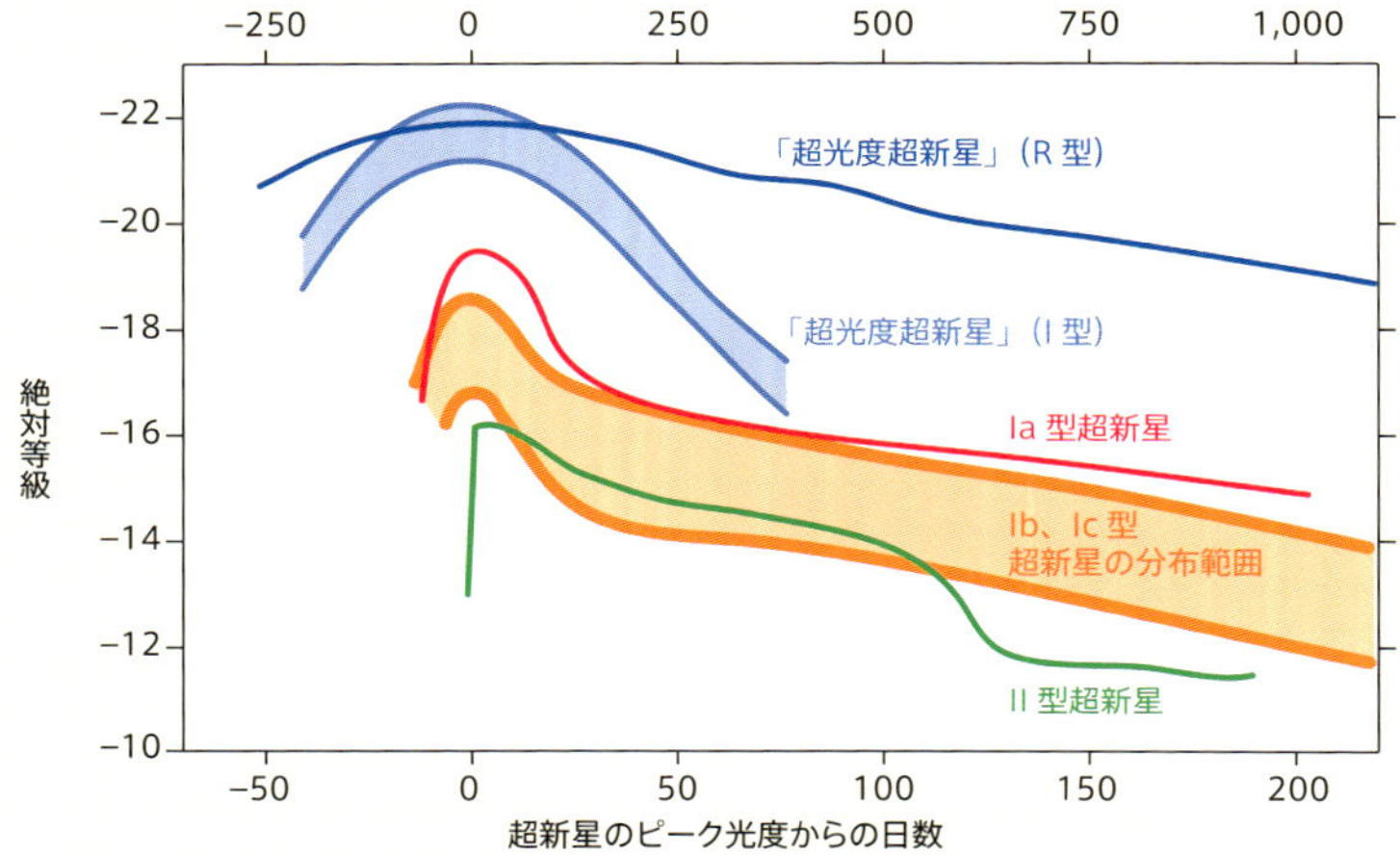

図１　「超光度超新星」と宇宙論的時間の遅れ
このグラフは、２つのタイプの「超光度超新星」（R型とⅠ型）と[9]、従来のタイプの超新星（Ia型とコア崩壊型超新星の亜類型であるIb、Ic、Ⅱ型）について、光度の時間的変化を示している。等級は天体の光度を対数目盛りで示す量で、１等級の差は光度の2.5倍の差に相当する。左の縦軸が絶対等級で、右の縦軸は赤方偏移（z）４にある超新星を地球で観測した等級。時間は超新星のピーク光度からの日数で示され、下の横軸は超新星の場所での時間で、上の横軸は赤方偏移４の超新星を地球で観測した時間。Cookeらは、CFHTレガシーサーベイの画像を一定期間（たとえば６カ月）分ずつ足し合わせて信号対雑音比を改善することにより、赤方偏移2.05と3.9にある２つの「超光度超新星」を発見した[3]。この方法は、過去の高赤方偏移の天体を調べるときには、時間分解能を低下させない。宇宙論的時間の遅れにより、観測者には、天体の場所にいる場合よりも宇宙がゆっくり（１＋z 倍の時間をかけて）発展するように見えるからだ。Cookeらは、赤方偏移3.9の超新星の光度変化について、実際に地球で観測した時間間隔の５分の１の時間間隔ごとのデータを得た。

100倍明るい。この異常な現象を理解するため、天文学者たちは、観測された特徴を基に、少なくとも3つのグループに分類した。[9] Cookeらはこうした結果をふまえ、巧妙なテクニック[10]を応用してもっとも遠い超新星の探索を行なった。CFHTレガシーサーベイの画像を一定期間分ずつ足し合わせて信号対雑音比を改善し、高赤方偏移の宇宙の広くて深い範囲を探索したのだ。そして、この結果、彼らは、低赤方偏移で見つかっていた「超光度超新星」の一部とよく似た、2つの過渡的な事象を発見したのだった。

「超光度超新星」の起源に関する仮説の1つは、対不安定性仮説と呼ばれている。それによると、「超光度超新星」の前駆天体は、太陽の約100~300倍の質量をもつ非常に重い星だ。1960年代の理論研究者たちは、もしもそれほど大きな星が初期の質量の大部分を維持できたとしたなら、その中心核は、電子・陽電子（陽電子は電子の反粒子）対を作るほど、大きく熱くなる可能性があると予測した。[11] このプロセスは星の内圧を減らし、中心核は収縮して10^9℃を超える温度に達する。これは太陽の中心核の約250倍という高温だ。この中心核収縮の結果、太陽質量の60倍の炭素と酸素が作り出される可能性があり、それはすぐに巨大な熱核爆発を起こして核融合し、鉄族元素に至るさらに重い元素が作られる。そして、不安定で放射性のニッケル56ができるが、これは安定な鉄56に崩壊し、その際に、ガンマ線が放出されて超新星を加熱し、非常に強い放射が生じるようになる。

理論モデルは、太陽質量の4~10倍のニッケル56が生成されるかもしれないと予測している。このプロセスはIa型超新星で起こるプロセスと似ているが、Ia型超新星の場合は、小さな白色

8. *Chomiuk, L. et al.* Astrophys. J. 743, *114 (2011).*
9. *Gal-Yam, A.* Science 337, *927-932 (2012).*
10. *Cooke, J. et al.* Nature 460, *237-239 (2009).*
11. *Rakavy, G. & Shaviv, G.* Astrophys. J. 148, *803 (1967).*

矮星から太陽質量のわずか0・7倍のニッケル56が作られるにすぎない。Cookeらは、今回発見した2つの「超光度超新星」は、対不安定型超新星だと提案している。

今回見つかった超新星は、赤方偏移が2・05と3・9であり、爆発したのはそれぞれビッグバンの30億年後と15億年後だ。赤方偏移3・9のものは、いままでに見つかったなかでもっとも遠い超新星だ。ただし、超新星と関連している可能性のあるガンマ線バーストは、もっと高い赤方偏移のものが見つかっている。[2,5] 今回見つかった超新星は、あきらかに過渡的な事象であり、非常に興味深い。この超新星を擁する銀河のスペクトルはハワイのケック望遠鏡で得られ、赤方偏移がはっきりと測定された。しかし、超新星そのもののスペクトルは得られていない。

一方、地球近くにある対不安定型の超新星候補で、よく調べられたケースはSN2007biだけしかない。[12,13] しかし、Cookeらよりもっと地球に近い領域の広視野サーベイで、この1年間にほかに数例が見つかっている。ただ、まれであることには変わりない。[9] SN2007biの物理的正体についても議論が続いている。一部の研究者は、対不安定型超新星ではなく、非常に質量の大きな星で通常のコア崩壊が起きたのか、[13] マグネター（強い磁場を持つ中性子星）によって規模が大きくなった超新星ではないかと提案している。[14]

▼宇宙最初の超新星発見への夢

天文学者たちは長年、赤方偏移が10を超えるところにある、宇宙で最初の超新星と出会う夢を見続けてきた。一方、理論研究は、そのような高赤方偏移では、質量の非常に大きい星や対

12. *Gal-Yam, A. et al.* Nature 462, *624-627 (2009).*
13. *Young, D. R. et al.* Astron. Astrophys. 512, *A70 (2010).*
14. *Dessart, L. et al.* Mon. Not. R. Astron. Soc. Lett. 426, *L76-L80 (2012).*

不安定型超新星はありふれた存在かもしれないと予測していた。Cookeらは今回、赤方偏移4の超新星を見つけることが現在の技術で可能であることを示し、私たちの水平線を一気に拡大した。ただ、これらの非常に明るい爆発の正体については、高赤方偏移の場合も低赤方偏移の場合も不確かさが残っている。それでもCookeらの研究は、「超光度超新星」の一部のタイプが幼年期の宇宙に存在し、その発生頻度は、地球に近い宇宙での発生頻度よりもずっと高いかもしれないことを示している。

次の課題は、「超光度超新星」がピーク光度に達したときに発見し、スペクトルを得て、その正体が何であるかを解明すること、そして、それらを高赤方偏移宇宙のセンサーとして使うことだ。[15]

Stephen J. Smarttは英クイーンズ大学ベルファスト校の数学・物理学部宇宙物理学研究センターに所属している。

15. Berger, E. et al. Astrophys. J. Lett. 755, L29 (2012).

恒星進化における「真の原始星」を発見

A truly embryonic star

David A. Clarke　２０１２年12月6日号　Vol. 492 (52-53)

恒星として誕生するわずかに前の段階にある「真の原始星」が、ついに発見された。巨大分子雲が重力収縮して完全に成熟した恒星になるプロセスで、これまでのミッシング・リンクを今回の発見が補い、欠落部分を埋めていくだろう。

〝星の揺り籠〟から誕生までのプロセスは、次のような手順だ。巨大で低温の分子ガス雲の「クランプ」と呼ばれるわずかに密度の高い領域が、近くの超新星爆発などの摂動により自らの重力で収縮し「分子雲コア」を形成する。この高温で電離した領域は、中心の凝集部の周囲にエンベロープ（星を覆う雲）をつくり、中心の凝集部は、やがて原始星と呼べるほど〝成長〟する。原始星が放つ光は、重力エネルギーの放出による。原始星は「若い星状天体」（ＹＳＯ）と呼ばれ、第０段階～第Ⅲ段階に分けられる。今回、研究者たちは、第０段階の原始星そのものではなく、その周囲の降着円盤を検出することによって、原始星の存在を推測し、円盤の回転速度から、ケプラーの法則により、生まれつつある原始星の質量を決定した。

▼星の生成と進化のメカニズム

観測可能な宇宙には、10倍程度は多かったり少なかったりすることはあるだろうが、およそ10^{22}個の恒星がある。私たちが住む銀河系（天の川銀河）では、その質量の約20パーセントを約2×10^{11}個の光を放つ星が占め、別の20パーセントあるいはそれ以上は、恒星になれなかった天体（小さすぎて熱核融合を点火できなかった褐色矮星）や恒星の残骸（ブラックホール、中性子星、白色矮星など）が占めている。[1]

自然が、広範囲に分布した物質を常にかき集め、その密度を24桁も濃縮し、宇宙を照らす核融合炉すなわち、恒星を作り出す方法を見いだしたのは驚くべきことだ。しかし、そのメカニズムの詳細がどのようなものであるかは不明で、いまようやく解明されつつある。今回、米国立電波天文台（ＮＲＡＯ／バージニア州シャーロッツビル）のJohn J. Tobinらは、重要でありながら、これまで見つかっていなかった要素を、『Nature』２０１２年12月６日号に掲載された論文で報告した。[2] つまり、真に胎児段階にある原始星の初めての発見とその測定だ。

恒星はどのようにして生まれるのか。かいつまんで説明すると次のようになる。[3] 星の間の領域を満たす希薄なガス、つまり星間物質の約５パーセントは、直径６～１５０パーセク（20～４９０光年）の巨大な分子ガス雲を作っている。分子ガス雲の温度は数十Ｋ（ケルビン）と低く、おもに水素分子からなり、微量の一酸化炭素や水などの分子を含み、その密度は、１㎤当たり約３００個の分子が含まれる程度だ。そのなかの「クランプ」と呼ばれるわずかに密度の高い領域が、近くの超新星爆発などの偶発的な摂動が引き金となって、自らの重力のために収縮し

1. *Binney, J. & Tremaine, S.* Galactic Dynamics 2nd edn *(Princeton Univ. Press, 2008).*
2. *Tobin, J. J. et al.* Nature 492*, 83-85 (2012).*
3. *McKee, C. F. & Ostriker, E. C.* Annu. Rev. Astron. Astrophys.45*, 565-687 (2007).*

て「分子雲コア」を形成する。分子雲コアはかなり密度が高く、1㎤当たり約10^5個の分子を含む。

分子雲コアでは、強くなった内部乱流が重力によるさらなる収縮を押しとどめ、見かけ上は安定した中間点に達する。しかし、力学的な摩擦、磁力による制動、常に作用している重力により、物質は分子雲コアの中心に向かって徐々に落下していく。分子雲コアの中心では、高圧と高温により分子結合が壊れ、原子から電子が剥ぎ取られ、電離したガスは引きずられた磁場に結合される。分子雲コアの高温で電離した領域は、中心の凝集部の周囲にエンベロープ（星を覆う雲）を形成する。中心の凝集部は、やがては原始星と呼ぶことができるほど、周囲の環境と区別できるようになる。原始星が放つ光（大部分は遠赤外線）は、完全に成熟した星のエネルギー源である熱核融合ではなく、重力エネルギーの放出によるものだ。

フィギュアスケーターが腕を縮めることによってスピンの回転速度を上げるのと同様に、原始星の回転速度も多量の物質が星に降着すると速くなる。回転は非常に速くなり、その遠心力で収縮はそれ以上進まなくなってしまう。原始星からその角運動量の大半を奪い去る巧妙なメカニズムがなければ、私たちが知っているような星は存在しないはずだ。実際には、磁力、遠心力、重力が組み合わさった作用によって、流入する物質の約10パーセントは向きを変えられ、細いビーム状のガスの流れとして星から流れ出る。これは「原始星ジェット」と呼ばれる。[4] このジェットが、角運動量の約70パーセントを分子ガスに戻して原始星の回転速度を下げ、その結果、原始星の収縮は続く。[5]

4. *Clarke, D. A., MacDonald, N. R., Ramsey, J. P. & Richardson, M.* Phys. Can. 64*, 47-53 (2008).*
5. *Woitas, J. et al.* Astron. Astrophys. 432*, 149-160 (2005).*

▼原始星の進化の4段階

原始星は、「若い星状天体」（YSO）と呼ばれる天体群のもっとも若いメンバーだ。YSOは光のスペクトルによって、第0段階、第I段階、第II段階、第III段階という4つのグループに分けられる。[6] この分類は、星の進化の道筋を表していると考えられており、番号が大きいほど年齢の高いYSOに相当している。

第0段階の天体（多くの研究者が「真の原始星」と呼ぶ胎児期の星）は、その質量がエンベロープの質量よりも小さい。第I段階の天体は、その質量がエンベロープの質量を超える原始星だ。第II段階か第III段階のどこかで熱核融合が点火し、それによる突然のエネルギー放出で、エンベロープと分子雲コアに残っているものの大部分が吹き飛ばされる。後に残る天体は、前主系列星と呼ばれる。その周囲では、星の赤道面に位置する円盤に捕らえられた塵とガスが、惑星や彗星などの天体を作り、新しい星の周囲の軌道に残る。

巨大分子雲の重力収縮から前主系列星の出現までの星の進化プロセス全体は10^8年以内に進行し、真の原始星段階は10^5年にすぎない。太陽のような星の場合、その寿命は約10^{10}年で、人間の一生に換算すれば真の原始星段階は約7時間でしかない。

この段階は、星の進化においては短いけれども、重要な期間だ。天文学者たちはそれを観測しようと最大限の努力を重ねてきたが、果たせなかった。分子雲は大昔から観測されてきており、もっとも有名な例はオリオン星雲とも呼ばれるM42で、オリオン座のベルトの三つ星の南に裸眼で見える（図1）。しかし、星の形成における分子雲の役割が正しく理解されるように

6. *Barsony, M. in* Clouds, Cores, and Low Mass Stars ASP Conf. Ser. *Vol. 65 (eds Clemens, D. P. & Barvainis, R.) 197-206 (Astron. Soc. Pacif., 1994).*

図1　オリオン星雲(M42)
巨大分子雲M42は、主要な「星の揺り籠」のなかでも地球にもっとも近く、ここでは星の進化の初期のあらゆる段階にある星が見つかるはずだ。[NASA]

なったのは1960年代になってからだ。[7,8] また、分子雲コアと第Ⅰ段階から第Ⅲ段階のYSOも、かなり前から観測されてきたが、分子雲コアと第Ⅰ段階YSOの間には概念的に大きな隔たりがある。[9][10]

ということは、とてもたくさんの物理現象が、第0段階に非常に短い時間スケールで起こり、この隔たりを埋めているに違いなく、それを観測できていないことが、天文学者たちにとって、星の進化におけるミッシング・リンクとなっていた。真の原始星の発見が「赤外線天文学の究極の目標」とされてきたのは、このためだ。[11]

第0段階の原始星を直接検出することはむずかしい。第0段階の原始星は持続期間が短く、光度が小さく、（定義により）それ自身の質量の何倍ものガスと塵に覆い隠されているからだ。原始星を直接観測できるのは、取り囲んでいる物質が十分に降着するか、あるいは吹き飛ばされてからだ。幸い、遠赤外線の波長は、大量のガスと塵があっても透過できる。しかし、Tobinらが使ったサブミリ波干渉計（SMA、ハワイ・マウナケア山）や、CARMA（米カリフォルニア州）などの電波望遠鏡が、原始星の降着円盤ほど小さいものを、それを取り囲むエンベロープから見分けるのに必要な分解能を備えるようになったのは最近のことだ。

▼成長過程にある原始星L1527

今回、直接撮影されたのは、第0段階の原始星そのものではない。Tobinらは、第0段階の原始星の周囲の降着円盤を検出することによって、原始星の存在を推測した（参考文献2の図

7. *Elmegreen, B. G. & Lada, C. J.* Astrophys. J. 14*, 725-741 (1977).*
8. *Blaauw, A.* Annu. Rev. Astron. Astrophys. 2*, 213-246 (1964).*
9. *Myers, P. C. & Benson, P. J.* Astrophys. J. 266*, 309-320 (1983).*
10. *Lada, C. J. & Wilking, B. A.* Astrophys. J. 287*, 610-621 (1984).*
11. *Wynn-Williams, C. G.* Annu. Rev. Astron. Astrophys. 20*, 587-618 (1982).*

2を参照)。さらに、観測された円盤の回転速度から、ケプラーの法則を使って生まれつつある原始星の質量を決定した。

Tobinらは、原始星の質量を初めて測定した訳ではないかもしれないが、彼らが観測した原始星(おうし座にあり、L1527 IRSと呼ばれている)は、第0段階原始星の例としてこれまででもっともよいものだ。L1527 IRSは太陽の0・19±0・04倍の質量をもち、これは取り囲むエンベロープの質量の20パーセントであり、これまでのもっともよい例の10分の1の小ささだ。さまざまな意味で、L1527 IRSは、徐々に重力収縮する分子雲コアと第I段階YSOの出現との中間状態を、〝現行犯〟としてとらえたものといえる。

L1527 IRSは、本当に、赤外線天文学と星の進化の研究における「究極の目標」だったのだろうか。それは、後の科学史家が決めることだ。しかし、これはあきらかに大きな発見であり、星がどのようにして誕生するのかに関する私たちの理解は、今後行なわれるL1527 IRSの研究で大きく深まるはずだ。

David A. Clarke はカナダのノヴァ・スコシア州ハリファックスにあるセントメリーズ大学天文・物理学科計算宇宙物理学研究所に所属している。

奇妙な三角関係にある天の川銀河

A strange ménage à trois

Sidney Van Den Bergh　２０１０年12月16日号　Vol. 468 (901-902)

大・小マゼラン雲は、私たち天の川銀河のかなり近くにある。この２つの銀河が天の川銀河に合流したのは、かなり最近のことかもしれない。天の川銀河との近さや大・小マゼラン雲の光度など、３銀河は他の銀河集団と著しく異なる。

天の川銀河は、巻き方がかなり緩やかな渦状腕をもつ比較的普通の巨大銀河か、あるいは中心に星が棒状に集まった渦巻き状の巨大銀河とみられる。けれども最近の観測により、天の川銀河のもっとも近い隣人は際立った性質を所持していることがわかった。多くの銀河では直近の伴銀河（親銀河の周囲を公転する銀河）は、楕円銀河かレンズ状銀河（楕円銀河と渦巻き銀河の中間のタイプ）だ。一方、もっと遠くの伴銀河は、巻き方が緩やかな渦状腕をもつ渦巻き銀河か不規則な形をした銀河だ。ところが、大・小マゼラン雲は、天の川銀河にもっとも近い２つの大きな伴銀河にもかかわらず、不規則銀河なのだ。さらに奇妙なことに、大マゼラン雲という伴銀河は、マゼラン雲に似た不規則銀河のグループとしては、非常に明るい。

▼不規則銀河である大・小マゼラン雲

現代の私たちは地動説を信じている。だから、天の川銀河は典型的な銀河の1つであり、周囲の天体もごくありふれたものだろうと考えている。こうした考えのうち、典型的な銀河であるという点はそのとおりだ。天の川銀河は、巻き方がかなり緩やかな渦状腕をもつ比較的普通の巨大銀河（ハッブル分類のSbc）であるか、あるいは中心に星が棒状に集まった領域をもつ渦巻き状の巨大銀河（同分類のSBbc）と見られる。しかし、周囲の天体がありふれたものという予測は正しくなかった。天の川銀河近傍の天体は変わっていて、かつて期待されていたのとはかなり異なっているのだ。

確かに、天の川銀河が所属している局部銀河群は、小集団で、周辺の銀河群の多くとよく似ている。しかし、最近の観測によって、天の川銀河のもっとも近い隣人は際立った性質をもっていることがわかってきた。今回、『Monthly Notices of the Royal Astronomical Society』に発表された論文[1]と、プレプリント（予稿）サーバー「arXiv」に投稿された論文[2]は、こうした観測結果をさらに裏づけるものだ。

アンドロメダ銀河を含む大部分の銀河の場合、もっとも近くにある伴銀河（親銀河の周囲を公転する銀河）は、楕円銀河かレンズ状銀河（楕円銀河と渦巻き銀河の中間のタイプ）である[3]。一方、もっと遠くにある伴銀河は、巻き方が緩やかな渦状腕をもつ渦巻銀河か不規則な形をした銀河だ。ところが、大マゼラン雲（図1）と小マゼラン雲は、天の川銀河にもっとも近い2つの大きな伴銀河にもかかわらず、不規則銀河なのだ。

1. *James, P. A. & Ivory, C. F.* Mon. Not. R. Astron. Soc. *(in the press); preprint at http://arxiv.org/abs/1009.2875 (2010).*
2. *Liu, L. et al. Preprint at http://arxiv.org/abs/1011.2255v2 (2010).*
3. *Einasto, J. et al.* Nature 252, *111-113 (1974).*

図1　大マゼラン雲の画像。Jamesら[1]およびLiuら[2]による計算で、天の川銀河が大マゼラン雲ほど明るく近い伴銀河をもつ確率は、極めて低いことがわかった。[NASA]

この事実は、大・小マゼラン雲は以前から天の川銀河に近い伴銀河であったわけではなく、局部銀河群の外縁部で形成された天体であって、現在、たまたま天の川銀河の近くを通過しているだけなのかもしれないことを示している。[4] 最近の計算では、「マゼラン雲が重力に引かれて天の川銀河に近づいたのは過去10億年以内」という確率は約72パーセント、また、大・小マゼラン雲がほぼ同時期（10億年以内）に天の川銀河に近づいた確率も約50パーセントと見積もられた。[5]

▼大マゼラン雲の異例の明るさ

マゼラン雲の2つ目の特殊性は、大マゼラン雲が、マゼラン雲に似た不規則銀河としては非常に明るいことだ。宇宙の周辺領域で、大マゼラン雲に匹敵する光度をもっていて、マゼラン雲とよく似た不規則銀河はほかに2つしかない（NGC 4214とNGC 4449）。言い換えれば、大マゼラン雲の光度は、マゼラン雲に似た不規則銀河としては、その上限に近いらしいのだ。

これは重要なことである。なぜなら、渦巻き銀河とマゼラン雲に似た不規則銀河には、根本的な形の違いがあるからだ。渦巻き銀河の光度には大きな幅があり、すべての渦巻銀河に中心核がある。一方、マゼラン雲に似た不規則銀河は、その大部分はかなり暗く、中心核がない。ただし、この光度に上限があるという話は、マゼラン雲に似た不規則銀河にのみ当てはまり、巨大な銀河の衝突や合体でできた可能性のある、独特で混沌とした不規則銀河には当てはまらない。この点は強調しておくべきだろう。

4. *van den Bergh, S.* Astron. J. 132, *1571-1574 (2006).*
5. *Busha, M. T. et al. Preprint at http://arxiv.org/abs/1011.2203v2 (2010).*

１９６９年、スウェーデンの天文学者 Erik Holmberg は、米パロマー天文台の観測プロジェクト「スカイサーベイ」で撮影された写真を使って、近くの銀河の伴銀河を探した。[6] そして、意外なことにマゼラン雲に似た明るい伴銀河がかなりまれであることを発見した。このHolmberg の結論が、今回、英国のリバプール・ジョン・ムーアズ大学の Phil James と Clare Ivory の研究[1]や、米国のスタンフォード大学カブリ粒子宇宙物理学・宇宙論研究所（ＫＩＰＡＣ）の Lulu Liu らの研究[2]によって補強され、確かめられた。

James と Ivory は、天の川銀河に匹敵する明るさをもつ１４３個の渦巻き銀河について、波長帯の狭い画像を使って、星を形成中の伴銀河を探した。彼らは、マゼラン雲と似た、星を形成中の明るい伴銀河はかなりまれであり、天の川銀河の２個のもっとも明るい伴銀河（大・小マゼラン雲）は、光度においても近さにおいても異例だと結論した。

▼天の川銀河に存在する「奇跡」

Liu らは別の方法をとった。[2] 彼らは、米日独の国際観測プロジェクト「スローン・デジタル・スカイサーベイ」（ＳＤＳＳ）で得られた莫大なデータを使って、天の川銀河と似た親銀河の１５０キロパーセク（ｋpc）（49万光年）以内にマゼラン雲の光度に近い伴銀河があるケースを探した。ちなみに、大マゼラン雲は天の川銀河から50ｋpc（16万光年）、小マゼラン雲は60ｋpc（20万光年）しか離れていない。Liu らは、天の川銀河に似た銀河２万２５８１個を調べ、その結果、マゼラン雲ほど明るい伴銀河をもたない親銀河が81パーセントにのぼること、また、

6. *Holmberg, E.* Ark. Astron. 5, *305-343 (1969).*

そのような銀河を1個だけもつ銀河は11パーセントであり、2個もっているのはわずか3・5パーセントにすぎないことを見いだした。

米国の天文学者エドウィン・ハッブルは何十年も前に、「銀河系があるグループの一員であるのはとても幸運な偶然だ」と述べている。[7] その表現を借りれば、天の川銀河が大マゼラン雲ほど明るい不規則銀河を伴っていることは、ほとんど奇跡なのだ。

Sidney van den Bergh はカナダのブリティッシュコロンビア州ヴィクトリアにあるカナダ国家研究会議ヘルツベルグ宇宙物理学研究所ドミニオン宇宙物理学天文台に所属している。

7. *Hubble, E.* The Realm of the Nebulae *(Yale Univ. Press, 1936).*

真価を発揮するＡＬＭＡ望遠鏡

The ALMA telescope shows its true colors

Andrew W. Blain　２０１３年３月21日号　Vol. 495 (324-325)

重力レンズ効果によって大きく見えている遠方の明るい銀河は、宇宙の歴史の長い期間にわたって形成されていたことがわかっている。ＡＬＭＡ望遠鏡は、こうした銀河の赤方偏移と内部構造をあきらかにしていこうとしている。

目下、南米のチリで建設中で、完成間近のＡＬＭＡ望遠鏡（アタカマ大型ミリ波サブミリ波干渉計）が、観測天文学に革命を起こそうとしている。研究チームは部分運用中のＡＬＭＡ望遠鏡で観測した遠方の銀河の詳細な画像と、赤方偏移の測定結果を紹介している。南極点望遠鏡を使った広視野観測で発見した銀河を、さらにＡＬＭＡ望遠鏡で観測したところ、これらの銀河が手前にある天体の「重力レンズ」効果で拡大されていたため、非常に遠方にあるにもかかわらず観測できていたことをあきらかにした。彼らはここで２つのテクニックを使った。１つは１㎜の波長で画像を取得、重力レンズ効果で銀河がゆがんで複数見えるようすを示し、もう１つはＡＬＭＡ望遠鏡の３㎜前後の波長帯で、星間ガスの輝線放射から赤方偏移をあきらかにした。

▼天文学に革命をもたらすＡＬＭＡ望遠鏡

南米のチリで建設中で、完成を間近に控えたアタカマ大型ミリ波サブミリ波干渉計(Atacama Large Millimeter/submilimeter Array; ALMA)[1]（図1）が、観測天文学に革命を起こそうとしている。ＡＬＭＡ望遠鏡は、波長０・３～３㎜の電波を観測して星間媒質中のガスとダストの画像を作成し、銀河の内部のようすを詳細に見せてくれる。『Nature』２０１３年3月21日号のVieiraらの論文は、部分運用中のＡＬＭＡ望遠鏡で観測した遠方の銀河の詳細な画像と赤方偏移の測定結果の一部を紹介している。[2] Vieiraらは、南極点望遠鏡[3]を使った広視野観測で発見した銀河をさらにＡＬＭＡ望遠鏡で観測したところ、これらの銀河が手前にある天体の「重力レンズ」効果により拡大されていたために、非常に遠方にあるにもかかわらず観測できていたことをあきらかにした。*

▼深まりと広がりを見せる銀河観測

この数十年間に宇宙を観測する「窓」がいくつも開き、新しいタイプの銀河が次々と発見されて、天体物理学の呼び物になっている。電波、Ｘ線、遠赤外線の窓が開いたことで、以前から知られていたタイプの銀河や、これまで知られていなかったタイプの銀河で起こっているプロセスに関する知識がどんどん蓄積されてきている。広視野観測により銀河を発見する能力と、高解像度の画像と分光観測により銀河の性質を分析する能力とを組み合わせることで、銀河の性質を従来よりも迅速かつ効率よく解明できるようになる。

1. *www.almaobservatory.org*
2. *Vieira, J. D. et al.* Nature 495, *344-347 (2013).*
3. *http://pole. uchicago.edu*

*この記事と、文中で紹介されている論文[2]は、ALMA望遠鏡の開所式と同じ2013年３月13日に『Nature』オンライン版で発表された。

図１　ALMA望遠鏡はパラボラアンテナ66台を組み合わせた干渉計方式の巨大な電波望遠鏡で、チリ北部のアタカマ砂漠に設置されている。
［Clem & Adri Bacri-Normier (wings forscience.com)/ESO］

銀河を分類する研究は、１９２０年代に、当時の世界最大の光学望遠鏡を使って散光星雲の分光観測を行ない、宇宙の膨張速度を測定したことから始まった。１９６０年代には電波源やその他の活動銀河核（active galactic nucleus：ＡＧＮ）の発見があり、宇宙の進化が起こっていることが決定的になった。宇宙からの広視野観測も始まり、古いところでは赤外線天文衛星ＩＲＡＳやX線天文衛星ＲＯＳＡＴ、より新しいところでは遠赤外線観測を行なうハーシェル宇宙望遠鏡、中間赤外線観測を行なうＷＩＳＥ衛星、ミリ波観測を行なうプランク衛星によりめずらしいタイプの銀河が発見され、銀河の形成と進化の一般的なプロセスに関する明確な手がかりがもたらされた。地上からも、スローン・デジタル・スカイサーベイからダーク・エネルギー・サーベイまで各種の野心的な広視野観測が行なわれて、銀河の性質に関する理解を深め、これまでになく正確で徹底した統計的観測を可能にしている。

南極点望遠鏡によるミリ波での広域観測と、ＡＬＭＡ望遠鏡の画像化能力と分光能力を利用した銀河の特定の位置の観測とを組み合わせることにより、手前にある天体の影響で大きく見えている特異な銀河を発見する新たな機会が得られた。Vieiraらは、今回の研究でこの機会を利用した。彼らはまず、南極点望遠鏡を使って１３００平方度にわたる空の領域（ノートパソコンの画面がユーザーの視界に占める割合と同じくらいの広さ）を観測した。南極点望遠鏡はミリ波の３つの波長帯で空の画像を撮影する。その主たる目的は、スニヤエフ・ゼルドビッチ効果による宇宙マイクロ波背景放射の歪みを利用して遠方の銀河団を同定することにある。ビッグバンの名残である宇宙マイクロ波背景放射が、銀河団の中の高温の電子によって散乱されると、これらの波長帯に特徴的なスペクトルが刻み込まれるからである。[4]

▼重力レンズ効果とスペクトル測定による銀河観測

南極点望遠鏡は、遠赤外線で明るい銀河のサンプルも検出できる。こうした銀河では、恒星やＡＧＮからの可視光と紫外光を星間媒質が吸収している。南極点望遠鏡の画像中で測定された銀河の色を利用すると、ＡＧＮから強い電波を放射している銀河を除外することができる。さらに、ＩＲＡＳ衛星を使って作成したカタログに入っている程度の近さにある銀河も除外すると、遠方の明るい銀河を効率よく選び出して正確なカタログを作成することができる。こう

4. *Reichardt, C. L. et al.* Astrophys. J. 763*, 127 (2013).*
5. *Vieira, J. D. et al.* Astrophys. J. 719*, 763-783 (2010).*

した銀河は、手前にある天体の重力レンズ（光屈折）効果により拡大されていることが多い。[5] これらの銀河の内部構造を検出し解明する適切なツールがあれば、[6] 重力レンズ効果による見かけの大きさと放出エネルギーの総和を利用して、その天体物理学的性質を詳細に調べることができる。注意深くモデルを構築すれば、この「重力望遠鏡」効果なしでは何週間観測しても得られない、詳細な知見が得られる。

Vieiraらは今回、南極点望遠鏡が発見した47の銀河をＡＬＭＡ望遠鏡で詳しく観測した画像とスペクトルを発表することで、ＡＬＭＡ望遠鏡の威力を見せつけた。彼らはここで2つのテクニックを利用した。1つは、比較的短い1㎜の波長で画像を取得し、重力レンズ効果によって銀河が歪んで複数に見えているようすを示すことだ。もう1つは、ＡＬＭＡ望遠鏡の3㎜前後の波長帯でスペクトルの走査を行ない、星間ガスの輝線放射から銀河の赤方偏移をあきらかにすることだ。幸い、26のスペクトル走査観測のうちの大部分（約88パーセント）で、複数のスペクトル線から確実な赤方偏移を得ることができた。測定された赤方偏移は2～5・7と幅広く、これらの銀河の古さが宇宙の歴史のかなり広い期間にわたっていることを示唆している。もっとも古い銀河はビッグバンから10億年しかたっていない時代のものだった。ＡＬＭＡ望遠鏡が今後、空間的に解像されたスペクトル測定を用いて遠方の銀河サンプルのガスの内部運動を測定できるようになれば、銀河の形、大きさ、回転速度、質量、合体する部分について、これまでにない精度で解明できるようになる。重力レンズ効果を利用することにより、ＡＬＭＡ望遠鏡でこれらのターゲットを検出し、解像するのに要する時間はわずか数分にまで短くなっ

6. *Swinbank, A. M. et al.* Astrophys. J. 742, *11 (2011).*

た。これは、ALMA望遠鏡が今後本格的に運用されるようになったときに、科学研究に使える貴重な時間を最大限に活用するために非常に重要だ。重力レンズ効果により赤方偏移が大きくなる方向にサンプルにバイアスがかかるかもしれないが、現在進められている南極点望遠鏡での観測から得られる大きいサンプルを慎重に分析すれば、この問題は解決できるだろう。[3]

▼より遠い、見えない銀河への挑戦

ALMA望遠鏡のターゲットになりうる銀河、すなわち、遠方にあり、遠赤外線で明るい、ダストに包まれた銀河は、次々と報告されている。まもなくミッションを終えようとしているハーシェル宇宙望遠鏡による銀河サーベイの成果[7]や、プランク衛星やWISE衛星を使って形成途中の銀河集団の極端な例をとらえようとする全天サーベイの成果も得られている。地上でも、ハワイのジェームズ・クラーク・マクスウェル望遠鏡のSCUBA-2カメラ[8]や、スペインのIRAM30m望遠鏡の新型カメラなどの新しい施設が、南極点望遠鏡よりも短い波長で観測を行ない、南極点望遠鏡のミリ波観測とハーシェル宇宙望遠鏡の遠赤外線観測とのギャップを埋めようとしている。これらの観測から、ALMA望遠鏡のさらなるターゲットが見つかるだろう。チリのアタカマ宇宙論望遠鏡も、補足的なミリ波観測を行なっている。[9]現在計画されているCCAT望遠鏡の感度の高さと視野の広さは、広視野遠赤外線・サブミリ波帯サーベイの精度と解像度を大幅に高めることになるだろう。[10]

南極点望遠鏡が行なったような、ダストに包まれた銀河の広視野観測により得られた知見を

7. *Negrello, M. et al.* Science 330*, 800-804 (2010).*
8. *Chen, C. -C. et al.* Astrophys. J. 762*, 81 (2013).*
9. *www.princeton.edu/act*
10. *www.ccatobservatory.org*

さらに深く解き明かすのにALMA望遠鏡が威力を発揮することはあきらかだ。今回の研究成果は非常に興味深いが、この驚異的な望遠鏡が最終的に備えることになる能力の一端を示したにすぎない。ALMA望遠鏡は、別々の大陸にある研究機関が平等に貢献するグローバルな国際望遠鏡として最初のものである。ハッブル宇宙望遠鏡以上の空間解像度と、昼夜を問わずスペクトル観測を行なう能力を備えたこの望遠鏡は、銀河が放出するエネルギーのうち他の手段では見えない部分を探ることを可能にし、銀河のダイナミクスと進化や、恒星を形成させ、AGNに燃料を供給するプロセスについて、従来よりもはるかに包括的な展望をもたらすはずだ。

Andrew V. Blain はレスター大学（英）物理・天文学科に所属している。

アンドロメダ銀河で見つかった不思議な平面

Andromeda's extended disk of dwarfs

R. Brent Tully　２０１３年１月３日号　Vol. 493 (31-32)

アンドロメダ銀河とその周囲の伴銀河（衛星銀河）を詳しく調べた結果、伴銀河が１つの大きな薄い平面上に載っていて、アンドロメダ銀河の周りを同じ方向に回っていることがあきらかになった。

アンドロメダ銀河はＭ31とも呼ばれ、地球から約２５０万光年の距離にあり、私たちの銀河系にもっとも近い巨大銀河である。そのため、マウナケア山にあるカナダ・フランス・ハワイ望遠鏡の高感度撮影によりその伴銀河（衛星銀河）が詳しく調べられている。今回、国際観測チームは、〈アンドロメダ銀河の矮小伴銀河のおよそ半分は薄い平面上にあり、アンドロメダ銀河の周りを同じ方向に回転している〉ことを発見した。これは、銀河形成理論に新たな制限を加えるものとなる。研究チームは、Ｍ31から35～４００ｋpc（キロパーセク〔11万～１３０万光年〕）の距離にある27個の矮小銀河のうち、13個が厚さ13ｋpcの薄い平面の中にあり、規則的な速度パターンをもっていることを発見した。

▼伴銀河の特異な運動パターンを発見

アンドロメダ銀河の矮小伴銀河のおよそ半分は、薄い平面上にあり、アンドロメダ銀河の周りを同じ方向に回転している。この新事実をフランスのストラスブール大学付属ストラスブール天文台の Rodrigo A. Ibata らの国際観測チームが発見し、『Nature』２０１３年1月3日号の論文で報告した。[1] Ibata らの発見は、銀河形成理論に新たな制限を加えるものであり、重要な意味をもっている。

まず、観測された事実を述べよう。アンドロメダ銀河はM31とも呼ばれ、地球から約２５０万光年の距離にあり、私たちの銀河系（天の川銀河）にもっとも近い巨大銀河である。極めて近くにあるため、カナダ・フランス・ハワイ望遠鏡（ハワイ・マウナケア山）を使った高感度撮影により、その伴銀河（衛星銀河）の調査が広範囲にわたって行なわれ、非常に暗い伴銀河に至るまで調べられた。近いので伴銀河との距離の測定も可能で、銀河を構成する星の速度も決定できた。このような完璧な調査は、天の川銀河では不可能だ。なぜなら、伴銀河候補天体が、天の川銀河そのものによって覆い隠される領域にあるかもしれないからである。また、ほかの巨大銀河では、遠すぎてこれほど詳細な調査はできない。

Ibata らは、M31から35～４００ｋpc（キロパーセク〔11万～１３０万光年〕）の距離にある27個の矮小伴銀河のうち、13個が厚さ13ｋpcの薄い平面の中にあって、規則的な速度パターンを持っていることを発見した。つまり、M31の北にある伴銀河は、M31に対して地球から遠ざかる方向に運動しており、一方、南にある伴銀河はM31に対して地球に近づく方向に運動し

1. *Ibata, R. A. et al.* Nature 493, *62-65 (2013).*

図1　アンドロメダ銀河
［NASA］

ている。これまでの銀河形成理論で、伴銀河がこんな運動をするなどという予言は1つもなかったはずだ。

さらに、私たちの天の川銀河も、この13個の伴銀河と同じ平面上に乗っている。この平面の発見は驚くべき成果だ。この不思議な構造について、Ibataらは、推測にすぎない記述をあえて避けている。今回の発見の意義が薄まるのを恐れたからだ。

M31の円盤は、伴銀河が作るこの平面から約50度傾いている。その一方で、M31自体の回転は、伴銀河の速度パターンと同じ方向を向いている。今回の調査領域よりさらに広い範囲を眺めてみると、M31から250〜500kpcの所に3つの銀河(IC 1613、IC 10、LGS 3)がある。これらは高感度撮影が行なわれる前から知られていたが、これら3つも、すべて同じ平面にある。

これはたいへん興味深い事実といえる。これら3つの遠い銀河は、十分な星間ガスを含み、まだ星を形成しているので、最近になってM31の近くにやってきた銀河かもしれないからだ。Ibataらが調べた領域にある伴銀河はすべてガスに乏しく(今議論している平面上にないM33を除く)、標準的な銀河形成モデルによれば、M31の近くにやってきてからある程度時間が経っており、複雑な軌道をもっているはずなのだ。

▼伴銀河の平面的な分布構造

しかし実態は、Ibataらが述べているよりもさらに奇妙だ。M31の残りの伴銀河は、M31よりも低い銀経にあるものと高い銀経にあるものに分かれ、両者の数はほぼ等しい。局部銀河群(天の川銀河やM31を含む銀河群)で3番目に大きい銀河であるM33を含め、M31よりも高い銀経にある伴銀河はすべて、別のもう1つの平面上にある。この2番目の平面は、M31を含む平面からずれていて、しかも約13度傾いている。

Ibataらは、「天の川銀河の伴銀河も、1つの平面内にあるらしい」という以前からの提案についても触れている。[2,3] ケンタウルス座A(地球から1000万〜1600万光年)を中心とする銀河群と、M81(おおぐま座にあり、地球から約1200万光年)を中心とする銀河群は、局

2. *Lynden-Bell, D.* Mon. Not. R. Astron. Soc. 174, *695-710 (1976).*

3. *Pawlowski, M. S., Pflamm-Altenburg, J. & Kroupa, P.* Mon.Not. R. Astron. Soc. 423, *1109-1126 (2012).*

4. *Karachentsev, I. D. et al.* Astron. Astrophys. 385, *21-31 (2002).*

5. *Chiboucas, K., Karachentsev, I. D. & Tully, R. B.* Astron. J.137, *3009-3037 (2009).*

部銀河群に2番目に近い銀河群だが、これらの伴銀河の分布を調べるために必要な情報が、すでにデータアーカイブにあるかもしれないと私は考えた。これらの銀河の周囲の領域は、伴銀河候補の調査観測とハッブル宇宙望遠鏡での追跡観測とで、綿密に調べられているからだ。[4,5]

それによると、ケンタウルス座Aの場合、ケンタウルス座Aの中心から600kpc以内にある24個の伴銀河のうちの22個は、おおむね平行だが280kpcだけずれた2つの平面上にあり、それぞれにある伴銀河の数は等しい。ケンタウルス座A自身はこの2つの平面の1つに乗っている。ケンタウルス座Aの伴銀河の大半はガスが乏しいが、ガスを含む銀河も両方の平面にいくつかあり、そこでは星形成が起こっている。

M81銀河群での状況は、それほど明瞭ではないが、それでも示唆に富んでいる。M81銀河群の場合、ガスに乏しい伴銀河と、星形成が起こっているガスの豊富な伴銀河との間に、分布の違いが見られる。ガスに乏しい伴銀河は、60kpc×120kpcほどの平らな領域のなかに分布していて、この領域の広がりは、大きな「ローカルシート」が広がる方向と一致している。[6] ローカルシートはこれまでに触れたすべての銀河を含む大きくて平らな構造であり、大きさは10メガパーセク（Mpc）もあるが、厚さは1Mpcにすぎない。一方、ガスが豊富な伴銀河は、典型的にはM81よりもさらに遠くにあり、それら自身でだいたい1つの平面を形作っている。

今回、Ibataらが規則的な運動をしている薄い平面を発見し、伴銀河が組織化された分布をとることが、確かな証拠によって裏づけられた。伴銀河の平面的な分布構造が普遍的なものであることを示唆する証拠は複数ある。この問題はさらに掘り下げる価値があるが、これまで議

6. *Tully, R. B. et al.* Astrophys. J. 676, *184-205 (2008).*
7. *Klypin, A., Kravtsov, A. V., Valenzuela, O. & Prada, F.* Astrophys. J. 522, *82-92 (1999).*
8. *Moore, B. et al.* Astrophys. J. 524, *L19-L22 (1999).*

論してきた300～500kpcの大きさの平面が、ローカルシートとおおむね平行である事実に注目すべきだ。ローカルシートは、物質のない巨大な空洞である「ローカルボイド」の壁を形成している。このローカルボイドは、付近の構造の発展に強く影響を及ぼしている。[6]

▼支配的な銀河と同方向に回転？

Ibataらは、このような平面を形成した可能性のあるいくつかのシナリオについて、言及しているのみだ。銀河形成に関して、見つかっている伴銀河が理論的予想と比べて少ないという問題が以前からある。平面が存在するという今回の新情報は、この問題をさらに複雑にした。[7,8]今回の発見で、伴銀河の数が少ないだけでなく、実際に存在する伴銀河の多くが、こうした組織化された構造のなかにあるらしいことがわかった。この薄い平面という構造が崩れていないことは、この構造が（その構成要素とはおそらく異なり）大昔からのものではないことを示している。

現在の銀河形成理論によると、物質（ガスとすでにできあがった銀河の両方）は、フィラメントに沿う流れとして、密度の高い場所のハローの中へと落下し、そのなかの成長している銀河に物質を供給する。落下する物質の軌道角運動量は、時がたてば、ハローのなかの支配的な銀河と同じ回転方向の運動を引き起こす傾向があり、その銀河の渦巻き状の円盤を増強していく。

新たに降着した伴銀河はみな同じ方向に回転しているはずだと考えるのは合理的だが、伴銀河は、軌道を数回まわれば、互いに散乱してごちゃ混ぜになる傾向がある。しかし、M31の周囲の落下している銀河は非常に薄い平面上にとどまっている。このため、降着してからそれほど時間がたっていないと考えられ、また、それほど寄り道はせずに短期間で中心の銀河に吸収されるとみられる。

R. Brent Tully は米ハワイ州ホノルルにあるハワイ大学天文学研究所に所属している。

超新星爆発直前の質量放出をとらえた

Going supernova

Alexander Heger　２０１３年２月７日号　Vol. 494 (46-47)

質量の大きな恒星が超新星爆発を起こして死ぬとき、非常に明るく輝き、「宇宙の果て」からでも見えよう。だが、元の星の詳しい姿や特徴はわからないままだ。今回、大質量星の超新星爆発の直前に起こった質量放出現象が観測され、星の生涯について知る新たな手がかりが得られた。

１９８７年２月、大マゼラン雲中の恒星が一生を終えて大爆発、超新星SN1987Aが現われた。驚くことに、その前駆天体は赤色超巨星ではなく青色《せいしょく》超巨星だった。大質量星は進化して赤色超巨星になって爆発するという説は、間違っていたのか。太陽質量の約８～10倍より小さいと白色矮星に、より質量が大きいと中性子星かブラックホールになる。では大質量星の最期はどうなるか。今回、研究者たちは２０１０年８月に超新星爆発を起こした大質量星で、爆発のわずか40日前にアウトバースト（急激な増光現象）が見られたことを観測し、このアウトバーストで太陽質量の約１００分の１の物質が放出されたと結論、前駆天体は太陽質量の約50倍と見積もった。

▼爆発40日前のアウトバーストを観測

質量の大きな恒星が死ぬとき、激しい現象が起こる。太陽の約10倍よりも大きな質量をもって生まれた星は、超新星爆発やγ線バーストを起こして、その生涯を終える。では、そうした大質量星は、死ぬ直前にどのような姿を見せるのか。ワイツマン科学研究所（イスラエル・レホヴォート）のE. O. Ofekらは、２０１０年８月に超新星爆発（SN 2010mcと呼ばれる）を起こした大質量星において、爆発のわずか40日前にアウトバースト（急激な増光現象）が見られたことをパロマー天文台（米カリフォルニア州）の望遠鏡などを使って観測し、『Nature』２０１３年２月７日号に報告した。[1] このような貴重な観測は、大質量星の最期について、いろいろなことを教えてくれる。

１９８７年以前の天文学者たちは、大質量星は進化して赤色超巨星になり、それから爆発すると考えていた。しかし、１９８７年、私たちの住む銀河系（天の川銀河）に近い矮小銀河である大マゼラン雲に、超新星SN 1987Aが現われた。[2] これは17世紀初め以降、もっとも地球に近いところで起こった超新星だった。SN 1987Aは地球に十分近かったため、研究者たちはデータアーカイブを調べ、元の場所に何があったかを突き止めることができた。驚いたことに、その超新星の前駆天体は、赤色超巨星ではなく青色超巨星だった。[3]

しかし、SN 1987Aは地球に非常に近いという点で珍しい例だった。最近では、近くの銀河に現われる超新星とその前駆天体を調べるため、大規模な観測計画が常に行なわれている。その結果、たとえば前駆天体は、これまでの予想よりも質量が小さいものが多いことがあきらか

1. *Ofek, E. O. et al.* Nature 494, *65-67 (2013).*
2. *www.cbat.eps.harvard.edu/iauc/04300/04316.html*
3. *West, R. M., Lauberts, A., Schuster, H.-E. & Jorgensen, H. E.* Astron. Astrophys. 177, *L1-L3 (1987).*

になった。[4] しかし、前駆天体の詳しい姿や特徴については、多くのことがわからないままだ。特に、爆発を起こす直前についてはよくわかっていない。

▼外側から見える大質量星の末期

恒星は、その内部で起こる核融合によってエネルギーを得ている。軽い元素は、核融合でより重い元素に変わっていく。[5] 星の一生の大部分は、水素が核融合してヘリウムに変わっていく期間だ。その後、もっとも質量の小さな星を除くほとんどの星では、ヘリウムが核融合して炭素や酸素に変わり、この段階が星の一生の残りの時間の大部分を占める。太陽質量の約6~7倍以上の質量で誕生した星では、核融合はさらに続き、炭素が酸素やネオンやマグネシウムに変わる。そして、誕生時の質量が太陽質量の約8~10倍より小さかった星では、やがて星の中心部でも核融合が止まり、最後は白色矮星になる。

一方、もっと質量の大きな星では、中心核がさらに高温・高密度になって核融合過程が続き、ケイ素や硫黄が作られ、最後に周期表の鉄に近い元素ができる。鉄に近い元素の原子核はもっとも強く結合しているので、それらが核融合してもエネルギーは得られなくなる。この「灰」が星の中心に蓄積し、その星は最後、自身の重力のためにつぶれる。そして多くの場合、超新星爆発が起こり、後に中性子星かブラックホールが残る。[6]

しかし、もっとも質量の大きな星は、炭素を使い果たしたすぐ後に急速に収縮し、残りの燃料の多くをわずか数秒で燃やしてしまうことがある。この場合、残骸を残さない強力な爆発を

4. *Smartt, S. J.* Annu. Rev. Astron. Astrophys. 47*, 63-106 (2009).*
5. *Woosley, S. E., Heger, A. & Weaver, T. A.* Rev. Mod. Phys. 74*, 1015-1071 (2002).*
6. *Heger, A., Fryer, C. L., Woosley, S. E., Langer, N. & Hartmann, D. H.* Astrophys. J. 591*, 288-300 (2003).*

起こすか、星が死ぬ少し前に、超新星に似た爆発を複数回起こして球殻状に物質を放出し（脈動性の対不安定型超新星という）、その星を完全に崩壊させる可能性がある。[7] 引き続いて放出された物質の殻どうしが衝突する現象は、自然界におけるもっとも明るい現象となる場合がある[8]（図1）。

大質量星の燃焼の進んだ段階は独特のものだ。星は、そのエネルギーの大部分を、表面から発する観測可能な光の形ではなく、ニュートリノの形で失う。ニュートリノは高温の星の中心から逃げ、星を冷やす。その結果、こうした末期の段階は、数百万年という星の全寿命に比べれば短い期間で終わる。炭素燃焼過程は数百年続くが、ケイ素燃焼過程はわずか1週間ほどで終わるだろう。最近まで、こうした燃焼の進んだ段階を示す特徴が、星の外側から見えるようになるとは予想されていなかった。だから、進化の末期の段階で、星がどの段階にあるのかや、あとどれくらいで超新星爆発を起こすのかを知ることは不可能だった。放出されるニュートリノを測定すれば、この段階をのぞきこむ「窓」になるだろうが、それは、ベテルギウス（オリオン座にある地球から約640光年離れた星）など、地球に非常に近い大質量星であっても、現在は不可能ではないとしても、むずかしい[9]。

Ofekらは今回の研究で、大質量星が超新星爆発を起こすわずか約1カ月前にこの星のアウトバーストを観測し、このアウトバーストで太陽質量の約100分の1の物質が放出されたと結論した。前駆天体は、太陽質量の約50倍というかなり質量の大きな天体だったとOfekらは見積もっている。さらに、統計的な考察に基づき、この物質放出が、続いて起こった超新星爆

7. *Heger, A. & Woosley, S. E.* Astrophys. J. 567, *532-543(2002).*
8. *Woosley, S. E., Blinnikov, S. & Heger, A.* Nature 450,*390-392 (2007).*
9. *Odrzywolek, A., Misiaszek, M. & Kutschera, M.* Nucl.Phys. B Proc. Suppl. 221, *380 (2011).*

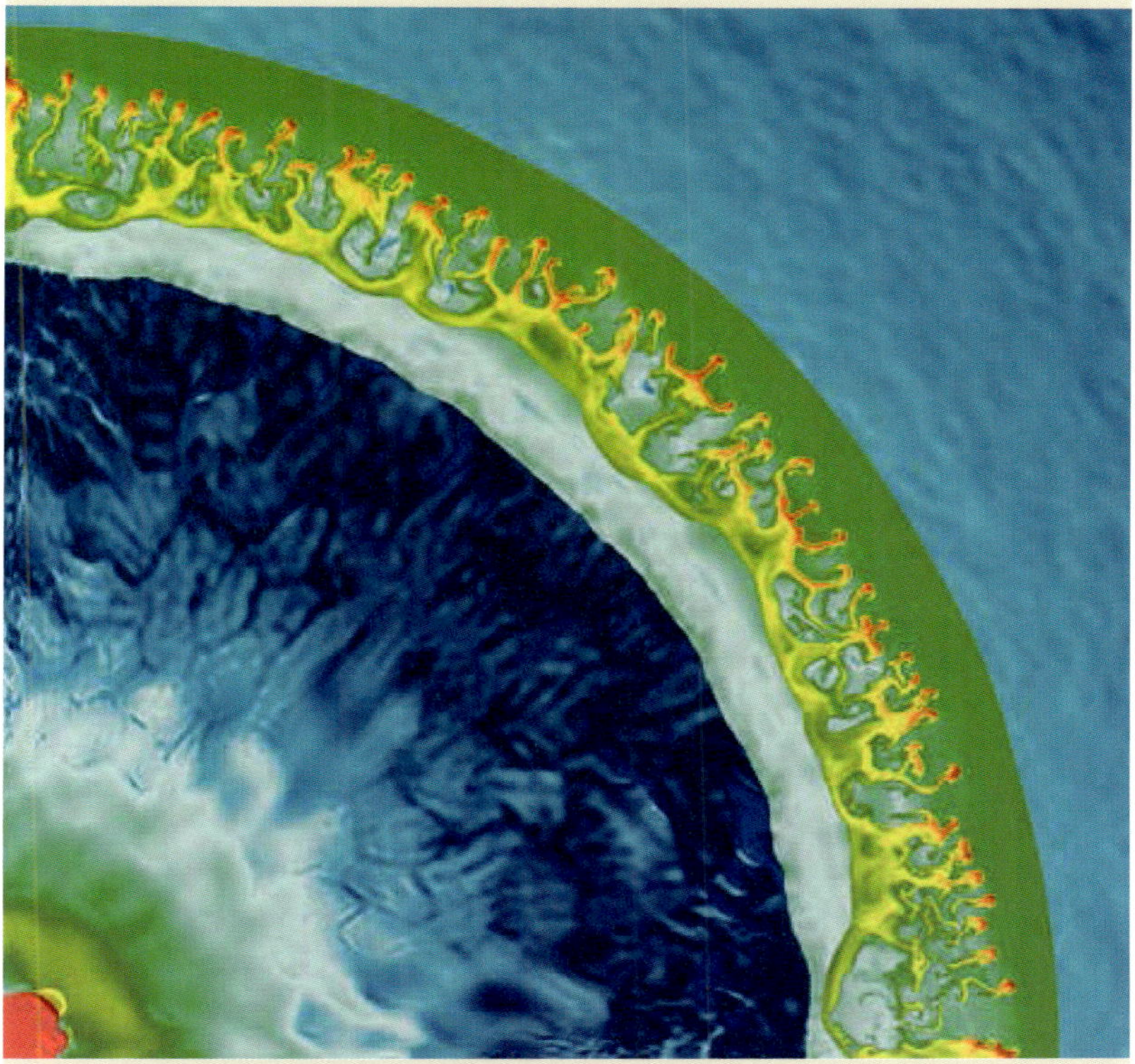

図１　放出された球殻状の物質の衝突
この画像は、星が死ぬ少し前に、数年の間隔で起こった２回の脈動性対不安定型超新星爆発によって、大質量星から放出された物質の２つの殻どうしの衝突のシミュレーション結果を示している[11]。画像に示されているのは、現象の右上の断面。衝突でできた破片（赤いこぶ状のもの）を含む殻の半径は、地球・太陽間の距離の約500倍。色は、１cm^3当たり10^{-11} ～ 10^{-16}ｇのガス密度を示していて、赤はもっとも高い密度を、暗い青は最低の密度を示している（画像は米ミネソタ大学物理天文学部のKe-Jung Chenの厚意による）。

発と因果関係があるとOfekらは主張する。それが確かめられれば、この系は、かなり質量の大きな前駆天体の生涯の末期について、「追加の情報」が得られた数少ない例となる。それは、放出された物質の組成分析や超新星そのものから得られた以外の情報という意味である。

▼大質量星のさまざまな物質放出モデル

このような物質放出は、太陽質量の20〜25倍よりも大きな初期質量をもつ星が起こすことがわかっている。その極端な例が、地球に近く、非常に大質量のりゅうこつ座イータ星（地球から約8000光年）が起こしたものだ。この星は、初期には太陽質量の150倍の質量をもっていたが、わずか数年間で太陽20個分の質量を放出したと見られる。[10] しかし一般に、大部分の大質量星の物質放出については、それがいつ起こるのか、何が原因で起こるのか、ほとんどわかっていない。

Ofekらは、このような物質放出に関するさまざまな理論モデルの枠組みの範囲内で観測データを分析した。そして、放出物のタイミングと性質は、核融合の最終段階での流体力学的不安定性に基づくモデルでもっともよく説明できると結論した。[11] しかし、こうした物質放出をモデル化し、そのメカニズムを解明するためには、さらなる理論的研究が必要だ。

同じくらい大質量の星だが、核融合の最終段階にはないと見られる星で観測される物質放出現象がある。それと今回のアウトバーストが、どのように関係しているかを調べるのも興味深い。いったいどうすれば、さまざまなタイプの現象を、超新星が観測される前に見分けること

10. *Davidson, K. & Humphreys, R. M. (eds)* Eta Carinae and the Supernova Impostors *(Springer, 2012).*
11. *Quataert, E. & Shiode, J.* Mon. Not. R. Astron. Soc. 423, *L92-L96 (2012).*

ができるのだろうか。Ofek らの観測は、もっとも大質量の星たちの進化の最終段階について、従来の私たちの理解を変えてしまうかもしれない。超新星SN1987Aが、それほど大質量ではない星の進化の最終段階について、私たちの理解を深めてくれたように、である。

Alexander Heger はオーストラリア・ビクトリア州にあるモナッシュ大学数理科学部モナッシュ宇宙物理学センターに所属している。

土星の潮汐力がエンケラドスのプルームを制御

Saturn's tides control Enceladus' plume

John Spencer　２０１３年８月８日号　Vol. 500 (155-156)

土星の衛星エンケラドスの南極付近から、氷の粒子のプルームが噴き出している。このプルームは、エンケラドスが軌道上で土星からもっとも遠い位置にきたとき、もっとも近いときに比べて４倍明るく見えることがわかった。

２００５年、土星探査機カッシーニの可視光波長カメラで撮影されたのは、エンケラドスの南極にある４本のタイガーストライプと呼ばれる裂け目から噴き出している、氷粒子のジェットだった。研究者らはその画像数百枚を分析し、裂け目に働く土星の潮汐《ちょうせき》力の変化にプルームが反応しており、裂け目に張力が働いているときに、プルームが明るくなることを見いだした。また、プルームの明るさとエンケラドスの土星周回軌道上の位置との間に、極めて単純で密接な関係を発見。そして、２００７年に潮汐応力を考慮して作られたエンケラドスの機構モデルが予測していた内容を確認した。そこでの地質学的活動のエネルギー源は、土星の潮汐力だったのである。

▼確認された土星の潮汐力とプルームの関係

土星の衛星エンケラドスは、その南極付近にある裂け目から、氷の粒子の巨大なプルームを噴き出している。今回、このプルームが、土星による潮汐力の変化によって制御されていることがあきらかになった。これは、土星を周回している米航空宇宙局（NASA）と欧州宇宙機関（ESA）の探査機カッシーニから撮影されたエンケラドスの画像の分析からわかったもので、コーネル大学電波物理学・宇宙研究センター（米ニューヨーク州イサカ）のMatthew Hedmanらが『Nature』2013年8月8日号に報告した。[1]

Hedmanらは、プルームの明るさとエンケラドスの土星をまわる軌道上の位置との間に、きわめて単純で密接な関係を見つけた。そして、2007年に潮汐応力を考慮して作られたエンケラドスの機構モデルが予測していた内容を、ドラマチックな形で確認したのである。[2]

エンケラドスは直径わずか500kmの小さな氷の世界であり、そこで起こっている派手な地質学的活動のエネルギー源は、土星の潮汐力だ。[3] 土星をまわるエンケラドスの軌道の周期は約33時間で、より大きな衛星ディオネの重力の影響を周期的に受けているため、わずかに離心的になっている。この離心率のために、土星による潮汐応力がエンケラドスを歪め、衛星内部にギガワット（GW（10^9ワット＝10億ワット））レベルの摩擦熱が発生する。エンケラドスの南極には、タイガーストライプ（虎の縞《しま》）と呼ばれる4本の平行な裂け目があり、そこは比較的温度が高い。2005年、ここから水蒸気と氷粒子からなるプルームが放出されていることが、カッシーニによって発見さ

1. *Hedman, M. M. et al.* Nature 500, *182-184 (2013).*
2. *Hurford, T. A., Helfenstein, P., Hoppa, G. V., Greenberg, R. & Bills, B. G.* Nature 447, *292-294 (2007).*
3. *Spencer, J. R. & Nimmo, F.* Annu. Rev. Earth Planet. Sci. 41,*693-717 (2013).*

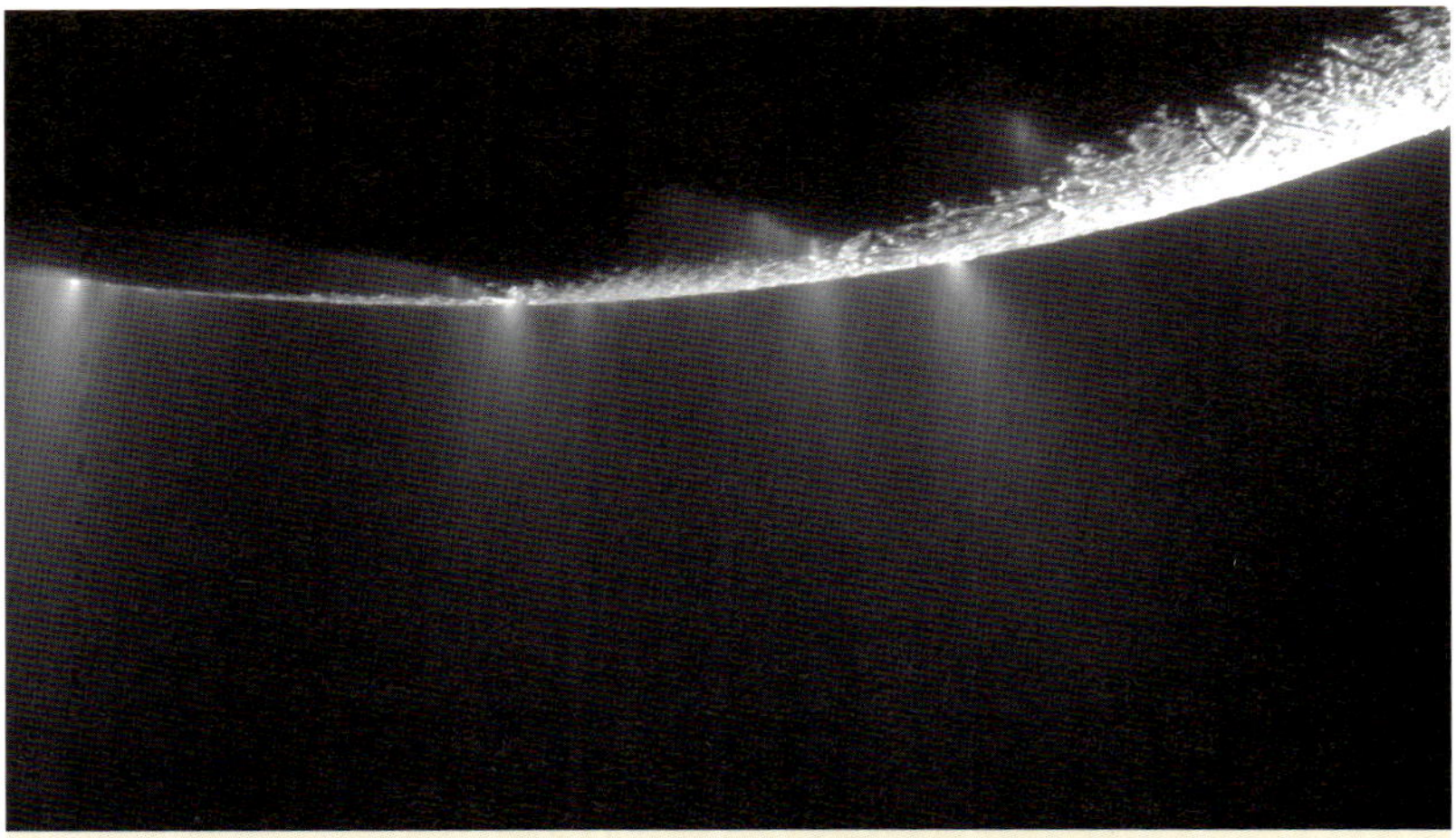

図１　エンケラドスの氷粒子のジェット
この画像は、エンケラドスの南極にある４本のタイガーストライプと呼ばれる裂け目から噴き出している、氷粒子のジェットを示している。2009年に土星探査機カッシーニ搭載のカメラで可視光で撮影された。一方、カッシーニの観測装置VIMS（光学・赤外マッピング分光器）で、ジェットが集まって生じるプルームの低分解能赤外線画像が撮影された。Hedmanらはその画像数百枚を分析し、裂け目に働く土星の潮汐応力の変化にプルームが反応しており、裂け目に張力が働いているときにプルームが明るくなることを見いだした[1]。［NASA］

れた。そのエネルギー源は潮汐力が生む摩擦熱だ（図１）。

　このように、エンケラドスは、地球を除けば、進行中の地質学的プロセスをリアルタイムで観察できる貴重な場所の１つであり、特に、活動がおとなしい氷の世界を理解するための手がかりになる。プルームの氷粒子は塩分を含んでおり、エンケラドスの表面の下には、液体の水や、海もあるかもしれない。[4] プルームのガスには、複雑な炭化水素やその他の有機化合物が含まれている。[5] このように液体の水と複雑な有機化学現象が存在しているとみられることから、エンケラドスには地球外生命が生息している可能性もあり、そのことも、衛星内部を調査する動機となっている。

２００７年に発表されたエンケラドスの機構モデルに関する研究は、エンケラドスに働く土星の潮汐力が、土星を周回するごとにタイガーストライプを引っ張ったり圧縮したりしているらしいと指摘した。[2] この研究によると、タイガーストライプの多くは、エンケラドスが土星にもっとも近いとき（近点）に圧縮され、土星からもっとも離れるとき（遠点）には引っ張られるという。そして、張力が働くとプルームのガスと粒子が放出される経路が開き、プルームの活動は盛んになるはずだという。これは納得できる予測だ。

▼ＶＩＭＳの画像分析が与える結論

エンケラドスの表面と内部を調べ、さらにプルームのサンプルを採取するために、カッシーニは、エンケラドスへの近距離のフライバイ（接近通過）をすでに20回も実施している。しかし、プルームは大きくて明るいため、もっと遠距離からのリモートセンシング（遠隔探査）でも観測可能だ。カッシーニの可視光波長カメラと光学・赤外マッピング分光器（ＶＩＭＳ）を使えば、頻繁に観測することができる。カッシーニのカメラで撮影された比較的少数の画像を使ったこれまでの研究で、プルームを構成する個々のジェットに、予測された変動の兆候が見つかっていた。[6] 今回のHedmanらの研究は、ＶＩＭＳによる赤外画像を使い、以前の研究よりもずっと多い、２５２枚のプルーム画像を系統的に分析することで、決定的な結論に達することができた。

4. *Postberg, F., Schmidt, J., Hillier, J., Kempf, S. & Srama, R.* Nature 474, *620-622 (2011).*
5. *Waite, J. H. et al.* Nature 460, *487-490 (2009).*

大きなデータセットを使ったため、プルームの明るさの変化のうち、軌道に関係した時間変化と、長期的な変化や光の位置関係によって生じる変化（プルームのマイクロメートルサイズの氷粒子は、後ろから照らされると非常に明るくなる）とを分離することができた。この分析であきらかになった時間的変化は、単純かつ劇的だった。２００７年の研究で予測されたとおり[2]、エンケラドスが遠点にあるときのプルームは、近点にあるときよりも約4倍明るかったのだ。これは、タイガーストライプが潮汐応力に応じて毎日実際に開いては閉じ、プルームの放出を制御していることの強い証拠になる。

地質学は、固体状態の物質の複雑なふるまいや長期記憶を扱う学問であり、複雑で面倒な仕事になりがちだ。したがって、このような単純なパターンが現われると、びっくりさせられるとともに教訓的でもある。プルームと軌道との強い関連性は、エンケラドスの仕組みを説明するモデルを制限する条件になり、今後の研究の貴重な道しるべとなる。たとえば、先に述べた２００７年の潮汐応力モデルは、エンケラドスの地殻は弾性のある薄い殻であり、衛星内部とは衛星全体を覆う海などの液体層で分離されていると仮定していた。しかし、全球海洋が凍結しないでいるのはむずかしく[7]、現在では、南極地域に局地的な海洋があるとするモデルのほうが可能性は高いと考えられている[8]。このような改良モデルについても、今回観測されたプルームのふるまいと合っているかによって取捨したり、今回の結果から新たに制限を課したりすることができる。

カッシーニの光学カメラは、ＶＩＭＳに比べて50倍高い空間分解能をもつので、プルームを

6. *Spitale, J. N. & Porco, C. C.* Nature 449*, 695-697 (2007).*

構成する個々のジェットの変化を追跡して、内部構造モデルにさらに詳細な制限を加えることができる。[9] ジェットの変化は、それが出てくる裂け目に働く局所的な応力についての情報をもたらし、表面下の局所的な状況を調べるもう1つの手段となる。VIMSによる観測は、エンケラドスの軌道上の位置が異なればプルーム噴出速度も変化することを示しており、プルームがどのように表面に達するかについて、もう1つの手がかりを与えている。このように、これほど詳細に活発な地球物理学的プロセスを分析できる場所は、地球とエンケラドス以外にはない。

▼エンケラドスに残された謎

エンケラドスは、このほかにも非常に明確なパターンを見せている。たとえば、エンケラドスの表面には年代と変形のタイプから地質学的に区別できる領域がいくつかあるが、それらは衛星の自転軸と土星への方向に関して、ほぼ完全に対称に位置している。[10] 同様に奇妙なのは、活動している4本のタイガーストライプが幾何学的な単純さをもっていることだ。4本ともほぼ同じ長さ（約130km）で、約35kmの一定間隔で並んでいる。プルームの振る舞いのように、こうした単純なパターンは重要な事実を示しているに違いない。しかし、いまのところは謎のままであり、決定的な説明は今後の研究に委ねられている。

John Spencer は米コロラド州ボールダーのサウスウェスト研究所に所属している。

7. *Roberts, J. H. & Nimmo, F.* Icarus 194, *675-689 (2008).*
8. *Collins, G. C. & Goodman, J. C.* Icarus 189, *72-82 (2007).*
9. *Porco, C., DiNino, D. & Nimmo, F.* 44th Lunar Planet. Sci. Conf. abstr. *1775 (2013).*
10. *Crow-Willard, E. & Pappalardo, R. T.* EPSC Abstr. *6, EPSC-DPS2011-635-1 (2011).*

もっとも遠い銀河の発見

New distance record for galaxies

Dominik A. Riechers　２０１３年10月24日号　Vol. 502 (459-460)

非常に遠方にあると見られる43個の銀河の分光測定が行なわれ、その１つが、これまでに確実な方法で距離が測定されたなかでもっとも遠い銀河であることが判明。この銀河では、天の川銀河の１００倍以上の速さで星が生まれていることもわかった。

インフレーションとビッグバンにより宇宙の急膨張が始まって約38万年後、宇宙は十分に冷え、陽子と電子は結合して中性水素ガスを作った。このとき、宇宙マイクロ波背景放射が放出され、宇宙は水素ライマンα光子にとっては不透明になった。この再結合で始まった〝宇宙暗黒時代〟は、最初の星や銀河の誕生により、宇宙時間の始まりから2億7000万年後までに終わった。最初の星や銀河が誕生したことで宇宙は再電離され、それはビッグバンの10億年後までにほぼ完了。再電離以降は、銀河からのライマンα線放射をとらえて、銀河進化と宇宙の構造の形成を探ることができる。研究者らは赤方偏移したライマンα線放射を検出してz8_GND_5296銀河を発見し、これまで分光により距離が確認された銀河中でもっとも遠いことがわかった。

▼最初の世代の銀河はどこに

遠い銀河の星から放出された光は、宇宙空間を有限の速度で旅してきて、地球の私たちには距離に応じて遅れて届く。このため、さらに遠い天体を見つけるたびに、宇宙のさらに過去を探ることができる。地球からより遠くにある天体の探索は、宇宙の歴史をより深く理解するために重要であり、また、ビッグバン後に生まれた最初の世代の銀河たちを見つけるためにも欠かせない。

最初の世代の銀河たちは、宇宙の歴史における重要な出来事を引き起こしたと考えられている。その出来事とは、初期の時代に宇宙を満たしていた中性の銀河間水素ガスの再電離で、宇宙の夜明けと呼ばれている。[1]

この10年間を振り返ると、初めのころは、天文学者たちは銀河を観測できる距離を何度も伸ばした。しかし、その後、しだいに技術的限界に阻まれるようになった。[2] 今回、テキサス大学オースティン校（米）天文学科の Steven Finkelstein らは、ビッグバンのわずか7億年後の時代にある、これまででもっとも遠い銀河を発見し、『Nature』２０１３年10月24日号に発表した[3]（図1）。

遠くの銀河から放出された光の波長は、宇宙が時間の経過とともに膨張しているために、地球にたどり着くまでに赤方偏移する。この赤方偏移を観測すれば、その銀河までの距離を測定することになる。しかし、観測対象の銀河が遠ければ、通常もっとも明るい水素のライマンα線などのスペクトルの重要な特徴も、地球に届くまでに可視光の外に赤方偏移してしまう。こ

1. *Robertson, B. E., Ellis, R. S., Dunlop, J. S., McLure, R. J. & Stark, D. P.* Nature 468*, 49-55 (2010).*
2. *Iye, M. et al.* Nature 443*, 186-188 (2006).*
3. *Finkelstein, S. L. et al.* Nature 502*, 524-527 (2013).*

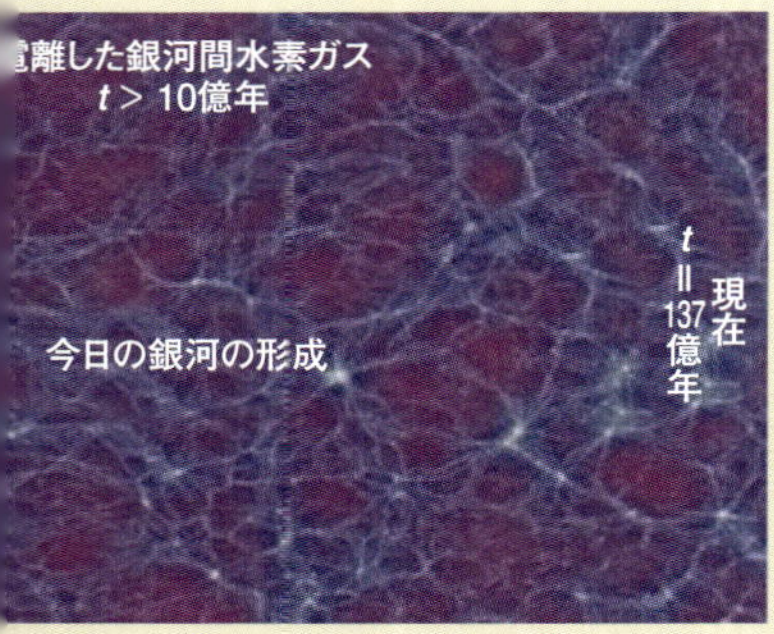

図1　宇宙の歴史と最初の銀河たち
ビッグバンにより宇宙の拡大が始まってから約38万年後、宇宙は十分に冷え、陽子と電子は結合して中性水素ガスを作った（再結合）。このとき、宇宙マイクロ波背景放射が放出され[10]、宇宙は水素ライマンα光子にとっては不透明になった。この再結合で始まった宇宙暗黒時代は、最初の星と銀河の誕生により、宇宙時間の始まりから２億7000万年後までに終わった。最初の星や銀河が誕生すると、これらは宇宙を再電離し、ライマンα放射は自由に伝わることができるようになった。再電離は、ビッグバンの10億年後までにほぼ完了した。再電離の時代以降は、銀河からのライマンα放射をとらえて、銀河進化と宇宙の構造の形成を探ることができる。Finkelsteinらは、ライマンα放射を使って、宇宙年齢がわずか７億年の時代の銀河を発見し（図１の挿入図のなかに示された赤い銀河。挿入図の１辺は約１万パーセク）、再電離の時代を深く探った[3]。

のため、もっとも遠い銀河を分光で発見することはむずかしくなる。赤外線を高感度でとらえるハッブル宇宙望遠鏡の広視野カメラ3を使って深宇宙の撮影が行なわれ（図2）[4]、「赤方偏移が非常に高い銀河」の有力な候補が数十個見つかったにもかかわらず、候補天体を分光により確認するペースは近年、著しく遅くなっていた。

▼きわめて活発な星生成

この状況を打破してくれそうなのが、新世代の広視野赤外カメラだ。W・M・ケック天文台（ハワイ・マウナケア山頂）の広視野赤外カメラ「MOSFIRE」は通常、一度に数十個の銀河について、可視光よりも赤外側のスペクトルを高感度に得ることができる。ハッブル宇宙望遠鏡を用いた観測計画「CANDELS」で得られたデータのなかに、赤方偏移の高い銀河の候補が多数見つかった[5]。Finkelsteinらは今回、MOSFIREを使ってこのうち43個の

4. *Bouwens, R. J. et al.* Nature 469, *504-507 (2011).*
5. *Grogin, N. A. et al.* Astrophys. J. Suppl. Ser. 197, *35 (2011).*

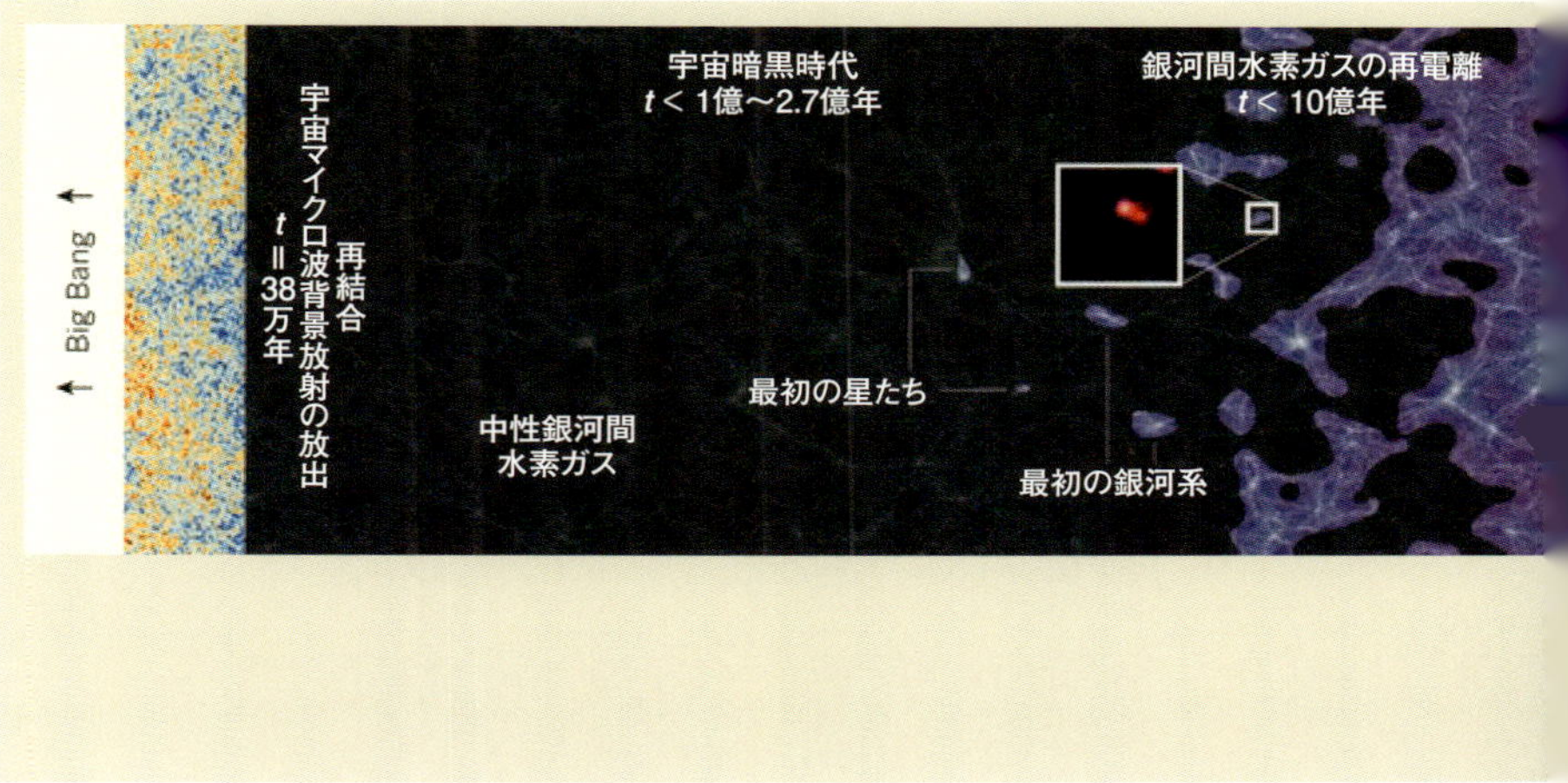

銀河を調べた。その結果、z8_GND_5296と名づけられた銀河で、赤方偏移したライマンα線放射を検出することに成功し、z8_GND_5296はこれまでに分光により距離が確認された銀河のなかでもっとも遠いことがわかった。なお、z8_GND_5296よりも確実に遠い所にある天体が、1個だけ発見されている。今回確認された銀河よりも約7000万年前に起こった大質量星の爆発によるγ線バーストだ。[6] しかし、このイベントに伴う銀河は見つかっていない。[7]

また z8_GND_5296は、私たちの銀河系（天の川銀河）の100倍以上の速さで星を活発に形成していることがわかった。これは、同程度の距離にある他の銀河の星形成活動度を大きく超えている。z8_GND_5296の後の時代には、宇宙のあらゆる時代を通じてもっとも極端な星形成環境が生じた。z8_GND_5296のように活発に星を作っている銀河は、その前段階なのかもしれない（参考文献8を参照）。

Finkelsteinらは、他の42個の銀河では、z8_

6. *Tanvir, N. R. et al.* Nature 461, *1254-1257 (2009).*
7. *Chary, R., Surace, J., Carey, S., Berger, E. & Fazio, G.* GRB Coordinates Network, Circular Service *9582, 1 (2009).*

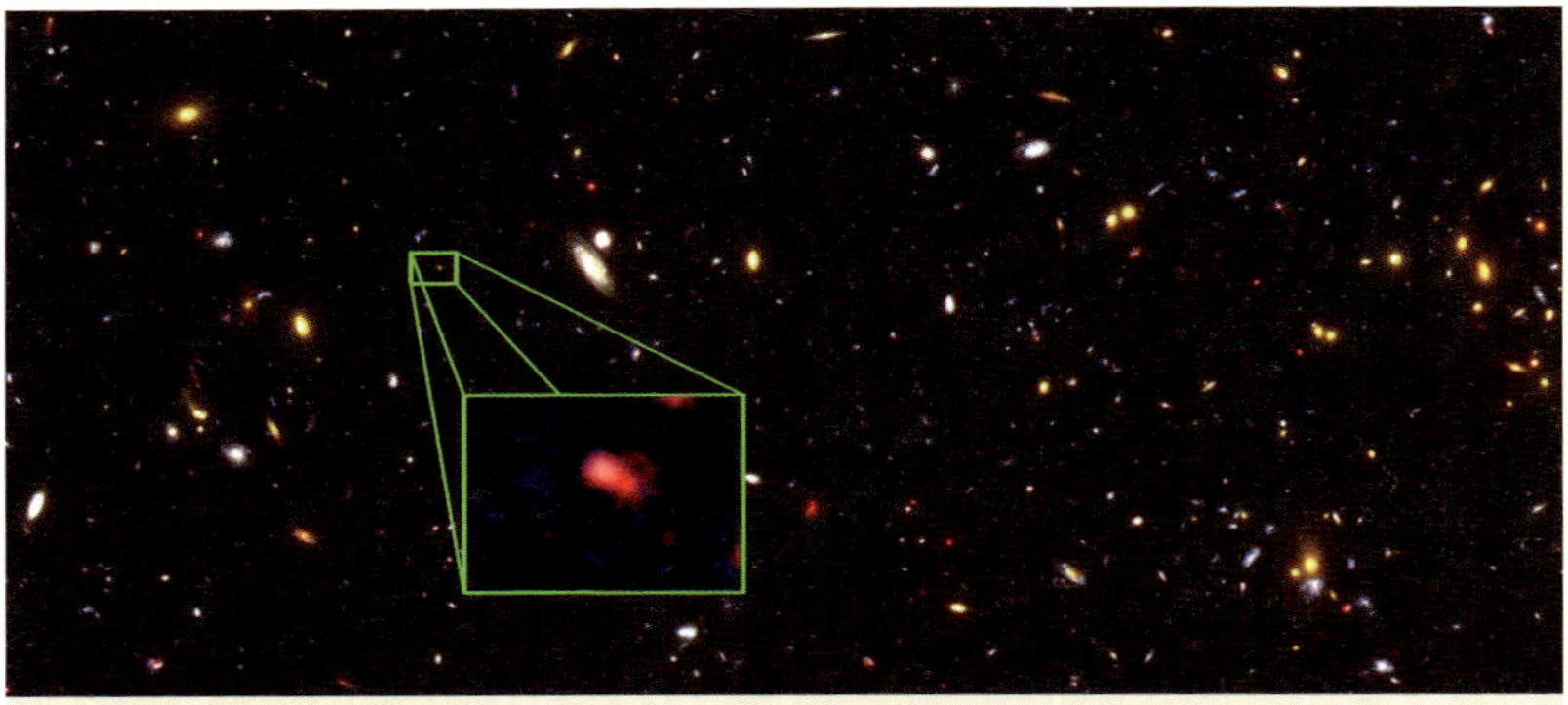

図２　ハッブル宇宙望遠鏡の広視野カメラ３がとらえた深宇宙画像。拡大部が、z8_GND_5296。［NASA, ESA, V. Tilvi (Texas A&M University), S. Finkelstein (University of Texas, Austin), and C.Papovich (Texas A&M University)］

GND_5296に匹敵する距離にあるライマンα線放射を検出できなかった。この検出率は、彼らが事前に予想した値の6分の1にとどまった。z8_GND_5296以外にライマンα線放射を検出できなかったのは、現在の技術的限界や、他の銀河の大多数がz8_GND_5296ほど遠くないためではなさそうだと、Finkelsteinらは考えている。検出率が低かった原因について、彼らはz8_GND_5296の異常な性質を踏まえて検討し、2つの仮説を立てている。それによれば、銀河から出てくるライマンα線放射が予想外に少ないか、視線の大部分に沿って相当な量の中性ガスがあるために、銀河から出てくるライマンα線放射の予想外に高い割合が散乱されてしまうかの、いずれかのためではないかという。

どちらの可能性も広範囲にわたる意味をもつ。前者は、初期の時代の銀河は速い速度でガスを降着させるために、この大量のガスが、こうした若い銀河でのライマンα線放射の大半を見えなくしているの

8. Riechers, D. A. et al. Nature 496, 329-333 (2013).
9. Bolton, J. S. et al. Mon. Not. R. Astron. Soc. 416, L70-L74 (2011).
10. Planck Collaboration. Preprint at http://arxiv.org/abs/1303.5062 (2013).

かもしれないことを示す。後者は、z8_GND_5296の時代には、中性の銀河間水素ガスの再電離は、他の測定から予想されるほどには遠くまで進んでいなかったのかもしれないことを示唆する。[9]

今回のFinkelsteinらの研究によって、もっとも初期の時代の銀河を探す研究に弾みがつくことは間違いない。一方で、地上の望遠鏡で得られる1本の輝線の分光や、銀河の静止系での紫外と可視光波長での撮像から遠い銀河を見つけることが、最良の施設ともっとも質の高いデータをもってしてもいかに困難であるかも示している。この研究はさらに、宇宙が現在の年齢のわずか5パーセントに達した時代でさえ、銀河はすでに化学的に塵や重元素（水素とヘリウムよりも重い元素）に富んでいたかもしれないことを示す。塵や重元素はもっと早い世代の星によって作られたに違いない。

▼稼働が始まる新観測装置群

炭素、水素、酸素などの重元素は強い輝線を作る。２０１８年に打ち上げ予定のジェームズ・ウェッブ宇宙望遠鏡が稼働し始めれば、z8_GND_5296のような遠い銀河の輝線でも比較的容易に検出できるようになる。そうした観測が始まれば、現在可能ではあるものの、非常に困難な銀河赤方偏移測定に残っている不確かさも取り除かれるはずだ。そして、星形成が起こっている銀河の物理的性質についても、より多くの情報が得られるだろう。

期待がかかるのはジェームズ・ウェッブ宇宙望遠鏡だけではない。２０１３年３月に開所したアタカマ大型ミリ波サブミリ波干渉計（ＡＬＭＡ、チリ）では、重元素と塵からのスペクトル線の遠赤外線観測結果に基づいて、最初の世代の銀河の重元素量に、実質的な制限を初めて加えることができるだろう。また、チリ北部に建設され、２０１８年からの稼働が期待されているセロ・チャナントール・アタカマ望遠鏡（ＣＣＡＴ）は、含んでいる塵の直接観測によって赤方偏移が非常に高い銀河を選び出し、そうした銀河のサンプルを与えて他の観測を補う。宇宙の最初の銀河に関する研究には、輝かしい未来が待っている。

Dominik A. Riechers はコーネル大学天文学科（米ニューヨーク州イサカ）に所属している。

Special compilation

特別収録

natureに投稿した日本の研究機関の科学論文

北太平洋における底層の水温上昇について

海洋科学技術センター

地球全体の気候を左右するうえで大きな影響力をもつ「南極オーバーターン」には、短期の変動（数十年～数百年）が存在していた。「地球温暖化」を理解し予測するための、変化を知る必要がある。

海洋科学技術センター（現・独立行政法人海洋研究開発機構：ＪＡＭＳＴＥＣ、理事長・平朝彦）は、独立行政法人水産総合研究センター遠洋水産研究所（現・国際水産資源研究所）、鹿児島大学、およびカナダ海洋研究所（ＩＯＳ：The Institute of Ocean Sciences）と共同で、１９９９年に北太平洋北緯47度を横断する海洋観測を行なった結果、北太平洋最深部（深度５０００ｍから海底まで）に、１９８５年に比して約０・００５℃の水温上昇があることを発見した。

＊本稿は『Nature』２００４年2月26日号に掲載された論文と、同年2月25日に記者発表された〈概要〉による。なお、本書掲載にあたり、他との統一のため用字・用語等の一部改編があるが、その責任はすべて当編集部にあることをお断りしておきたい。

1. Fukusawa, M. *et al. Nature* **427**, 825-827(2004).
2. 正式名称を「北太平洋亜寒帯循環と気候変動に関する国際共同研究」とし、第一期（平成９～11年度）は研究代表者に杉ノ原伸夫、第二期（平成12年～13年度）は研究代表者に深澤理郎、そして研究推進委員長に花輪公雄があたり、以下を研究分担機関として実施された。気象庁（本庁、気象研究所）、水産庁（現独立行政法人水産総合研究センター北海道

■研究の概要

１９９７年から２００１年度にかけて、文部科学技術振興調整費事業「北太平洋亜寒帯循環と気候変動に関する国際共同研究」[2]が実施された。これは、北太平洋亜寒帯域を起源とするオーバーターン（海洋の大規模な対流）の強度と、それに伴う人為的な起源による二酸化炭素と熱の、海面下への輸送量を確定するための調査であった。そのフィールドプログラムの１つとして、北緯47度線に沿った１２０の観測地点での、船舶による観測が、１９９９年に実施された。

このときは海面から海底までに連続して水温０・００１℃、塩分０・００２ｐｓｕ（g／kg）の精度で観測が行なわれた（図１）。同時に24層で採水され、溶存酸素量、栄養塩量、フロン（ＣＦＣ12・ＣＦＣ13・ＣＦＣ１１３、ＳＦ６）、全炭酸、アルカリ度、pH、炭素同位対比、バリウム等の分析も行なわれ、観測地点のみに限っても、約40日もの観測期間がかかった。

この調査は、水産庁（当時）所属の「開洋丸」、カナダ海洋科学研究所（ＩＯＳ）所属の「J.P.Tully」と、ＪＡＭＳＴＥＣ所属の海洋地球研究船「みらい」によって実施されたのだが、その結果を、１９８５年にアメリカが同じ観測点で実施・観測した結果と比較したのが、図２である。これは、１９９９年と１９８５年に観測された水温差を表わしており、図中では、観測の精度を考慮して、０・００２℃以下の差については着色していない。

区水産研究所、東北区水産研究所、中央水産研究所、遠洋水産研究所）、海上保安庁水路部（現海洋情報部）、北海道大学、北海道東海大学、東北大学大学院理学系研究科、東京大学大学院理学系研究科、東京大学気候システム研究センター、東海大学海洋学部、京都大学理学系研究科、海洋情報研究センター、海洋科学技術センター、工業技術院資源環境技術総合研究所（現独立行政法人産業技術総合研究所）。

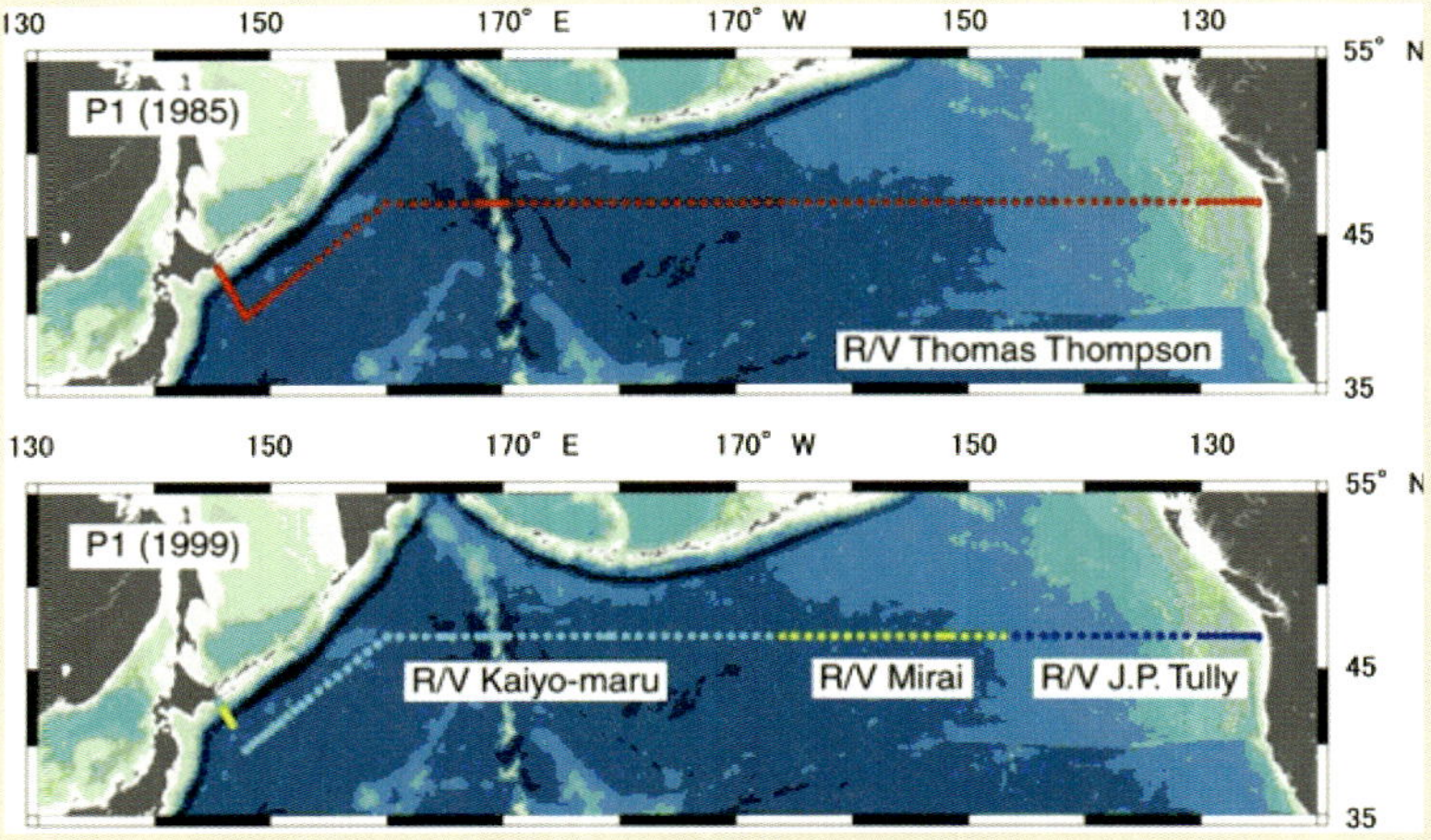

図１　1985年（上図）および1999年（下図）の観測点配置

この図によれば、深度約４０００ｍよりも深い部分で、ほぼ断面全体にわたって０・０５℃、水温が上昇していた。この水温上昇は、南極周辺で沈み込んだ海水の影響を強く受け、低温の海水の量が、この断面で減少しているために生じていることがわかった。また、これと同じような海水温の上昇は、北緯24度の観測の解析からも見いだされており、北太平洋の底層流路内で、少なくともこの10年間に海水の昇温が生じていることがわかった。なお、この昇温が、地熱によるものではなく、南半球から北太平洋に補給される深層水の変化によるものであることをあきらかにした。

この結果は、地球全体の気候を左右するうえで大きな影響力をもつ「南極オーバーターン」（図３）には、短期の変動（数十年〜数百年）が存在していることを示している。

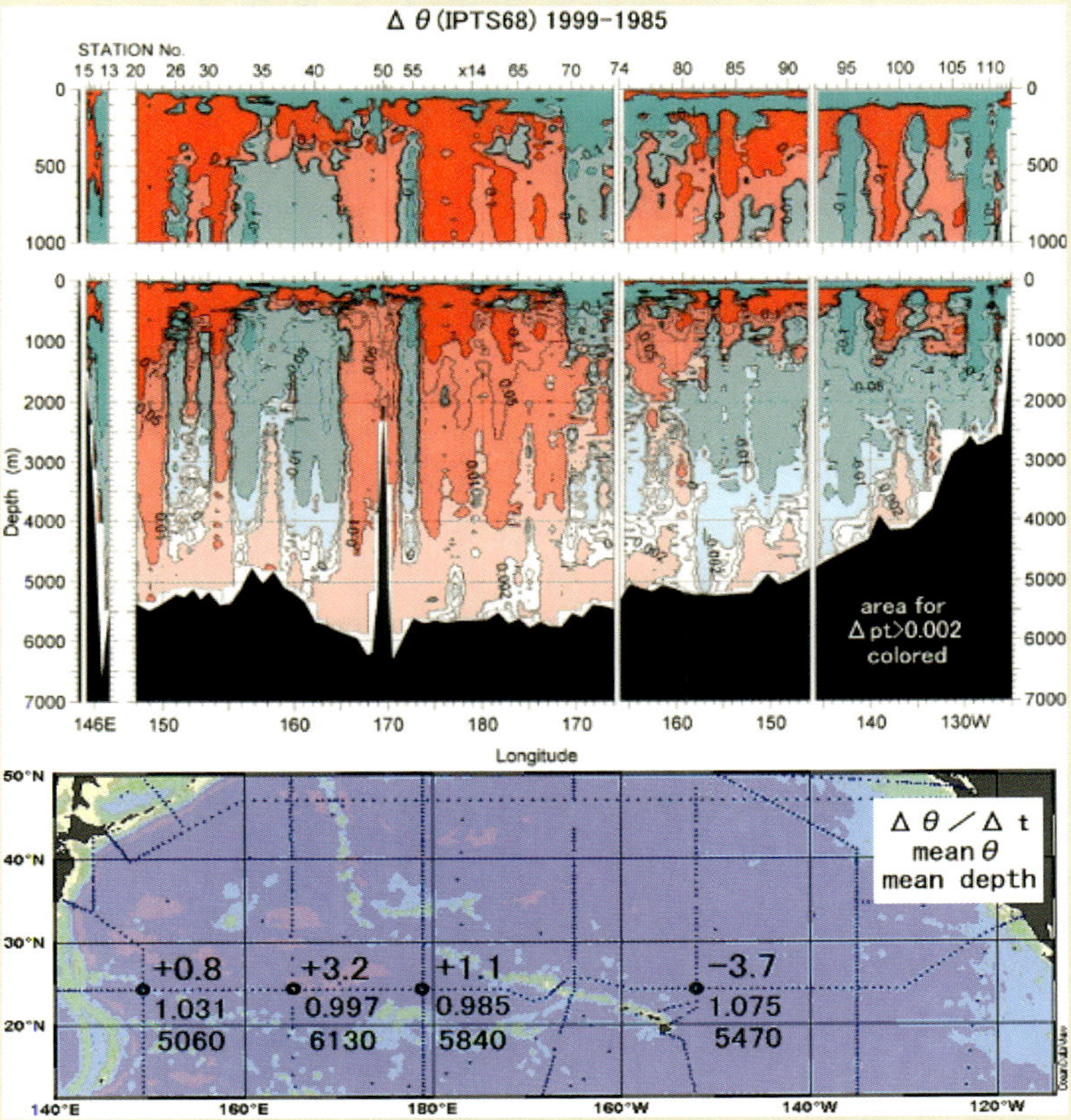

図２　(上図) 1999年と1985年に観測された水温差。(下図) 上と同様の昇温は、北緯24度の観測解析からも見いだされ、北太平洋の底層流路内で、少なくともこの10年間に海水の昇温が生じていることがわかった。

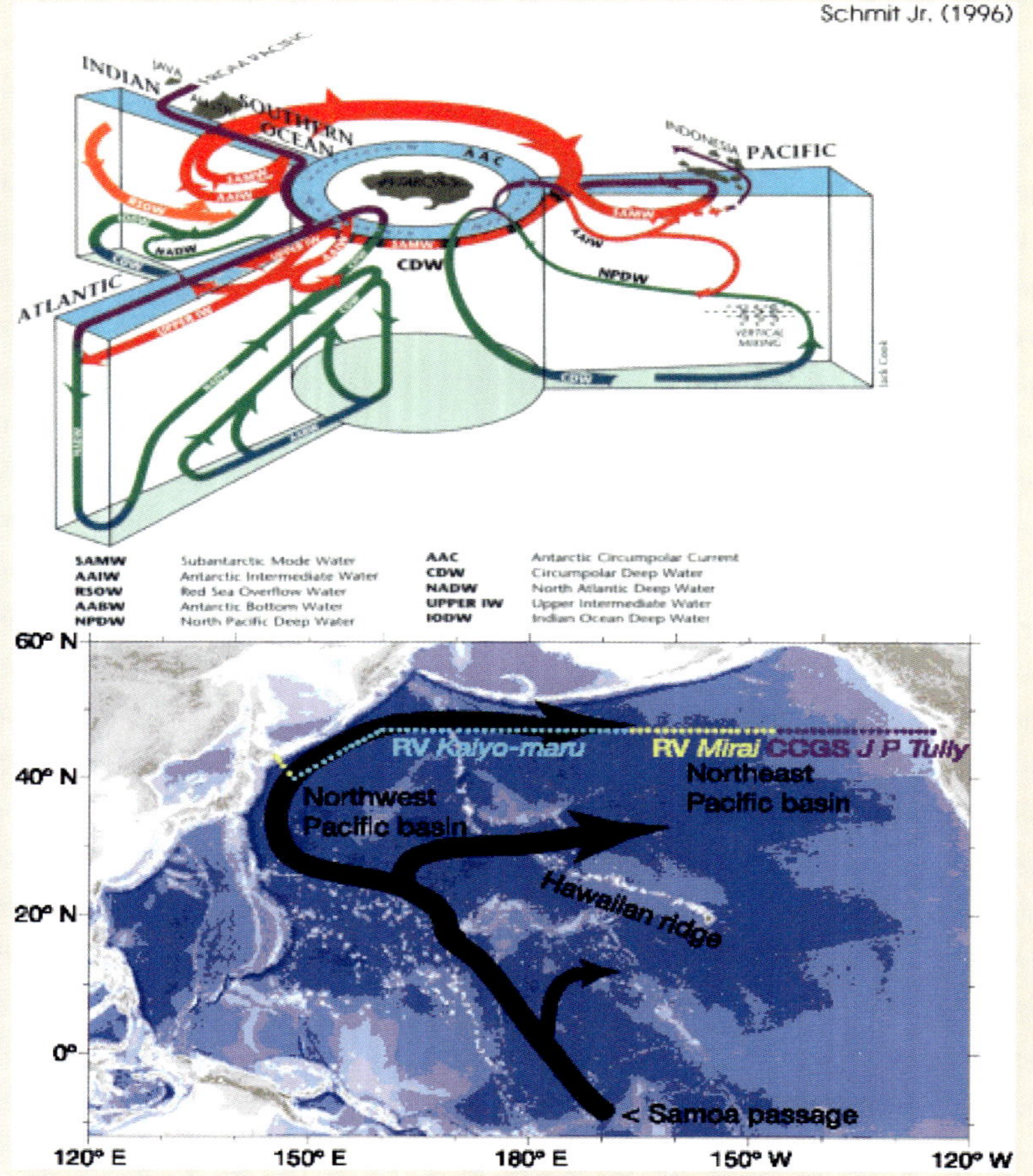

図３　(上図)南極周辺の海域では、海面を南下してきた温暖な海水が海面で冷却され、密度を増し、沈降しながら世界の海洋の中層、深層に戻っていく。このようすを「南極オーバーターン」と呼んでいる。(下図)南太平洋で沈んだ海水は、ニュージーランドの東の深層、そしてサモア島付近の深海通路を抜け、北太平洋底層にもたらされている。

■研究成果と地球温暖化との関連

今回発見した北太平洋深層での昇温は、昨今話題になっている「地球温暖化」とは直接の関係はない。しかし、「地球温暖化」は我々の生活圏での昇温のみでなく、たとえば赤道成層圏では、むしろ低温下を伴っていることが知られている。つまり「地球温暖化」とは、地球全体の熱量の増加だけでなく、熱分布の変化をも含んだ現象ということになる。したがって、「地球温暖化」を理解し予測するためには、熱の増加のみならず、海洋も含めた地球全体での熱配分の時間による変化を知る必要がある。

特に、海洋は大気に比べて1000倍の熱容量があるため、海水の温度のわずかな変化が、地球全体の熱の配分に大きく影響する。しかしながら、そのわずかな海洋の変化を検出することは容易ではなく、「地球温暖化」がその予測に向けて正しく理解されているとは言えなかった。[3]

今回、この論文が評価され、『Nature』掲載に至った理由は、次の2点に尽きるだろう。

まず、これまで〈100年程度の時間スケールでは不変〉と多くの研究者が考えてきた深層の水温に、実際にはより短い時間で、かつ大規模な変化が存在することを実証できた点にある。

加えて、大気・海洋間の熱配分に大きな影響を与えている「南極オーバーターン」の変化を検出する可能性を示唆することにより、「地球温暖化」を正しく理解するための道を示した点であろう。南極周辺の海域では、海面を南下してきた温暖な海水が海面で冷却され、密度を増

3. たとえば、大気全体を1℃上昇させる熱を海洋に与えた場合、わずか0.001℃の水温上昇しか発生しない。また先記のオーバーターンで示される大規模な対流で沈み込む海水の温度が10年の間0.002℃だけ低かったとすると、大気には10年間で1℃の昇温をもたらすに足る熱が放出される。

して沈降しながら、世界の海洋の中層、深層に戻っていく。このようすを「南極オーバーターン」と呼んでいるのだが、沈降する海水量は、毎秒4000万m^3と推算され（東京ドーム32杯分）、その冷却によって3PW（P＝10の15乗）の熱が放出され、これは2000年に日本が消費した全エネルギーを1時間45分でまかなうほどの膨大なものである。この熱量が、大気を加熱していると思われる。このような大規模なオーバーターン（対流）は南極以外にも、北大西洋グリーンランド付近を起点とするものもあり、これは「海洋コンベアベルト」として知られ、大西洋と太平洋の塩分、真水のバランスを保っていることで有名である。

実際、『Nature』発表以前の国際会議、学会等での今回の研究発表が、世界各国で大陸間高精度海洋観測を実施するきっかけとなっている。

■社会的波及効果

海洋は、気候の決定や変動に大きな影響を与えているとされているが、海洋の広大さや大気と比較して熱的な効果が大きいため、その定量的な比較が困難だった。けれども現在、我々がもつ最高の精度で適切な観測が実施されれば、それが可能であることが実証された。

また、今回の研究やこの論文に先立つ国際会議で、今回の観測と同様の、高精度でしかも海洋を完全によぎる観測実施の機運が世界的に高まっている。

2003年にパリで開催されたIOCCG（IOC傘下の炭素関連研究グループ）総会で紹

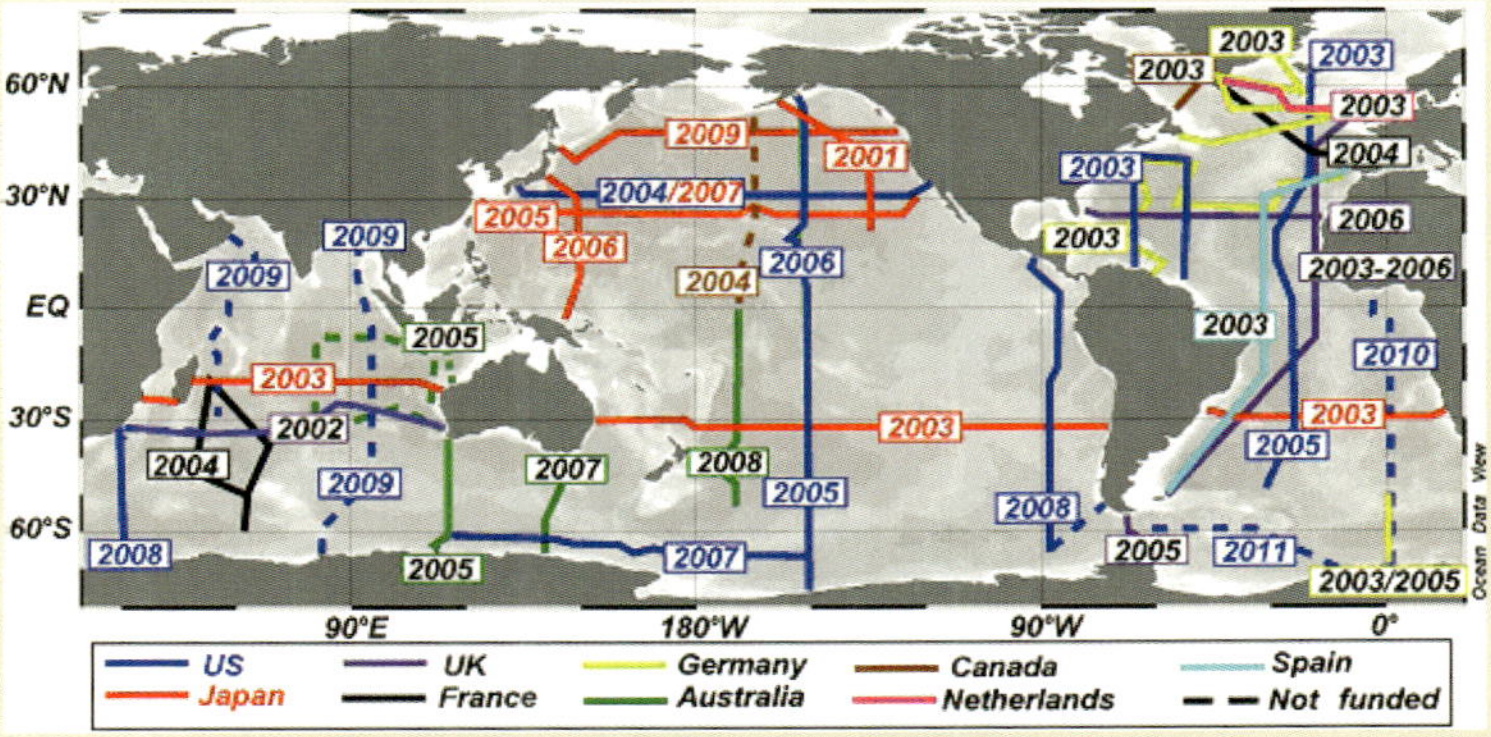

図4　2003年パリで開催されたIOCCG（IOC傘下の炭素関連研究グループ）総会で紹介された船舶高精度海洋観測予定。

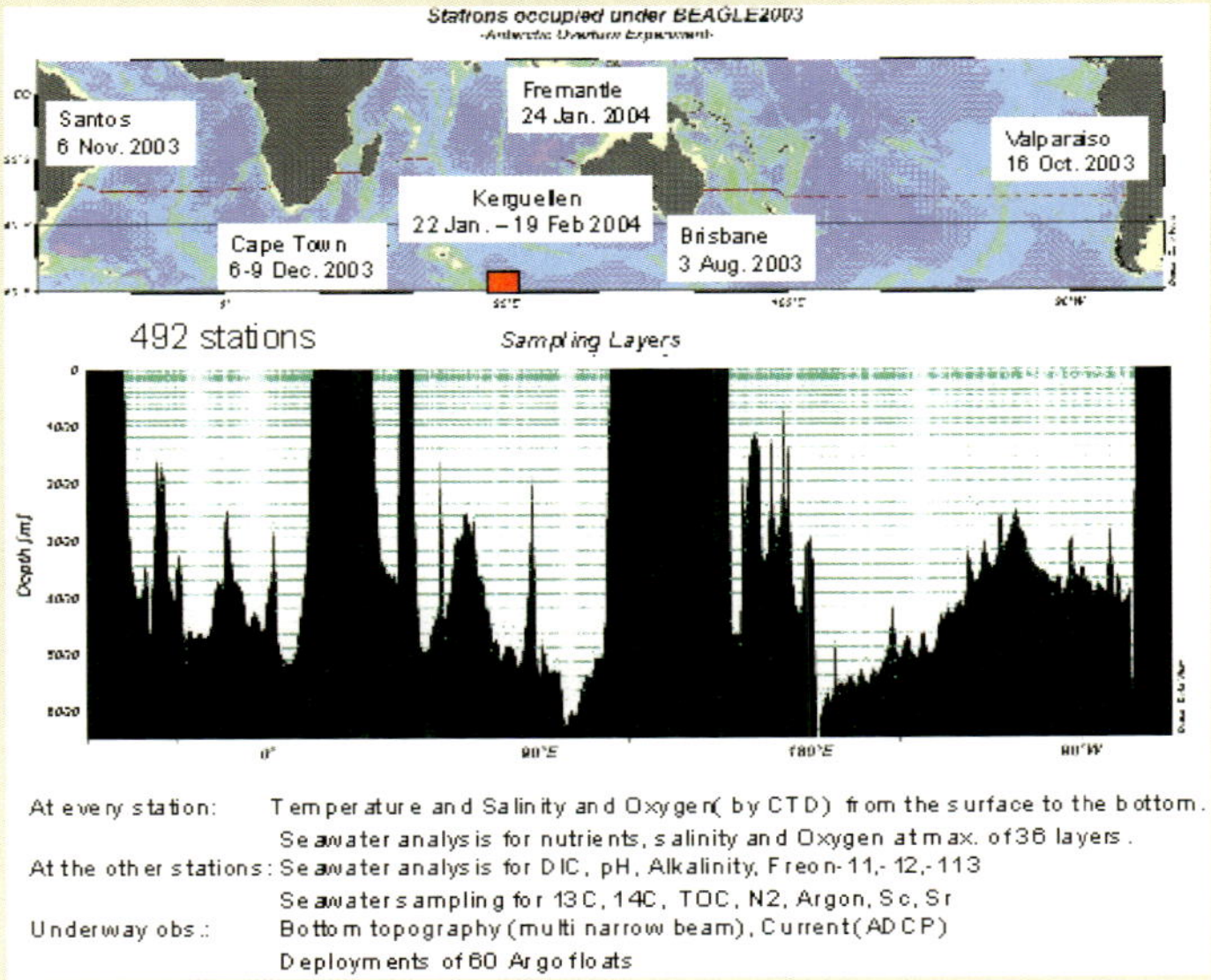

図5　2003年度にJAMSTECが主体となって実施した南半球周航観測測点と採水層。

介された、船舶高精度海洋観測予定を図4に示した。２００３年に予定された観測はすべて実施されるとともに、太平洋での観測は、日本（ＪＡＭＳＴＥＣ）がリーダーシップをとっている。

図5には、ＪＡＭＳＴＥＣが主体となって実施した、南半球周航観測点と採水層を示してある。「南極オーバーターン」の変化を直接検出することを目的としている航海（Antarctic Overturn Experiment）で、〝ＢＥＡＧＬＥ２００３〟と名づけられている。

ＪＡＭＳＴＥＣは「南極オーバーターン」の変化を検出する観測航海を行なったが、この航海は世界各国からの歓迎のうちに実施され、２００４年2月18日に終了した。なお、同航海の観測結果から、この10年間での地球温暖化と関連するような海水の寒冷化が報告される見込みである。

＊ＪＡＭＳＴＥＣホームページ＝http://www.jamstec.go.jp

【ハ行】

【マ・ヤ行】

【ラ行】

【英字】

索引

本書の「索引」は通常形式ではなく、用語から本文に進みたいとする方々に向けて、その役割を果たすべく作成された。したがって、検索を主眼とする読者の方にはご不満となるかもしれないが、ご了解いただけることを請い願う。

装丁・デザイン　アダチヒロミ（株式会社 ムーブエイト）
DTP　本郷印刷
編集協力　SUPER NOVA（代表：長谷川隆義）
企画協力　中村康一
翻訳　菊川要
小林盛方
新庄直樹
坪井誠司
藤野正美
古川奈々子
三枝小夜子
三谷祐貴子
校正　（有）あかえんぴつ

※本書の翻訳・出版に際しては、ここで紹介した各スタッフのほかにも多くの方々の助言や協力を仰ぎました。
この場を借りて、厚く御礼を申し上げます。

監修 竹内 薫（たけうち かおる）

1960年、東京都生まれ。東京大学理学部物理学科卒業。マギル大学大学院博士課程修了。理学博士。ノンフィクションとフィクションを股にかけるサイエンス作家。NHK「サイエンスZERO」ナビゲーター、TBS「ひるおび！」コメンテーターとしても活躍中。 主な著書に『宇宙のかけら』（講談社）、『99.9%は仮説』（光文社新書）、『数学×思考＝ざっくりと』（丸善出版）、『猫が屋根から降ってくる確率』（実業之日本社）ほか、多数。

nature 科学 未踏の知 地球（地球文明）・環境・宇宙

2015年2月12日　初版第一刷発行

監修　竹内薫

発行者　村山秀夫

発行所　実業之日本社
〒104-8233　東京都中央区京橋3-7-5　京橋スクエア
【編集部】TEL.03-3535-2393
【販売部】TEL.03-3535-4441
振替 00110-6-326
実業之日本社のホームページ　http://www.j-n.co.jp/

印刷・製本　大日本印刷株式会社

ISBN978-4-408-11104-9（学芸）